高等学校教材·航空、航天、航海系列

多维气体动力学基础

主　编　冯喜平

副主编　陈嘉辉　唐金兰　朱国强

西北工業大學出版社

西　安

【内容简介】 本书内容分为5章,分别为基础知识、无黏可压缩流动的控制方程、无黏可压缩定常多维绝热流动的一般特征、黏性流体动力学基础及固体火箭发动机的流动方程。

本书可作为高等院校飞行器动力工程专业本科生的教材,也可供从事飞行器动力和气体多维流动研究的工程技术人员阅读参考。

图书在版编目(CIP)数据

多维气体动力学基础/冯喜平主编. —西安:西北工业大学出版社,2020.7
ISBN 978-7-5612-6741-7

Ⅰ.①多… Ⅱ.①冯… Ⅲ.①气体动力学-高等学校-教材 Ⅳ.①O354

中国版本图书馆CIP数据核字(2020)第115546号

DUOWEI QITI DONGLIXUE JICHU
多维气体动力学基础

责任编辑:朱辰浩　　策划编辑:华一瑾
责任校对:李　萍　　装帧设计:李　飞
出版发行:西北工业大学出版社
通信地址:西安市友谊西路127号　　邮编:710072
电　　话:(029)88491757,88493844
网　　址:www.nwpup.com
印 刷 者:陕西向阳印务有限公司
开　　本:787 mm×1 092 mm　　1/16
印　　张:12.125
字　　数:318千字
版　　次:2020年7月第1版　　2020年7月第1次印刷
定　　价:48.00元

前　言

在飞行器动力工程专业大学本科课程中，“气体动力学”是最为重要的专业基础课之一，由于内容较多，通常被分为“一维气体动力学”和“多维气体动力学”两个阶段讲授，本书是为“气体动力学”第二阶段学习而编写的教材。本书可以为学习火箭发动机原理和研究火箭发动机基本问题提供必要的基础，同时也可以为学习高等气体动力学、两相流动力学以及计算流体力学等研究生课程奠定基础。

火箭发动机工作有三个基本问题：一是推进剂的燃烧问题，二是燃气的流动问题，三是在前两者基础上有关火箭发动机的许多专门课题。这些专门课题大多与发动机的性能直接相关，其研究大多都以燃烧室和喷管中的流场为基础和起点。因此，气体动力学是固体火箭发动机燃气流动、理论计算、性能预估及大部分专题研究的重要基础。然而，对于这些专门课题而言，一维流动计算已远远不能满足工程设计的要求，需要用更切合实际工况的多维流动来研究问题。对于飞行器动力工程专业的学生来说，多维气体动力学是必备的基础知识；对于飞行器动力工程专业以外的学生来说，只要涉及流动的工程问题，学习多维气体动力学这门课程也必将大有裨益。

全书内容分为5章：第1章基础知识，主要介绍矢量代数、矢量分析、场论、哈密顿算子和曲线坐标系等，是后续内容的数学基础；第2章介绍多维流动基本方程的建立，以期掌握无黏可压缩流动的控制方程，介绍控制方程在各种正交坐标系中的表达形式，以期为流动分析建立坚实的理论基础；第3章介绍无黏可压缩定常多维绝热流动的一般特征；第4章为了保持知识体系的完整性和研究方法的类似性，介绍黏性流体动力学基础，以扩展学生知识面和使气体动力学知识系统化；第5章介绍固体火箭发动机燃烧室和喷管中的多维流动方程，以便为学生解决发动机工作过程中的流动问题提供基础理论知识。

笔者长期为西北工业大学飞行器动力工程专业本科生讲授多维气体动力学基础课程，深感飞行器动力工程专业学生普遍存在由于数学基础欠缺而导致不能完全从多维观点出发描述气体流动的问题。本书中，笔者力图通过从场论这一数学工具出发，对多维流动问题建立一个比较严密和比较完整的数学描述体系，以阐明多维气体动力学中的基本概念、基本规律、基本物理现象和处理问题的基本方法。

本书是2016年度西北工业大学规划教材，由冯喜平主编，书中的第1、2章由冯喜平编写，第3章由唐金兰编写，第4章由朱国强编写，第5章由陈嘉辉编写。

在编写本书的过程中得到了各级领导及相关专家的大力支持，西北工业大学出版社编辑提供了大量的帮助，笔者所在的课题组老师、研究生对全书的文稿进行了校对，在此一并感谢。编写本书曾参阅了相关文献、资料，在此谨向其作者深表谢意。

由于水平有限，书中难免有疏漏及不妥之处，恳请读者批评指正。

编　者

2020 年 4 月

目　录

第1章　基础知识

矢量代数、矢量分析、场论以及曲线坐标系是多维气体动力学的数学基础，同时也是研究其他众多学科的有用工具。本章根据多维气体动力学的学习需求，简要地介绍矢量代数、矢量分析、场论、哈密顿算子 和曲线坐标系的基础知识，目的是为多维气体动力学学习建立必要的数学基础。需要说明的是，本章主要着眼于工程应用，而不拘泥于严格的数学推导。

1.1　矢量代数

本节简要介绍矢量的定义、矢量的和与差、矢量的数量积、矢量的矢量积、三矢混合积和三矢矢积，在数学上称为矢量代数。

1.1.1　矢量概念

1. 矢量的定义

在自然科学研究中，通常会遇到这样一类物理量，它们既有大小，又有方向，如速度、加速度、力、动量、流量等，这一类物理量称为矢量。

与矢量相对应，仅有大小，没有方向的物理量则称为标量。标量完全由其数值大小决定，如温度、压强、时间、质量和面积等。

2. 矢量的表示方法

在数学上，用有向线段表示一个矢量。即用有向线段的长度来表示矢量的大小，用有向线段的方向来表示矢量的方向。

以 M_1 为起点和 M_2 为终点的有向线段所表示的矢量，记为$\overrightarrow{M_1M_2}$，如图 1-1 所示。习惯上，用粗(黑)体单字母或手写具有上箭头的细(白)体字母表示矢量。例如：$\boldsymbol{a}$、$\boldsymbol{M}$、$\boldsymbol{v}$、$\boldsymbol{F}$ 或 $\vec{a}$、$\vec{M}$、$\vec{v}$、$\vec{F}$ 等。

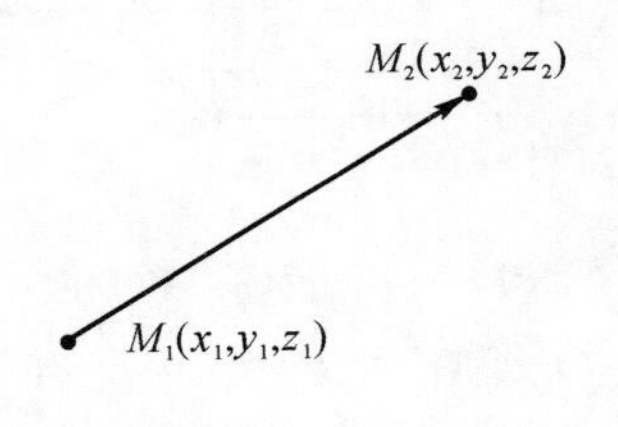

图 1-1　矢量表示法

由于空间中的点可以用空间坐标表示，所以空间中的线段亦可以用坐标表示。

直角坐标系中矢量的分解表达式为$\overrightarrow{M_1M_2}=(x_2-x_1)\boldsymbol{i}+(y_2-y_1)\boldsymbol{j}+(z_2-z_1)\boldsymbol{k}$，其中$(x_1,y_1,z_1)$和$(x_2,y_2,z_2)$分别是直角坐标系中矢量起点$M_1$和矢量终点$M_2$的坐标。

直角坐标系中矢量的坐标表达式为$\overrightarrow{M_1M_2}=(a_x,a_y,a_z)$，其中$a_x$、$a_y$、$a_z$分别是直角坐标系中矢量$\overrightarrow{M_1M_2}$在三个坐标轴上的投影值。

3. 矢量的模

矢量的大小，即有向线段的长度，称为矢量的模。矢量$\overrightarrow{M_1M_2}$的模记为$|\overrightarrow{M_1M_2}|$，矢量$\boldsymbol{a}$的模记为$|\boldsymbol{a}|$。

4. 单位矢量

模等于1的矢量称为单位矢量。而模等于0的矢量称为零矢量，零矢量用$\boldsymbol{0}$或$\vec{0}$表示。

5. 矢径

如果将矢量的起点置于坐标原点O，终点为M，则该矢量$\overrightarrow{OM}$称为点M对点O的矢径，常用粗体字$\boldsymbol{r}$或者用具有上箭头的细体字母$\vec{r}$表示。

直角坐标系中，矢径的分解表达式为$\overrightarrow{OM}=\boldsymbol{r}=x\boldsymbol{i}+y\boldsymbol{j}+z\boldsymbol{k}$。

直角坐标系中，矢径的坐标表达式为$\overrightarrow{OM}=\boldsymbol{r}=(x,y,z)$。

由于矢径的起点位于坐标原点，因此，矢径的坐标与其终点坐标一致。

上式中，x、y、z为矢径端点M的坐标值，同时表示$\boldsymbol{r}$矢径在x、y、z坐标轴上的投影值，x、y、z又可称为坐标分量；$\boldsymbol{i}$、$\boldsymbol{j}$、$\boldsymbol{k}$分别表示x、y、z坐标轴上的单位矢量，其模为1，方向分别沿x、y、z坐标轴的正向。

6. 矢径模与方向余弦的表达式

矢径的两个要素分别为其大小和方向。

矢径可以用其坐标表示，也可用模和方向表示，因此，两种表示形式必然存在某种联系。下面给出矢量坐标表示的模和方向，以表述二者表达方式之间的联系。

设矢量$\overrightarrow{M_1M_2}=(a_x,a_y,a_z)$为自由矢量，为了处理方便，将其起点$M_1$置于坐标原点，那么它的终点$M_2$的坐标就是$(a_x,a_y,a_z)$，这时该自由矢量变为矢径，如图1-2所示。

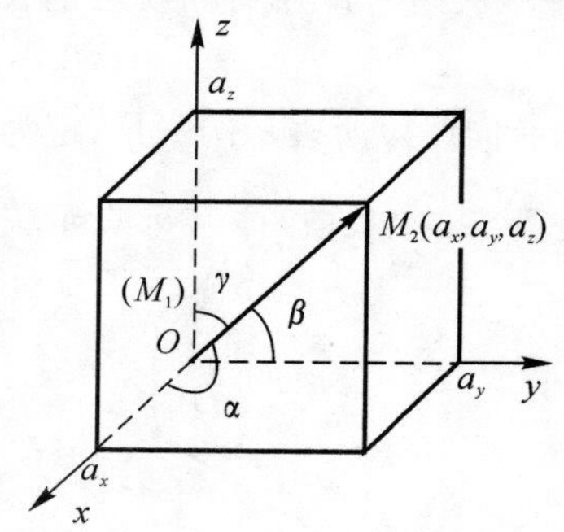

图1-2　矢量的模和方向

矢量$\overrightarrow{M_1M_2}$的模即为坐标原点O到M_2的距离，因此有

$$|\overrightarrow{M_1M_2}|=|\overrightarrow{OM_2}|=\sqrt{{a_x}^2+{a_y}^2+{a_z}^2}$$

矢量$\overrightarrow{M_1M_2}$的方向，可由该矢量与三个坐标轴正向的夹角 α、β、γ 来确定，其中 $0\leqslant\alpha\leqslant\pi$，$0\leqslant\beta\leqslant\pi$，$0\leqslant\gamma\leqslant\pi$。

α、β、γ 称为矢量的方向角，可以唯一地确定矢量的方向。由图 1-2 可得

$$\cos\alpha=\frac{a_x}{|\overrightarrow{M_1M_2}|}=\frac{a_x}{\sqrt{a_x^2+a_y^2+a_z^2}}$$

$$\cos\beta=\frac{a_y}{|\overrightarrow{M_1M_2}|}=\frac{a_y}{\sqrt{a_x^2+a_y^2+a_z^2}}$$

$$\cos\gamma=\frac{a_z}{|\overrightarrow{M_1M_2}|}=\frac{a_z}{\sqrt{a_x^2+a_y^2+a_z^2}}$$

$\cos\alpha$、$\cos\beta$、$\cos\gamma$ 称为矢量$\overrightarrow{M_1M_2}$的方向余弦。容易得出方向余弦满足关系式：

$$\cos^2\alpha+\cos^2\beta+\cos^2\gamma=1$$

7. 用单位矢径表示的矢径表达式

定义

$$\boldsymbol{r}=r\boldsymbol{r}_0$$

其中：$\boldsymbol{r}_0=\frac{\boldsymbol{r}}{r}$是单位矢径，其模为 1，方向与 $\boldsymbol{r}$ 相同。上式称为用单位矢径表示的矢径表达式，则有

$$\boldsymbol{r}_0=(\cos\alpha,\cos\beta,\cos\gamma)$$

不难看出，任意矢量的模、方向角、方向余弦以及单位矢量与矢径类似，在此不再赘述。

1.1.2　矢量和与矢量差的定义与运算

矢量的“和”又称为矢量的“加”，矢量的“差”又称为矢量的“减”。

1. 定义和运算法则

矢量的“和”与“差”可仿照两力合成原则进行，遵循平行四边形法则，定义如下：

(1)矢量和。设有矢量 $\boldsymbol{a}=\overrightarrow{OA}$和矢量 $\boldsymbol{b}=\overrightarrow{OB}$，以$\overrightarrow{OA}$和$\overrightarrow{OB}$为边作平行四边形 $OACB$，取对角线$\overrightarrow{OC}$表示为一矢量，记为 $\boldsymbol{c}=\overrightarrow{OC}$(见图 1-3)，则矢量 $\boldsymbol{c}$ 为矢量 $\boldsymbol{a}$ 和矢量 $\boldsymbol{b}$ 的“和”，记为 $\boldsymbol{c}=\boldsymbol{a}+\boldsymbol{b}$。

不难看出，两矢量的“和”为以该两矢量为边所组成的平行四边形对角线矢量，这种法则称为平行四边形法则。

所谓矢量和的平行四边形法则就是用平行四边形对角线规定两矢量和的方法(见图 1-3)。

矢量“和”也可按照矢量的三角形法则进行运算。将矢量 $\boldsymbol{b}$ 的起点放置在矢量 $\boldsymbol{a}$ 的终点处，再连接矢量 $\boldsymbol{a}$ 的起点到矢量 $\boldsymbol{b}$ 的终点而得到矢量 $\boldsymbol{c}$，这一方法称为矢量加法的三角形法则，如图 1-4 所示。

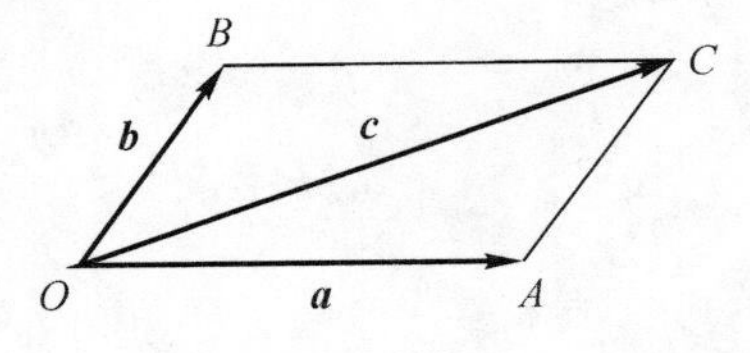

图 1-3　平行四边形法则

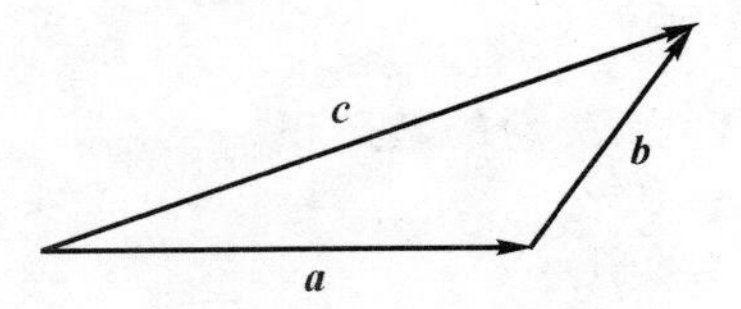

图 1-4　三角形法则

(2)矢量差。矢量$-\boldsymbol{b}$(见图1-5)是一个与$\boldsymbol{b}$矢量大小(模)相等,方向相反的矢量,矢量$\boldsymbol{a}$与$\boldsymbol{b}$的差可以看成为矢量$\boldsymbol{a}$与$-\boldsymbol{b}$的和,如图1-6所示,这样就可以用矢量和的法则进行矢量差的运算,即

$$\boldsymbol{c}=\boldsymbol{a}-\boldsymbol{b}=\boldsymbol{a}+(-\boldsymbol{b})$$

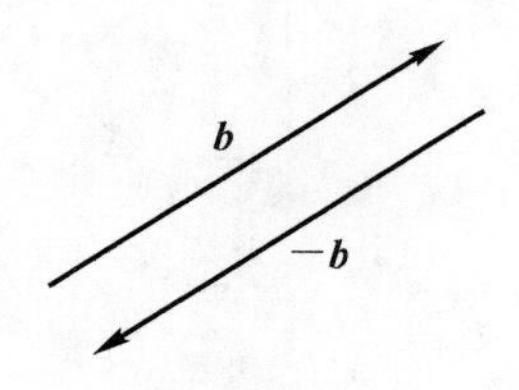

图1-5　矢量$-\boldsymbol{b}$

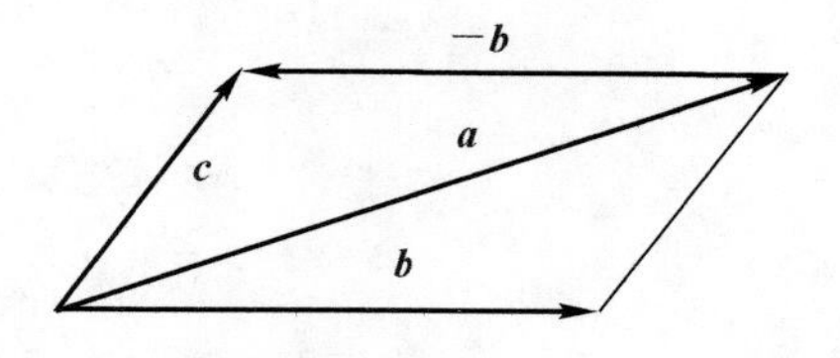

图1-6　矢量减法定义

2.矢量“和”与“差”运算规律

在直角坐标系中,设有矢量$\boldsymbol{a}=(a_x,a_y,a_z)$和矢量$\boldsymbol{b}=(b_x,b_y,b_z)$,其分解表达式为$\boldsymbol{a}=a_x\boldsymbol{i}+a_y\boldsymbol{j}+a_z\boldsymbol{k}$,$\boldsymbol{b}=b_x\boldsymbol{i}+b_y\boldsymbol{j}+b_z\boldsymbol{k}$,则

该两矢量和为$\boldsymbol{a}+\boldsymbol{b}=(a_x+b_x)\boldsymbol{i}+(a_y+b_y)\boldsymbol{j}+(a_z+b_z)\boldsymbol{k}$;

该两矢量差为$\boldsymbol{a}-\boldsymbol{b}=(a_x-b_x)\boldsymbol{i}+(a_y-b_y)\boldsymbol{j}+(a_z-b_z)\boldsymbol{k}$。

可以得出这样的重要结论:两矢量的和与差为对应分量的和与差所构成的新矢量。从几何角度来看,矢量$\boldsymbol{a}$与矢量$\boldsymbol{b}$的和(差)为矢量$\boldsymbol{a}$与矢量$\boldsymbol{b}(-\boldsymbol{b})$所组成的平行四边形对角线矢量。

不难看出,矢量和差运算符合以下运算法则:

(1)交换律:$\boldsymbol{a}+\boldsymbol{b}=\boldsymbol{b}+\boldsymbol{a}$;

(2)结合律:$\boldsymbol{a}+\boldsymbol{b}+\boldsymbol{c}=(\boldsymbol{a}+\boldsymbol{b})+\boldsymbol{c}=\boldsymbol{a}+(\boldsymbol{b}+\boldsymbol{c})$。

1.1.3　数量与矢量的乘法

设λ是一数量,$\boldsymbol{a}$是一矢量。数量λ与矢量$\boldsymbol{a}$的乘积$\lambda\boldsymbol{a}$规定为

$$\lambda\boldsymbol{a}=\lambda(a_x)\boldsymbol{i}+\lambda(a_y)\boldsymbol{j}+\lambda(a_z)\boldsymbol{k}$$

当$\lambda>0$时,$\lambda\boldsymbol{a}$表示一新矢量,该新矢量的方向和$\boldsymbol{a}$相同,模为$|\lambda\boldsymbol{a}|=\lambda|\boldsymbol{a}|$;

当$\lambda=0$时,$\lambda\boldsymbol{a}$表示一零矢量,$\lambda\boldsymbol{a}=\boldsymbol{0}$;

当$\lambda<0$时,$\lambda\boldsymbol{a}$表示一新矢量,该新矢量的方向和$\boldsymbol{a}$相反,模为$|\lambda\boldsymbol{a}|=|\lambda||\boldsymbol{a}|$。

不难看出,数量与矢量的乘法符合以下运算法则:

(1)结合律:$\lambda(\mu\boldsymbol{a})=\mu(\lambda\boldsymbol{a})=(\lambda\mu\boldsymbol{a})$;

(2)分配律:$(\lambda+\mu)\boldsymbol{a}=\lambda\boldsymbol{a}+\mu\boldsymbol{a}$。

可以得出这样的重要结论:数量与矢量的乘法仅需对矢量的各个坐标分别进行乘法运算,并且符合结合律和分配律。

1.1.4　两矢量的数量积

1.问题的引入

设一物体在常力$\boldsymbol{F}$作用下沿直线由点M_1移动到点M_2,$\boldsymbol{r}$表示位移$\overrightarrow{M_1M_2}$,则力$\boldsymbol{F}$所做的功为

$$W=|\boldsymbol{F}||\boldsymbol{r}|\cos\theta$$

其中：θ 为 $\boldsymbol{F}$ 与 $\boldsymbol{r}$ 的夹角，如图1-7所示。

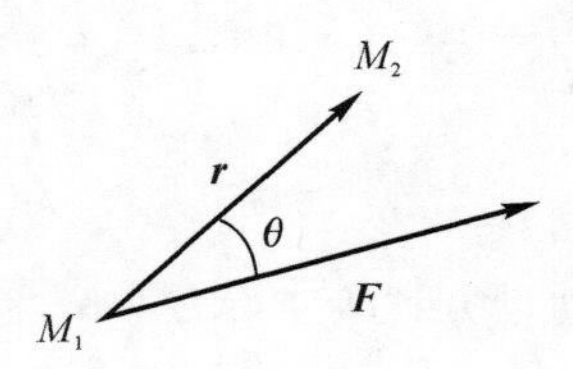

图1-7 物体运动做功图

由上述问题可知，有时需要进行矢量 $\boldsymbol{a}$ 和矢量 $\boldsymbol{b}$ 的模及它们夹角余弦乘积的运算，这一乘积称为矢量 $\boldsymbol{a}$ 和矢量 $\boldsymbol{b}$ 的数量积，又称为矢量 $\boldsymbol{a}$ 与矢量 $\boldsymbol{b}$ 的点积，记为 $\boldsymbol{a}\cdot\boldsymbol{b}$。

2. 定义

设有矢量 $\boldsymbol{a}$ 和矢量 $\boldsymbol{b}$，该两矢量的夹角为 θ，该两矢量的数量积 c 定义为

$$c=\boldsymbol{a}\cdot\boldsymbol{b}=|\boldsymbol{a}||\boldsymbol{b}|\cos(\boldsymbol{a},\boldsymbol{b})=|\boldsymbol{a}||\boldsymbol{b}|\cos\theta \tag{1.1.1}$$

由于 $|\boldsymbol{b}|\cos(\boldsymbol{a},\boldsymbol{b})=|\boldsymbol{b}|\cos\theta$ 为矢量 $\boldsymbol{b}$ 在矢量 $\boldsymbol{a}$ 方向上的投影，因此，两矢量的数量积也可理解为一个矢量的模和另一矢量在该矢量方向上投影的乘积。

重要结论：两矢量的数量积可表示为一个矢量的模和另一矢量在前一矢量方向上投影的乘积。

3. 两矢量数量积的坐标表示法

在直角坐标系中，设 $\boldsymbol{a}=(a_x,a_y,a_z)$，$\boldsymbol{b}=(b_x,b_y,b_z)$，则

$$c=\boldsymbol{a}\cdot\boldsymbol{b}=(a_x,a_y,a_z)\cdot(b_x,b_y,b_z)=(a_xb_x+a_yb_y+a_zb_z) \tag{1.1.2}$$

矢量本身的数量积可表示为

$$\boldsymbol{a}\cdot\boldsymbol{a}=a_x^2+a_y^2+a_z^2=a_i\cdot a_i \tag{1.1.3}$$

注意：式(1.1.3)中 $a_i\cdot a_i$ 为张量表达式，它是 $a_x^2+a_y^2+a_z^2$ 的缩写。

结论：两矢量点积为两矢量对应分量乘积求和。

4. 两矢量数量积的运算法则

(1)交换律：$\boldsymbol{a}\cdot\boldsymbol{b}=\boldsymbol{b}\cdot\boldsymbol{a}$；

(2)分配律：$\boldsymbol{a}\cdot(\boldsymbol{b}+\boldsymbol{c})=\boldsymbol{a}\cdot\boldsymbol{b}+\boldsymbol{a}\cdot\boldsymbol{c}$；

(3)结合律：$m(\boldsymbol{a}\cdot\boldsymbol{b})=(m\boldsymbol{a})\cdot\boldsymbol{b}=\boldsymbol{a}\cdot(m\boldsymbol{b})=(\boldsymbol{a}\cdot\boldsymbol{b})m$。

结论：两矢量的点积符合交换律、分配律和结合律的运算法则。

5. 两矢量垂直的充分必要条件

设有矢量 $\boldsymbol{a}$、$\boldsymbol{b}$，且 $\boldsymbol{a}\neq\boldsymbol{0}$，$\boldsymbol{b}\neq\boldsymbol{0}$，$\boldsymbol{a}\perp\boldsymbol{b}$，则

$$\boldsymbol{a}\cdot\boldsymbol{b}=|\boldsymbol{a}||\boldsymbol{b}|\cos\theta=ab\cos\theta=0$$

经证明可得结论：两个非零矢量垂直的充分必要条件为这两个矢量的数量积为零。

上述观点包括以下两方面：

(1)若两个非零矢量垂直，则数量积必为零；

(2)若两个非零矢量的数量积为零，则两个非零矢量必垂直。

利用两个矢量的数量积定义可证明以上结论，读者不妨自己推导。

6. 直角坐标系中各单位矢量之间的关系

在直角坐标系中，三个坐标轴用 x,y,z 表示，三个坐标轴上的单位矢量用 $\boldsymbol{i},\boldsymbol{j},\boldsymbol{k}$ 表示，三

个坐标轴上单位矢量之间存在如下关系：

$$\boldsymbol{i}\cdot\boldsymbol{i}=1,\quad \boldsymbol{j}\cdot\boldsymbol{j}=1,\quad \boldsymbol{k}\cdot\boldsymbol{k}=1$$

$$\boldsymbol{i}\cdot\boldsymbol{j}=0,\quad \boldsymbol{j}\cdot\boldsymbol{k}=0,\quad \boldsymbol{k}\cdot\boldsymbol{i}=0$$

7.应用

(1)求解某个方向的分矢量。

例 1-1 设已知质点运动的动量方程为 $\boldsymbol{F}(M)=\boldsymbol{0}$,试求某一个方向(该方向单位矢量为 $\boldsymbol{l}_0$)的动量方程。

解:根据两矢量数量积的意义可知,两矢量的数量积可表示为其中一个矢量的模和另一个矢量在这个矢量方向上投影的乘积。

因此,可用动量方程和所求方向矢量的数量积来求。

这样,所求方向的动量方程数学表达式为

$$\boldsymbol{F}(M)\cdot\boldsymbol{l}_0=0$$

其中:$\boldsymbol{l}_0$ 为所求方向的单位矢量。

(2)计算通过一曲面的流体体积流率。

例 1-2 设有一曲面 σ,通过该曲面的流体的速度为 $\boldsymbol{v}$,求通过该曲面 σ 的流体体积流量。

解:在曲面 σ 上取微元面矢量 $\mathrm{d}\boldsymbol{A}=\mathrm{d}A\boldsymbol{n}$,$\boldsymbol{n}$ 为微元面法向单位矢量,简称法矢量,$\boldsymbol{v}$ 与 $\boldsymbol{n}$ 夹角为 θ,则通过该微元面的流体体积流量为速度矢量和微元面法矢量的数量积。

$$\mathrm{d}\dot{m}=\boldsymbol{v}\cdot\mathrm{d}\boldsymbol{A}=\mathrm{d}A\cdot v\cdot\cos\theta$$

利用曲面积分概念,则通过曲面 σ 的流体体积流量为

$$\dot{m}=\iint_{\sigma}\mathrm{d}\dot{m}=\iint_{\sigma}\boldsymbol{v}\cdot\mathrm{d}\boldsymbol{A}=\iint_{\sigma}v\cdot\cos\theta\cdot\mathrm{d}A$$

容易得出,当求通过曲面 σ 的流体质量流量时,只要在上述方程中加入流体密度即可。

注:流体体积流率和质量流率概念不同;公式中 $\mathrm{d}\dot{m}$ 是微元体积流率,质量流率需要密度与 $\mathrm{d}\dot{m}$ 相乘!

1.1.5 两矢量的矢量积

1.定义

矢量 $\boldsymbol{a}$ 和 $\boldsymbol{b}$ 的矢量积(又称“叉”积)为一新矢量,记为 $\boldsymbol{a}\times\boldsymbol{b}=\boldsymbol{c}$。矢量积 $\boldsymbol{c}$ 的大小为矢量 $\boldsymbol{a}$ 的模、矢量 $\boldsymbol{b}$ 的模与它们夹角正弦的乘积,方向垂直 $\boldsymbol{a}$ 与 $\boldsymbol{b}$ 所组成的平面,且符合右手定则。

$$|\boldsymbol{a}\times\boldsymbol{b}|=ab\sin(\boldsymbol{a},\boldsymbol{b}) \tag{1.1.4}$$

式(1.1.4)的结果是以 $\boldsymbol{a}$、$\boldsymbol{b}$ 为邻边的平行四边形的面积。矢量的矢量积如图 1-8 所示。

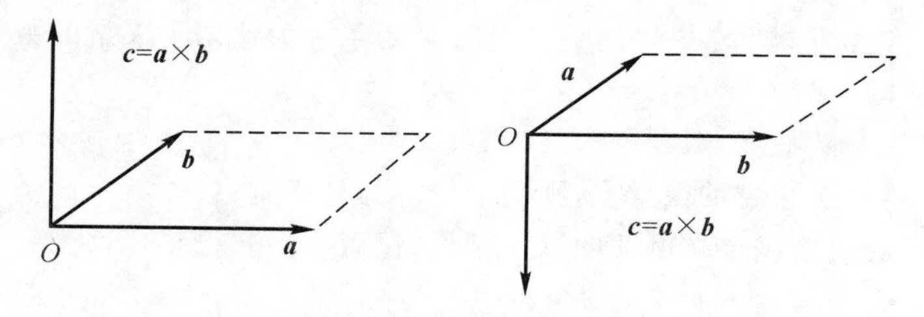

图 1-8 矢量的矢量积示意图

结论：两矢量的矢量积为一新矢量，该新矢量的大小为两矢量所组成的平行四边形的面积，方向符合右手定则。

2. 两矢量矢量积的坐标表示法

在给定的坐标系中，设有矢量 $\boldsymbol{a}=(a_1,a_2,a_3)$ 和矢量 $\boldsymbol{b}=(b_1,b_2,b_3)$，则两矢量 $\boldsymbol{a}$、$\boldsymbol{b}$ 的矢量积为

$$\boldsymbol{a}\times\boldsymbol{b}=(a_1\boldsymbol{e}_1+a_2\boldsymbol{e}_2+a_3\boldsymbol{e}_3)\times(b_1\boldsymbol{e}_1+b_2\boldsymbol{e}_2+b_3\boldsymbol{e}_3)=(a_2b_3-a_3b_2)\boldsymbol{e}_1+(a_3b_1-a_1b_3)\boldsymbol{e}_2+(a_1b_2-a_2b_1)\boldsymbol{e}_3$$

或

$$\boldsymbol{a}\times\boldsymbol{b}=\begin{vmatrix}\boldsymbol{e}_1 & \boldsymbol{e}_2 & \boldsymbol{e}_3\\ a_1 & a_2 & a_3\\ b_1 & b_2 & b_3\end{vmatrix} \tag{1.1.5}$$

计算法则：按照线性代数中三阶行列式的拉普拉斯展开式计算。

3. 矢量积的运算法则

(1)交换律不成立：$\boldsymbol{a}\times\boldsymbol{b}\neq\boldsymbol{b}\times\boldsymbol{a}$，而是 $\boldsymbol{a}\times\boldsymbol{b}=-\boldsymbol{b}\times\boldsymbol{a}$；

(2)符合分配律：$\boldsymbol{a}\times(\boldsymbol{b}+\boldsymbol{c})=\boldsymbol{a}\times\boldsymbol{b}+\boldsymbol{a}\times\boldsymbol{c}$；

(3)符合结合律：数量与两矢量的矢量积相乘，具有以下的性质：$m(\boldsymbol{a}\times\boldsymbol{b})=(m\boldsymbol{a})\times\boldsymbol{b}=\boldsymbol{a}\times(m\boldsymbol{b})=(\boldsymbol{a}\times\boldsymbol{b})m$。

矢量和的矢量积运算公式为

$$\left(\sum_{i=1}^{k}m_i\boldsymbol{a}_i\right)\times\left(\sum_{j=1}^{l}n_j\boldsymbol{b}_j\right)=\sum_{i=1}^{k}\sum_{j=1}^{l}m_in_j(\boldsymbol{a}_i\times\boldsymbol{b}_j)=-\sum_{j=1}^{l}\sum_{i=1}^{k}m_in_j(\boldsymbol{b}_j\times\boldsymbol{a}_i) \tag{1.1.6}$$

4. 两矢量共线(或平行)的充分必要条件

若 $\boldsymbol{a}$ 和 $\boldsymbol{b}$ 为非零矢量，且 $\boldsymbol{a}\times\boldsymbol{b}=0$，则 $\boldsymbol{a}$ 必平行于 $\boldsymbol{b}$。

由上述可得，两个非零矢量共线(或平行)的充分必要条件是这两个矢量的矢量积为零。

上述观点可以从以下两方面理解：

(1)若两个非零矢量共线(或平行)，则矢量积为零；

(2)若两个非零矢量的矢量积为零，则两个非零矢量共线(或平行)。

利用两个矢量矢量积的定义容易证明这个结论。

重要引论：

若 $\boldsymbol{a}//\boldsymbol{b}$，则 $\boldsymbol{a}\times\boldsymbol{b}=0$，即 $\boldsymbol{a}\times\boldsymbol{b}$ 的三个分量全为零，即

$$a_2b_3-a_3b_2=0,\quad \frac{a_2}{b_2}=\frac{a_3}{b_3}$$

$$a_3b_1-a_1b_3=0,\quad \frac{a_1}{b_1}=\frac{a_3}{b_3}$$

$$a_1b_2-a_2b_1=0,\quad \frac{a_1}{b_1}=\frac{a_2}{b_2}$$

故得

$$\frac{a_1}{b_1}=\frac{a_2}{b_2}=\frac{a_3}{b_3} \tag{1.1.7}$$

式(1.1.7)为用分量表示的两矢量共线或平行的充要条件。

结论：两矢量共线或平行的充要条件是两矢量对应分量成正比例。

5. 直角坐标系中单位矢量矢量积的关系

在直角坐标系中，三个坐标轴用 x、y、z 表示，三个坐标轴上单位矢量用 $\boldsymbol{i}$、$\boldsymbol{j}$、$\boldsymbol{k}$ 表示，三个坐标轴上单位矢量的关系如下：

$$\begin{cases}\boldsymbol{i}\times\boldsymbol{i}=0\\ \boldsymbol{j}\times\boldsymbol{j}=0,\\ \boldsymbol{k}\times\boldsymbol{k}=0\end{cases}\quad \begin{cases}\boldsymbol{i}\times\boldsymbol{j}=\boldsymbol{k}\\ \boldsymbol{j}\times\boldsymbol{k}=\boldsymbol{i},\\ \boldsymbol{k}\times\boldsymbol{i}=\boldsymbol{j}\end{cases}\quad \begin{cases}\boldsymbol{j}\times\boldsymbol{i}=-\boldsymbol{k}\\ \boldsymbol{k}\times\boldsymbol{j}=-\boldsymbol{i}\\ \boldsymbol{i}\times\boldsymbol{k}=-\boldsymbol{j}\end{cases}$$

1.1.6 三矢混合积与三矢矢积

1. 三个矢量的混合积 $\boldsymbol{a}\cdot(\boldsymbol{b}\times\boldsymbol{c})$

(1)定义。设有三个矢量 $\boldsymbol{a}$、$\boldsymbol{b}$ 和 $\boldsymbol{c}$，三个矢量的混合积定义为 $\boldsymbol{a}\cdot(\boldsymbol{b}\times\boldsymbol{c})$，其为一标量。

(2)运算法则。先进行$(\boldsymbol{b}\times\boldsymbol{c})$，再将$(\boldsymbol{b}\times\boldsymbol{c})$的结果与 $\boldsymbol{a}$ 数量积。

因为$(\boldsymbol{b}\times\boldsymbol{c})$为一矢量，所以 $\boldsymbol{a}$ 与$(\boldsymbol{b}\times\boldsymbol{c})$的“点”积为数量。乘积 $\boldsymbol{a}\cdot(\boldsymbol{b}\times\boldsymbol{c})$称为数量三重积，也称混合积。

(3)几何意义。如图 1-9 所示，$\boldsymbol{n}$ 为以 $\boldsymbol{b}$ 和 $\boldsymbol{c}$ 为邻边的平行四边形的法向单位矢量，方向与 $\boldsymbol{b}\times\boldsymbol{c}$ 相同。$\boldsymbol{b}\times\boldsymbol{c}$ 的模 $|\boldsymbol{b}||\boldsymbol{c}|\sin\theta$ 等于该平行四边形的面积，θ 为边 $\boldsymbol{b}$ 和 $\boldsymbol{c}$ 的夹角，则有

$\boldsymbol{a}\cdot(\boldsymbol{b}\times\boldsymbol{c})=\boldsymbol{a}\cdot\boldsymbol{n}|\boldsymbol{b}\times\boldsymbol{c}|=h|\boldsymbol{b}\times\boldsymbol{c}|=$平行六面体高×平行四边形面积=平行六面体的体积

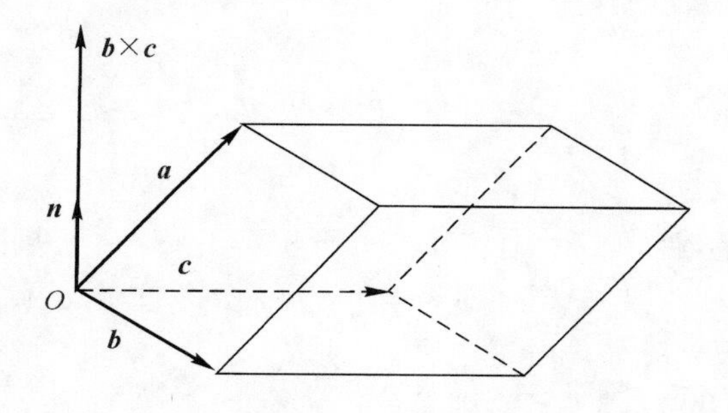

图 1-9 数量三重积示意图

可见，三矢量的混合积是一个数量，其绝对值表示以矢量 $\boldsymbol{a}$、$\boldsymbol{b}$ 和 $\boldsymbol{c}$ 为棱的平行六面体的体积。

若 $\boldsymbol{a}$ 与$(\boldsymbol{b}\times\boldsymbol{c})$不在由 $\boldsymbol{b}$ 和 $\boldsymbol{c}$ 确定的平面的同一侧，即 $\boldsymbol{a}\cdot\boldsymbol{n}<0$，则 $\boldsymbol{a}\cdot(\boldsymbol{b}\times\boldsymbol{c})$为负值；由于以矢量为棱所组成的平行六面体体积 V 本身不会是负值，则有

$$\boldsymbol{a}\cdot(\boldsymbol{b}\times\boldsymbol{c})=\pm V \tag{1.1.8}$$

(4)三个矢量混合积的坐标表示法。设有矢量 $\boldsymbol{a}$、$\boldsymbol{b}$、$\boldsymbol{c}$，其坐标表达式为

$$\boldsymbol{a}=a_1\boldsymbol{e}_1+a_2\boldsymbol{e}_2+a_3\boldsymbol{e}_3$$
$$\boldsymbol{b}=b_1\boldsymbol{e}_1+b_2\boldsymbol{e}_2+b_3\boldsymbol{e}_3$$
$$\boldsymbol{c}=c_1\boldsymbol{e}_1+c_2\boldsymbol{e}_2+c_3\boldsymbol{e}_3$$

三个矢量的混合积用坐标表示为

$$\boldsymbol{a}\cdot(\boldsymbol{b}\times\boldsymbol{c})=\boldsymbol{a}\cdot\begin{vmatrix}\boldsymbol{e}_1 & \boldsymbol{e}_2 & \boldsymbol{e}_3\\ b_1 & b_2 & b_3\\ c_1 & c_2 & c_3\end{vmatrix}=a_1(b_2c_3-b_3c_2)+a_2(b_3c_1-b_1c_3)+a_3(b_1c_2-b_2c_1)=\begin{vmatrix}a_1 & a_2 & a_3\\ b_1 & b_2 & b_3\\ c_1 & c_2 & c_3\end{vmatrix} \tag{1.1.9}$$

(5)重要公式。根据行列式的性质，三矢量的混合积有下述性质：按顺序轮换三矢量混合积的三个因子，其积不变；对调两个相邻的因子，则要改变积的符号。即

$$\boldsymbol{a}\cdot(\boldsymbol{b}\times\boldsymbol{c})=\boldsymbol{b}\cdot(\boldsymbol{c}\times\boldsymbol{a})=\boldsymbol{c}\cdot(\boldsymbol{a}\times\boldsymbol{b})=-\boldsymbol{a}\cdot(\boldsymbol{c}\times\boldsymbol{b})=-\boldsymbol{b}\cdot(\boldsymbol{a}\times\boldsymbol{c})=-\boldsymbol{c}\cdot(\boldsymbol{b}\times\boldsymbol{a})$$

上述公式常在流体力学中用于简化定律方程。

若 $V=0$，则表示 $\boldsymbol{a}$、$\boldsymbol{b}$、$\boldsymbol{c}$ 共面。因此三矢量共面的条件为

$$\boldsymbol{a}\cdot(\boldsymbol{b}\times\boldsymbol{c})=0 \tag{1.1.10}$$

只要 $\boldsymbol{a}$、$\boldsymbol{b}$、$\boldsymbol{c}$ 中任意两个矢量共线，式(1.1.10)就成立。

2.三个矢量的矢积 $\boldsymbol{a}\times(\boldsymbol{b}\times\boldsymbol{c})$

(1)定义。设有三个矢量 $\boldsymbol{a}$、$\boldsymbol{b}$ 和 $\boldsymbol{c}$，三个矢量的矢积定义为 $\boldsymbol{a}\times(\boldsymbol{b}\times\boldsymbol{c})$，其为一矢量，故称为矢量三重积。

(2)运算规则。其运算规则为，先进行矢量 $\boldsymbol{b}$、$\boldsymbol{c}$ 的矢量积运算，然后 $\boldsymbol{a}$ 矢量再与 $\boldsymbol{b}$、$\boldsymbol{c}$ 的矢量积进行矢量积运算。

1.2　矢量分析

本节将简要介绍矢性函数及其微积分知识，其在工程数学中被称为矢量分析，是矢量代数知识的深入和延续，是场论的基础，同时也是进行许多科学研究的重要工具之一。

1.2.1　矢性函数

1.矢性函数的概念

矢量可分为常矢量和变矢量。模和方向都保持不变的矢量称为常矢量；然而，在许多科学问题中，常常会遇到许多模和方向全部或其中之一改变的矢量，称其为变矢量。

数量可以是变量，可以以函数的形式出现，具有连续、极限、微分、积分等特征。

与数性变量类似，矢量也可以是变量，可以以函数形式出现，也应具备函数所具有的连续、极限、微分、积分等特征。

设有一矢性变量 $\mathbf{A}$ 和一数性变量 t，如果当变量 t 在某个范围 (t_1,t_2) 内取任一定值，变量 $\mathbf{A}$ 按照一定规律总有一确定值与它对应，则称矢性变量 $\mathbf{A}$ 为数性变量 t 的矢性函数，记为

$$\mathbf{A}=\mathbf{A}(t) \tag{1.2.1}$$

区间 (t_1,t_2) 称为函数 $\mathbf{A}$ 的定义域。

在直角坐标系中，矢性函数 $\mathbf{A}(t)$ 可用三个坐标表示为

$$\mathbf{A}=A_x\boldsymbol{i}+A_y\boldsymbol{j}+A_z\boldsymbol{k} \tag{1.2.2}$$

显然，三个坐标上的分量也应为 t 的函数，即

$$A_x(t),A_y(t),A_z(t)$$

其中：$\boldsymbol{i}$、$\boldsymbol{j}$、$\boldsymbol{k}$ 为沿 x、y、z 三个坐标轴正向的单位矢量。

这样，一个矢性函数和三个有序的数性函数构成了一一对应关系。

2.矢端曲线及其矢量方程和参数方程

如图1-10所示，设 $\mathbf{A}(t)$ 为自由矢量，其本质为矢性函数，为了用图形直观表示矢性函数的变化规律，将 $\mathbf{A}(t)$ 的起点置于坐标原点，此时 $\mathbf{A}(t)$ 变为矢径 $\boldsymbol{r}$。

当 t 变化时，矢量 $\boldsymbol{A}(t)$ 的终点 M 就在空间中描绘出一条有向曲线 l，该曲线称为矢性函数的矢端曲线，亦称矢性函数 $\boldsymbol{A}(t)$ 的图形。同时，称式(1.2.1)或式(1.2.2)为该曲线的矢量方程。

显然，$\boldsymbol{A}(t)$ 的三个坐标 $A_x(t)$、$A_y(t)$、$A_z(t)$ 分量对应于矢端终点 M 的三个坐标 x、y、z，即

$$x=A_x(t), y=A_y(t), z=A_z(t) \tag{1.2.3}$$

式(1.2.3)是曲线 l 以 t 为参数的参数方程。

容易看出，曲线 l 的矢量方程式(1.2.2)和参数方程式(1.2.3)之间有着明显的一一对应关系。

矢性函数 $\boldsymbol{A}(t)$ 转化为矢径，如图 1-10 中的 $\overrightarrow{OM}$。其用 $\boldsymbol{r}$ 表示为

$$\boldsymbol{r}=\overrightarrow{OM}=x\boldsymbol{i}+y\boldsymbol{j}+z\boldsymbol{k} \tag{1.2.4}$$

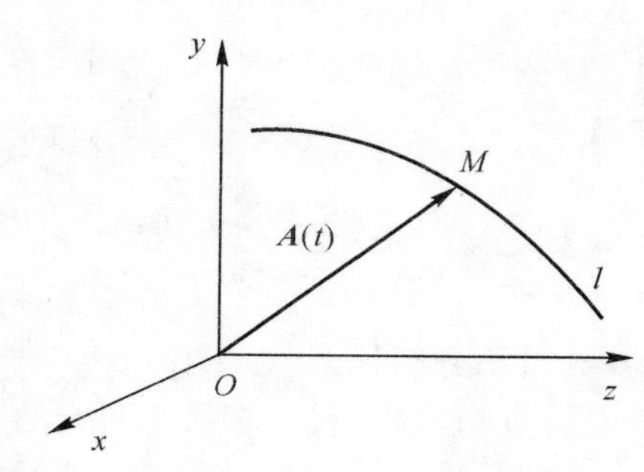

图 1-10　矢端曲线

典型曲线的矢量方程与参数方程见表 1-1。

表 1-1　典型曲线的矢量方程与参数方程

曲线类型	参数方程	矢量方程	图　形
圆	$\begin{cases} x=r\cos\theta \\ y=r\sin\theta \end{cases}$	$\boldsymbol{r}=r\cos\theta\boldsymbol{i}+r\sin\theta\boldsymbol{j}$	
椭圆	$\begin{cases} x=a\cos\theta \\ y=b\sin\theta \end{cases}$	$\boldsymbol{r}=a\cos\theta\boldsymbol{i}+b\sin\theta\boldsymbol{j}$	

续表

曲线类型	参数方程	矢量方程	图形
螺旋线	$\begin{cases} x=r\cos\theta \\ y=r\sin\theta \\ z=b\theta \end{cases}$	$\boldsymbol{r}=r\cos\theta\boldsymbol{i}+r\sin\theta\boldsymbol{j}+b\theta\boldsymbol{k}$	z, b, O, θ, y, r, x, M(x,y,z)

3. 矢性函数的极限和连续性

与数性函数一样，矢性函数也具有极限和连续的概念。

(1)矢性函数极限的定义。设有矢性函数$\boldsymbol{A}(t)$和数性变量t，矢性函数$\boldsymbol{A}(t)$在点t_0的某个邻域内有定义，如果t无限接近于t_0时，即$t\to t_0(t\neq t_0)$，函数$\boldsymbol{A}(t)$无限接近于一个确定值$\boldsymbol{A}_0$，我们就说，$\boldsymbol{A}_0$是函数$\boldsymbol{A}(t)$当$t\to t_0(t\neq t_0)$时的极限，记为

$$\lim_{t\to t_0}\boldsymbol{A}(t)=\boldsymbol{A}_0$$

或

$$\boldsymbol{A}(t)\to\boldsymbol{A}_0 \quad (t\to t_0)$$

为了应用方便，将矢性函数的运算法则整理如下：

1) $\lim\limits_{t\to t_0}u(t)\boldsymbol{A}(t)=\lim\limits_{t\to t_0}u(t)\lim\limits_{t\to t_0}\boldsymbol{A}(t)$；

2) $\lim\limits_{t\to t_0}[\boldsymbol{A}(t)\pm\boldsymbol{B}(t)]=\lim\limits_{t\to t_0}\boldsymbol{A}(t)\pm\lim\limits_{t\to t_0}\boldsymbol{B}(t)$；

3) $\lim\limits_{t\to t_0}[\boldsymbol{A}(t)\times\boldsymbol{B}(t)]=\lim\limits_{t\to t_0}\boldsymbol{A}(t)\times\lim\limits_{t\to t_0}\boldsymbol{B}(t)$。

其中：$u(t)$为数性函数，$\boldsymbol{A}(t)$与$\boldsymbol{B}(t)$为矢性函数；且当$t\to t_0$时，$u(t)$、$\boldsymbol{A}(t)$、$\boldsymbol{B}(t)$均有极限存在。

(2)矢性函数连续的定义。设矢性函数$\boldsymbol{A}(t)$在点t_0的某个邻域内有定义，当自变量t在t_0处有微小增量$\Delta t=t-t_0$时，相应的函数增量为$\Delta\boldsymbol{A}(t)=\boldsymbol{A}(t_0+\Delta t)-\boldsymbol{A}(t_0)$，如果当$\Delta t=t-t_0$无限接近于0时，函数增量$\Delta\boldsymbol{A}(t)=\boldsymbol{A}(t_0+\Delta t)-\boldsymbol{A}(t_0)$也无限接近于0，即

$$\lim_{t\to t_0}\boldsymbol{A}(t)=\boldsymbol{A}(t_0)$$

则称$\boldsymbol{A}(t)$在点$t=t_0$处连续。

容易得出，矢性函数$\boldsymbol{A}(t)$在点t_0处连续的充要条件是它的三个坐标函数$A_x(t)$、$A_y(t)$、$A_z(t)$在t_0处均连续。

若矢性函数$\boldsymbol{A}(t)$在某个区间内的每一点处都连续，则称它在该区间连续。

1.2.2 矢性函数的导数和微分

1. 矢性函数的导数

如图1-11所示，设有一起点在点O的矢性函数$\boldsymbol{A}(t)$，当数量变量t在其定义域内从t变

到 $t+\Delta t(\Delta t\neq 0)$时，对应的矢量分别为

$$\boldsymbol{A}(t)=\overrightarrow{OM},\quad \boldsymbol{A}(t+\Delta t)=\overrightarrow{ON}$$

$\boldsymbol{A}(t+\Delta t)-\boldsymbol{A}(t)=\overrightarrow{MN}$叫作矢性函数$\boldsymbol{A}(t)$的增量，记作 $\Delta\boldsymbol{A}$，即

$$\Delta\boldsymbol{A}=\boldsymbol{A}(t+\Delta t)-\boldsymbol{A}(t)$$

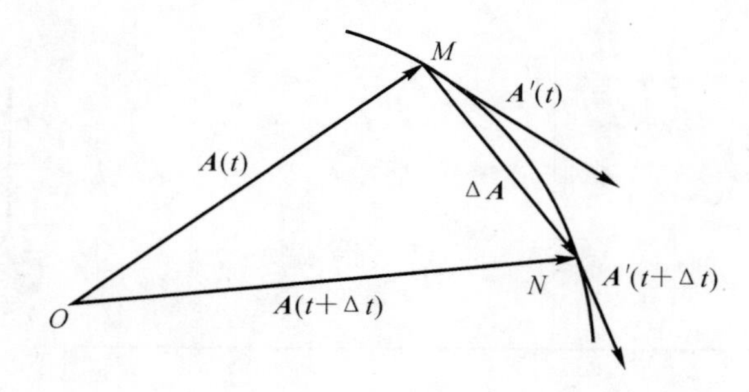

图 1-11　矢性函数的导数

定义：设矢性函数$\boldsymbol{A}(t)$在点 t 的某一邻域(t_1,t_2)内有定义，点 t 和$t+\Delta t$ 位于(t_1,t_2)内，当自变量 t 有增量 Δt 时，相应函数有增量 $\Delta\boldsymbol{A}=\boldsymbol{A}(t+\Delta t)-\boldsymbol{A}(t)$，函数$\boldsymbol{A}(t)$的增量 $\Delta\boldsymbol{A}$ 与 Δt 之比为

$$\frac{\Delta\boldsymbol{A}}{\Delta t}=\frac{\boldsymbol{A}(t+\Delta t)-\boldsymbol{A}(t)}{\Delta t}$$

当 $\Delta t\to 0$ 时，如果$\dfrac{\Delta\boldsymbol{A}}{\Delta t}$的极限存在，则称此极限为矢性函数$\boldsymbol{A}(t)$在点 t 处的导数(简称“导矢”)，即

$$\frac{\mathrm{d}\boldsymbol{A}}{\mathrm{d}t}=\lim_{\Delta t\to 0}\frac{\Delta\boldsymbol{A}}{\Delta t}=\lim_{\Delta t\to 0}\frac{\boldsymbol{A}(t+\Delta t)-\boldsymbol{A}(t)}{\Delta t}$$

记作$\dfrac{\mathrm{d}\boldsymbol{A}}{\mathrm{d}t}$或$\boldsymbol{A}'(t)$。可以看出，这种定义和数性函数导数的定义是类似的。

若$\boldsymbol{A}(t)$由坐标式给出，即

$$\boldsymbol{A}(t)=A_x(t)\boldsymbol{i}+A_y(t)\boldsymbol{j}+A_z(t)\boldsymbol{k}$$

若函数 $A_x(t)$、$A_y(t)$、$A_z(t)$在点 t 可导，则有

$$\frac{\mathrm{d}\boldsymbol{A}}{\mathrm{d}t}=\lim_{\Delta t\to 0}\frac{\Delta\boldsymbol{A}}{\Delta t}=\lim_{\Delta t\to 0}\frac{\Delta A_x}{\Delta t}\boldsymbol{i}+\lim_{\Delta t\to 0}\frac{\Delta A_y}{\Delta t}\boldsymbol{j}+\lim_{\Delta t\to 0}\frac{\Delta A_z}{\Delta t}\boldsymbol{k}=\frac{\mathrm{d}A_x}{\mathrm{d}t}\boldsymbol{i}+\frac{\mathrm{d}A_y}{\mathrm{d}t}\boldsymbol{j}+\frac{\mathrm{d}A_z}{\mathrm{d}t}\boldsymbol{k}$$

即

$$\boldsymbol{A}'(t)=A'_x(t)\boldsymbol{i}+A'_y(t)\boldsymbol{j}+A'_z(t)\boldsymbol{k} \tag{1.2.5}$$

可见，对矢性函数的导数可归结为三个数性函数的求导。

2. 导矢的几何意义

如图 1-12 所示，设 l 为矢性函数$\boldsymbol{A}(t)$的矢端曲线，点 M 为此矢端曲线上的一点，点 N 为此矢端曲线上靠近点 M 的另一点，此时，$\overrightarrow{OM}$对应矢量$\boldsymbol{A}(t)$，$\overrightarrow{ON}$对应矢量$\boldsymbol{A}(t+\Delta t)$，$\overrightarrow{MN}$对应于矢量 $\Delta\boldsymbol{A}$。$\dfrac{\Delta\boldsymbol{A}}{\Delta t}$为 l 上沿割线 MN 的一个矢量。

当 $\Delta t>0$ 时，其指向与 $\Delta\boldsymbol{A}$ 一致，即指向对应 t 值增大的一方；当 $\Delta t<0$ 时，其指向与 $\Delta\boldsymbol{A}$ 相反，即指向对应 t 值减小的一方。

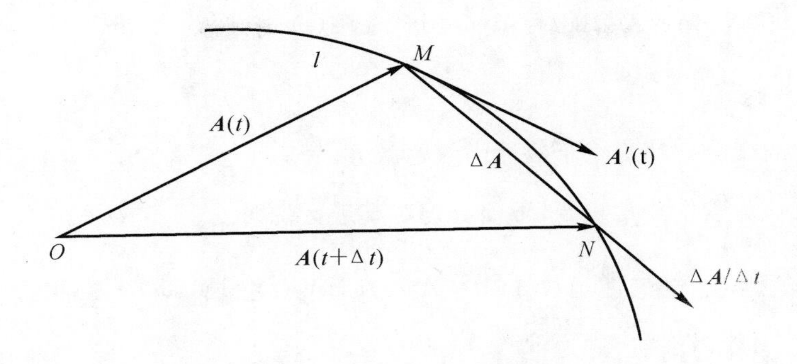

图1-12　导矢几何意义

当 $\Delta t \to 0$ 时，由于割线 MN 将绕点 M 转动，点 N 无限接近于点 M，M 处的切线为其极限位置。此时，割线上的矢量$\dfrac{\Delta \boldsymbol{A}}{\Delta t}$的极限位置自然也就在此切线上，因此，导矢

$$\boldsymbol{A}'(t)=\lim_{\Delta t \to 0}\frac{\Delta \boldsymbol{A}}{\Delta t}$$

处于点 M 处的切线上。

由上述分析可知，导矢的方向恒指向对应 t 值增大的一方，故导矢在几何上为一矢端曲线的切向矢量，指向对应 t 值增大的一方。

$\dfrac{\Delta \boldsymbol{A}}{\Delta t}$是函数 $\boldsymbol{A}$ 在以 t 和 $t+\Delta t(\Delta t \neq 0)$ 为端点区域上的平均变化率；而导矢 $\boldsymbol{A}'(t)=\dfrac{\mathrm{d}\boldsymbol{A}}{\mathrm{d}t}$则是函数在 t 处的变化率，反映了函数随自变量变化的快慢程度。

3. 矢性函数的微分

(1)微分的概念与几何意义。设有矢性函数 $\boldsymbol{A}(t)$，称

$$\mathrm{d}\boldsymbol{A}=\boldsymbol{A}'(t)\mathrm{d}t$$

为矢性函数 $\boldsymbol{A}(t)$在 t 处的微分。

由于微分 $\mathrm{d}\boldsymbol{A}$ 是导矢 $\boldsymbol{A}'(t)$和增量 $\mathrm{d}t$ 的乘积，所以它是一个新矢量，该矢量在点 M 处与 $\boldsymbol{A}(t)$的矢端曲线 l 相切，如图1-13所示。其指向为：当 $\mathrm{d}t>0$ 时，与 $\boldsymbol{A}'(t)$的方向一致；当 $\mathrm{d}t<0$ 时，则与 $\boldsymbol{A}'(t)$的方向相反。

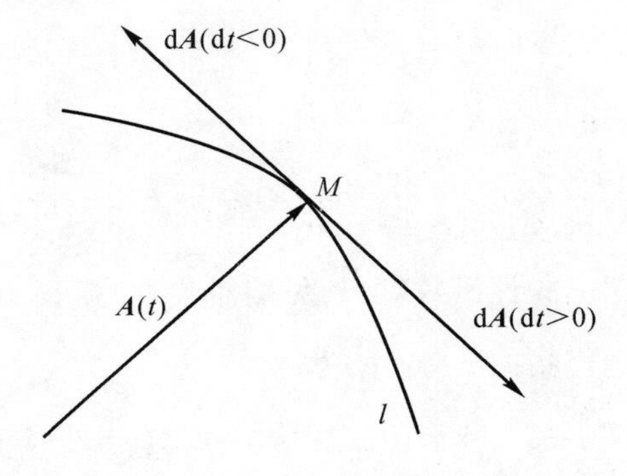

图1-13　矢性函数的微分

矢性函数 $\boldsymbol{A}(t)$的微分 $\mathrm{d}\boldsymbol{A}$ 的坐标表示式可由式(1.2.5)求得，即

$$\mathrm{d}\boldsymbol{A}=\boldsymbol{A}'(t)\mathrm{d}t=A'_x(t)\mathrm{d}t\boldsymbol{i}+A'_y(t)\mathrm{d}t\boldsymbol{j}+A'_z(t)\mathrm{d}t\boldsymbol{k}$$

或

$$\mathrm{d}\boldsymbol{A}=\mathrm{d}A_x\boldsymbol{i}+\mathrm{d}A_y\boldsymbol{j}+\mathrm{d}A_z\boldsymbol{k} \tag{1.2.6}$$

对矢性函数的微分归结为三个数性函数的微分。

$\frac{\mathrm{d}\boldsymbol{r}}{\mathrm{d}s}$和$\frac{\mathrm{d}\boldsymbol{r}}{\mathrm{d}t}$在流体力学中非常重要，下面分别对其进行说明。

(2)$\frac{\mathrm{d}\boldsymbol{r}}{\mathrm{d}s}$的几何意义。把矢性函数$\boldsymbol{A}(t)=A_x(t)\boldsymbol{i}+A_y(t)\boldsymbol{j}+A_z(t)\boldsymbol{k}$看作起始于坐标原点的矢量，其变为矢径，该矢径表达式为

$$\boldsymbol{r}=x\boldsymbol{i}+y\boldsymbol{j}+z\boldsymbol{k}$$

存在$x=A_x(t)$，$y=A_y(t)$，$z=A_z(t)$的关系。

$$\mathrm{d}\boldsymbol{r}=\mathrm{d}x\boldsymbol{i}+\mathrm{d}y\boldsymbol{j}+\mathrm{d}z\boldsymbol{k} \tag{1.2.7}$$

如图 1-14 所示，有

$$|\mathrm{d}\boldsymbol{r}|=\sqrt{\mathrm{d}x^2+\mathrm{d}y^2+\mathrm{d}z^2} \tag{1.2.8}$$

此时，$\overrightarrow{OM}$对应矢量$\boldsymbol{r}$，$\overrightarrow{ON}$对应矢量$\boldsymbol{r}+\mathrm{d}\boldsymbol{r}$，$\overrightarrow{MN}$对应于$\mathrm{d}\boldsymbol{r}$，$MN$弧长为$\mathrm{d}s$。

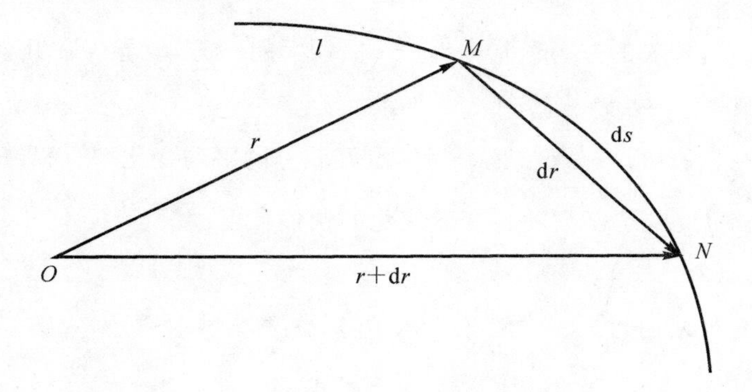

图 1-14　弧微分示意图

由此可见

$$|\mathrm{d}\boldsymbol{r}|=|\mathrm{d}s| \tag{1.2.9}$$

即矢径的微分的模等于弧微分的绝对值，从而由

$$|\mathrm{d}\boldsymbol{r}|=\left|\frac{\mathrm{d}\boldsymbol{r}}{\mathrm{d}s}\mathrm{d}s\right|=\left|\frac{\mathrm{d}\boldsymbol{r}}{\mathrm{d}s}\right||\mathrm{d}s|$$

可得

$$\frac{|\mathrm{d}\boldsymbol{r}|}{|\mathrm{d}s|}=\left|\frac{\mathrm{d}\boldsymbol{r}}{\mathrm{d}s}\right|=1 \tag{1.2.10}$$

结合导矢的几何意义可知，矢性函数对（其矢端曲线的）弧长s的导数$\frac{\mathrm{d}\boldsymbol{r}}{\mathrm{d}s}$在几何上为矢端曲线一切向单位矢量，且方向恒指向$s$增大的方向。

(3)$\frac{\mathrm{d}\boldsymbol{r}}{\mathrm{d}t}$的物理意义。如图 1-15 所示，假定质点在时刻$t=0$时位于点$M$处，经过一段时间$\Delta t$后到达点$N$，其间在$l$上所经过的路程为$s$。点$M$的矢径$\boldsymbol{r}$显然是路程$s$的函数，而$s$又是时间$t$的函数，则有

$$\frac{\mathrm{d}\boldsymbol{r}}{\mathrm{d}t}=\frac{\mathrm{d}\boldsymbol{r}}{\mathrm{d}s}\frac{\mathrm{d}s}{\mathrm{d}t}$$

上式中，$\frac{\mathrm{d}\boldsymbol{r}}{\mathrm{d}s}$的几何意义如前所述，表示一单位切矢量，现以 $\boldsymbol{\tau}$ 表示。式中，$\frac{\mathrm{d}s}{\mathrm{d}t}$是路程 s 对时间 t 的变化率，表示在点 M 处质点的运动速度，用 v 表示，则有

$$\frac{\mathrm{d}\boldsymbol{r}}{\mathrm{d}t}=v\boldsymbol{\tau}$$

由上式可知，导矢$\frac{\mathrm{d}\boldsymbol{r}}{\mathrm{d}t}$的表达式包括了质点 M 运动的速度大小和方向，因而它就是质点 M 运动的速度矢量 $\boldsymbol{v}$，即

$$\boldsymbol{v}=\frac{\mathrm{d}\boldsymbol{r}}{\mathrm{d}t}=v\boldsymbol{\tau}$$

若定义二阶导矢$\frac{\mathrm{d}^2\boldsymbol{r}}{\mathrm{d}t^2}=\frac{\mathrm{d}}{\mathrm{d}t}\left(\frac{\mathrm{d}\boldsymbol{r}}{\mathrm{d}t}\right)$，则 $\boldsymbol{a}=\frac{\mathrm{d}\boldsymbol{v}}{\mathrm{d}t}=\frac{\mathrm{d}^2\boldsymbol{r}}{\mathrm{d}t^2}$为质点 M 运动的加速度矢量。

上述两个表达式在后面的学习中将被广泛地应用。

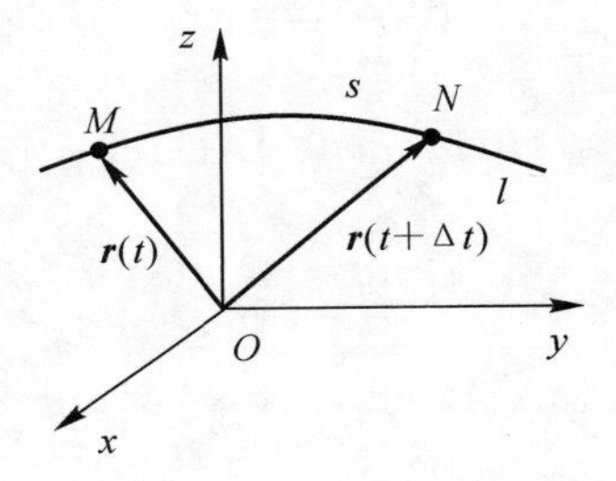

图 1-15　$\frac{\mathrm{d}\boldsymbol{r}}{\mathrm{d}t}$的物理意义

(4)矢性函数的导数公式。设矢性函数 $\boldsymbol{A}=\boldsymbol{A}(t)$，$\boldsymbol{B}=\boldsymbol{B}(t)$及数性函数 $u=u(t)$在 t 的某个范围内可导，则下列公式在该范围内成立：

1)$\frac{\mathrm{d}}{\mathrm{d}t}\boldsymbol{C}=\boldsymbol{0}$($\boldsymbol{C}$ 为常矢)；

2)$\frac{\mathrm{d}}{\mathrm{d}t}(\boldsymbol{A}\pm\boldsymbol{B})=\frac{\mathrm{d}\boldsymbol{A}}{\mathrm{d}t}\pm\frac{\mathrm{d}\boldsymbol{B}}{\mathrm{d}t}$；

3)$\frac{\mathrm{d}}{\mathrm{d}t}(k\boldsymbol{A})=k\frac{\mathrm{d}\boldsymbol{A}}{\mathrm{d}t}$($k$ 为常数)；

4)$\frac{\mathrm{d}}{\mathrm{d}t}(u\boldsymbol{A})=\frac{\mathrm{d}u}{\mathrm{d}t}\boldsymbol{A}+u\frac{\mathrm{d}\boldsymbol{A}}{\mathrm{d}t}$；

5)$\frac{\mathrm{d}}{\mathrm{d}t}(\boldsymbol{A}\cdot\boldsymbol{B})=\boldsymbol{A}\cdot\frac{\mathrm{d}\boldsymbol{B}}{\mathrm{d}t}+\frac{\mathrm{d}\boldsymbol{A}}{\mathrm{d}t}\cdot\boldsymbol{B}$ $\left[特例：\frac{\mathrm{d}}{\mathrm{d}t}\boldsymbol{A}^2=2\boldsymbol{A}\cdot\frac{\mathrm{d}\boldsymbol{A}}{\mathrm{d}t}(其中 \boldsymbol{A}^2=\boldsymbol{A}\cdot\boldsymbol{A})\right]$；

6)$\frac{\mathrm{d}}{\mathrm{d}t}(\boldsymbol{A}\times\boldsymbol{B})=\boldsymbol{A}\times\frac{\mathrm{d}\boldsymbol{B}}{\mathrm{d}t}+\frac{\mathrm{d}\boldsymbol{A}}{\mathrm{d}t}\times\boldsymbol{B}$

7)若 $\boldsymbol{A}=\boldsymbol{A}(u)$，$u=u(t)$，则下式称为复合函数求导公式：

$$\frac{\mathrm{d}\boldsymbol{A}}{\mathrm{d}t}=\frac{\mathrm{d}\boldsymbol{A}}{\mathrm{d}u}\frac{\mathrm{d}u}{\mathrm{d}t}$$

1.2.3 矢性函数的积分

矢性函数与数性函数类似，也存在不定积分和定积分。

1. 矢性函数的不定积分

若在变量 t 的某个区间 I 上，有 $\boldsymbol{B}'(t)=\boldsymbol{A}(t)$，则称 $\boldsymbol{B}(t)$ 为 $\boldsymbol{A}(t)$ 在此区间上的一个原函数，在该区间 I 上，$\boldsymbol{A}(t)$ 原函数的全体叫作 $\boldsymbol{A}(t)$ 在 I 上的不定积分，记作

$$\int \boldsymbol{A}(t)\mathrm{d}t \tag{1.2.11}$$

这个定义和数性函数的不定积分定义类似，故和数性函数一样，若已知 $\boldsymbol{B}(t)$ 是 $\boldsymbol{A}(t)$ 的一个原函数，则有

$$\int \boldsymbol{A}(t)\mathrm{d}t = \boldsymbol{B}(t) + \boldsymbol{C}\ (\boldsymbol{C}\text{ 为任意常矢}) \tag{1.2.12}$$

而且，数性函数不定积分的基本性质对矢性函数来说也仍然成立。

例如：

$$\int k\boldsymbol{A}(t)\mathrm{d}t = k\int \boldsymbol{A}(t)\mathrm{d}t \tag{1.2.13}$$

$$\int [\boldsymbol{A}(t) \pm \boldsymbol{B}(t)]\mathrm{d}t = \int \boldsymbol{A}(t)\mathrm{d}t \pm \int \boldsymbol{B}(t)\mathrm{d}t \tag{1.2.14}$$

$$\int u(t)\boldsymbol{a}\mathrm{d}t = \boldsymbol{a}\int u(t)\mathrm{d}t \tag{1.2.15}$$

$$\int \boldsymbol{a}\cdot\boldsymbol{A}(t)\mathrm{d}t = \boldsymbol{a}\cdot\int \boldsymbol{A}(t)\mathrm{d}t \tag{1.2.16}$$

$$\int \boldsymbol{a}\times\boldsymbol{A}(t)\mathrm{d}t = \boldsymbol{a}\times\int \boldsymbol{A}(t)\mathrm{d}t \tag{1.2.17}$$

其中：k 为非零常数，$\boldsymbol{a}$ 为非零常矢。

已知 $\boldsymbol{A}=A_x\boldsymbol{i}+A_y\boldsymbol{j}+A_z\boldsymbol{k}$，则由式(1.2.14)与式(1.2.15)得

$$\int \boldsymbol{A}(t)\mathrm{d}t = \int A_x(t)\mathrm{d}t\boldsymbol{i} + \int A_y(t)\mathrm{d}t\boldsymbol{j} + \int A_z(t)\mathrm{d}t\boldsymbol{k} \tag{1.2.18}$$

式(1.2.18)将求一个矢性函数的不定积分，归结为求三个数性函数的不定积分。此外，数性函数的换元积分法与分步积分法亦适用于矢性函数，但由于两个矢量的矢量积符合负交换律，即 $\boldsymbol{A}\times\boldsymbol{B}=-(\boldsymbol{B}\times\boldsymbol{A})$，故其分步积分公式的右端应为两项相加，即

$$\int \boldsymbol{A}\times\boldsymbol{B}'\mathrm{d}t = \boldsymbol{A}\times\boldsymbol{B} + \int \boldsymbol{B}\times\boldsymbol{A}'\mathrm{d}t \tag{1.2.19}$$

2. 矢性函数的定积分

设矢性函数 $\boldsymbol{A}(t)$ 在自变量 t 的区间 $[T_1, T_2]$ 上连续，则 $\boldsymbol{A}(t)$ 在 $[T_1, T_2]$ 上的定积分是指以下形式的极限：

$$\int_{T_1}^{T_2} \boldsymbol{A}(t)\mathrm{d}t = \lim_{\lambda\to 0}\sum_{i=0}^{n}\boldsymbol{A}(\xi_i)\Delta t_i \tag{1.2.20}$$

其中：$T_1=t_0<t_1<\cdots<t_n=T_2$；$\xi_i$ 为区间 $[t_{i-1}, t_i]$ 上的一点；$\Delta t_i=t_i-t_{i-1}$；$\lambda=\max\Delta t_i$，$i=1,2,\cdots,n$。

矢性函数的定积分概念也和数性函数的定积分类似，因此，也具有和数性函数定积分相应的基本性质。例如：

若 $\boldsymbol{B}(t)$ 是连续矢性函数 $\boldsymbol{A}(t)$ 在区间 $[T_1, T_2]$ 上的一个原函数，则有

$$\int_{T_1}^{T_2} \boldsymbol{A}(t)\,\mathrm{d}t = \boldsymbol{B}(T_2) - \boldsymbol{B}(T_1) \tag{1.2.21}$$

其他性质就不一一列举了。

此外，类似于式(1.2.18)，求矢性函数的定积分也可归结为求三个数性函数的定积分，即有

$$\int_{T_1}^{T_2} \boldsymbol{A}(t)\,\mathrm{d}t = \int_{T_1}^{T_2} A_x(t)\,\mathrm{d}t\boldsymbol{i} + \int_{T_1}^{T_2} A_y(t)\,\mathrm{d}t\boldsymbol{j} + \int_{T_1}^{T_2} A_z(t)\,\mathrm{d}t\boldsymbol{k}$$

结论：矢性函数的不定积分和定积分，均可以归结为求三个数性函数的不定积分和定积分。

1.3 场论基础

在许多科学技术问题的研究中，常常需要考察某种物理量(如温度、压力、密度及速度等)在空间中的分布与变化规律。为了能够更好地揭示和探索这些规律，在数学上引入场的概念。在气体动力学中，采用场的概念可以使问题的研究极大地得到简化。

1.3.1 场

1. 场的概念

设有一空间(有限或无限)，对于此空间内的每一点，如果都存在某一物理量的确定值(即该物理量在空间作一定的分布)，就说在这空间内确定了该物理量的一个场。

若上述空间中每一点所对应的物理量是数量，则称确定了一个数量场，如温度场、浓度场等；若在上述空间每一点处所对应的物理量是矢量，则称确定了一个矢量场，如速度场、力场等；若空间内每一点处所对应的物理量是张量，则称确定了一个张量场，如应力场、变形率场等。场论是研究数量场或矢量场数学性质的一门数学分支。

若场中各点物理量的值不随时间而改变，则称为稳定场；若场中各点物理量的值随时间而改变，则称为不稳定场。场的分类如图1-16所示。

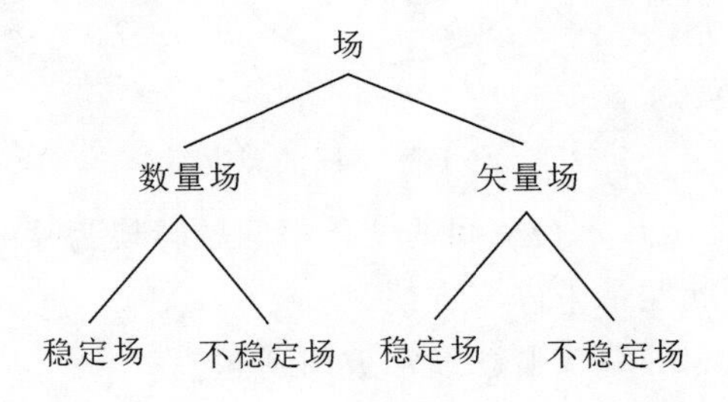

图1-16 场的分类

所谓给定了一个数量场，在数学上相当于给定了一个数性函数 $\varphi(M)$，其中 M 代表空间中的点；同样，如果给定了一个矢量场，就相当于给定了一个矢性函数 $\boldsymbol{a}(M)$。

由于场中每一点的位置都可以由矢径 $\boldsymbol{r}$ 确定，故当讨论一个数量场或矢量场时，就意味着对于每一个矢径 $\boldsymbol{r}$ 都有一个确定的数性函数 $\varphi(M)$ 或矢性函数 $\boldsymbol{a}(M)$ 的量，此时自变量是矢径 $\boldsymbol{r}$。

由于空间中点的位置可用坐标 (x_1, x_2, x_3) 表示，所以数量场和矢量场都可以表示为空间

坐标(x_1,x_2,x_3)的函数,表达式为

$$\varphi(M)=\varphi(x_1,x_2,x_3)$$
$$\boldsymbol{a}(M)=\boldsymbol{a}(x_1,x_2,x_3)$$

在直角坐标系中,数量场和矢量场的表达式为

$$\varphi(M)=\varphi(x,y,z)$$
$$\boldsymbol{a}(M)=\boldsymbol{a}(x,y,z)$$

2. 数量场的等位面

(1)等位面定义。为了能够直观地研究数量(数性物理量)在场中的分布状况,引入等位面的概念。

所谓等位面,是指在给定瞬时,把具有相同函数值的诸点连成的面,称为等位面(或等值面)。例如温度场等位面,就是由相同温度点组成的等位面,称为等温面。

(2)数学概念。在直角坐标系中,数性函数$\varphi(M)$在空间可表达为

$$\varphi(M)=\varphi(x,y,z)$$

在给定瞬时,直角坐标系中等位面的方程为

$$\varphi(x,y,z)=c$$

式中:c为常数。

上式中,不同的常数将形成不同的等位面(总称等位面族),如图1-17所示,c_1、c_2分别为不同常数,得到不同等位面方程,在同一等位面上函数值φ是相等的。

由于空间中每个点只与物理量的一个值对应,因此,通过该点只存在一个等位面。由此可知,这些等位面充满了整个数量场所在的空间,且互不相交。对于二维的情况,等位面退化为等值线。

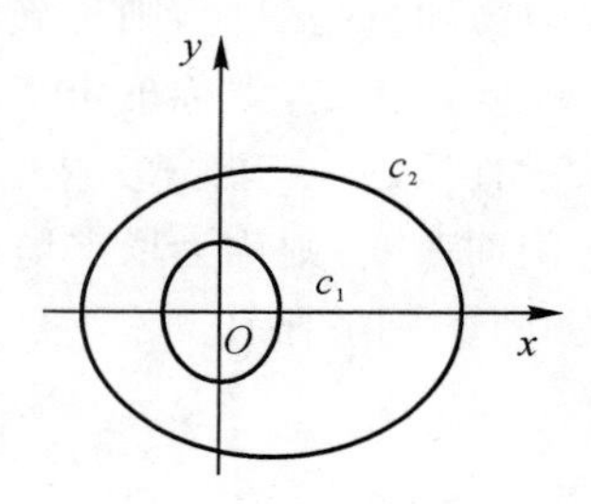

图1-17　不同的等位面

等位面的概念使得数性函数φ在空间的变化率问题转换为从一个等位面到另一个等位面变化率的问题,这将给分析问题带来许多方便。

在流场分析中,等温面和等温线概念经常被用到。

3. 矢量场的矢线

前面引进等位面的概念形象地描绘了数量场,对于矢量场$\boldsymbol{a}(M)$,则引入矢线的概念,以直观地表示出其分布情况。

矢线是这样的曲线:在给定瞬时,其上每一点的切线方向和位于该点的矢量$\boldsymbol{a}$的方向重合。对于流体的速度矢量场,矢线就是流线。矢量场中的每一点均有一条矢线通过,不同矢线构成矢线族,矢线族充满了整个矢量场所在的空间。静电场中的电力线,磁场中的磁力线都是

矢线的例子。

若已知矢量场 $\boldsymbol{a}=\boldsymbol{a}(x,y,z)$，怎样求出矢线方程呢？

设 $M(x,y,z)$ 为矢线上的任一点，其矢径为

$$\boldsymbol{r}=x\boldsymbol{i}+y\boldsymbol{j}+z\boldsymbol{k}$$

其微分为

$$\mathrm{d}\boldsymbol{r}=\mathrm{d}x\boldsymbol{i}+\mathrm{d}y\boldsymbol{j}+\mathrm{d}z\boldsymbol{k}$$

按矢线定义，$\mathrm{d}\boldsymbol{r}$ 必定在点 M 处与矢量

$$\boldsymbol{a}=a_x\boldsymbol{i}+a_y\boldsymbol{j}+a_z\boldsymbol{k}$$

共线。由于矢量 $\mathrm{d}\boldsymbol{r}$ 和 $\boldsymbol{a}$ 共线，其对应分量必成比例，因此有

$$\frac{\mathrm{d}x}{a_x}=\frac{\mathrm{d}y}{a_y}=\frac{\mathrm{d}z}{a_z}$$

这就是矢线的微分方程。若利用共线条件，也可得到矢量形式的方程：

$$\mathrm{d}\boldsymbol{r}\times\boldsymbol{a}=\boldsymbol{0}$$

例 1-3　已知流体运动速度的速度分量为 $v_x=-cy, v_y=cx, v_z=0$，其中 c 是正的常数，试求该速度场的流线族。

解：这是一个定常流动。因为流线的微分方程为

$$\frac{\mathrm{d}x}{v_x}=\frac{\mathrm{d}y}{v_y}$$

所以

$$\frac{\mathrm{d}x}{-cy}=\frac{\mathrm{d}y}{cx}$$

即

$$x\mathrm{d}x+y\mathrm{d}y=0$$

积分后，得

$$x^2+y^2=c$$

因此，流线族是以坐标原点为圆心的同心圆，如图 1-18 所示。为了进一步确定流体运动的方向，求出速度 $\boldsymbol{v}$ 与 x_1、x_2 轴夹角的余弦，即

$$\cos(\boldsymbol{v},x)=\frac{v_x}{v}=\frac{-y}{\sqrt{x^2+y^2}}$$

$$\cos(\boldsymbol{v},y)=\frac{v_y}{v}=\frac{-x}{\sqrt{x^2+y^2}}$$

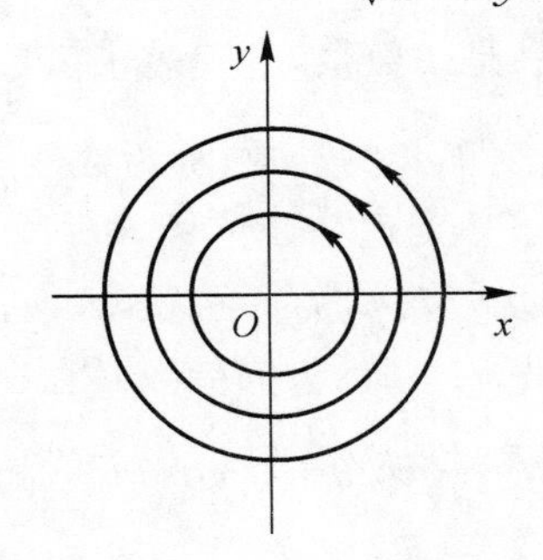

图 1-18　流线族

若点 M 处于第一象限，x 和 y 都为正值，则 $\cos(\boldsymbol{v},x)<0$，故 $\boldsymbol{v}$ 与 x 轴成钝角，因而流体运动的方向是逆时针方向的。

1.3.2 数量场的方向导数和梯度

1. 数量场的方向导数

在数量场中，除需要了解物理量在场中的分布情况外，还需要了解物理量在场中各点沿某一方向的变化情况，即沿某方向的变化率。通常这个变化率的大小在不同方向上是不同的。为此，需要引进方向导数的定义。

接下来将在直角坐标系中说明函数 $\varphi(x,y,z)$ 在空间点 $M(x,y,z)$ 处沿某个方向的变化率问题。

在空间中取一点 $M(x,y,z)$，设有一数性函数值 $\varphi(x,y,z)$ 在该点的某一邻域内有定义；经过 $M(x,y,z)$ 引一任意射线 $\boldsymbol{l}$，并用 $\boldsymbol{l}$ 表示沿射线的单位矢量，如图 1-19 所示；然后，在此射线上取与 M 相邻的一点 $M'(\boldsymbol{r}+\Delta\boldsymbol{r})$。点 M 到点 M' 的线段用矢量 $\Delta\boldsymbol{r}$ 表示，其长度用 $|\Delta\boldsymbol{r}|$ 表示。点 M 到点 M' 的弧长为 s。

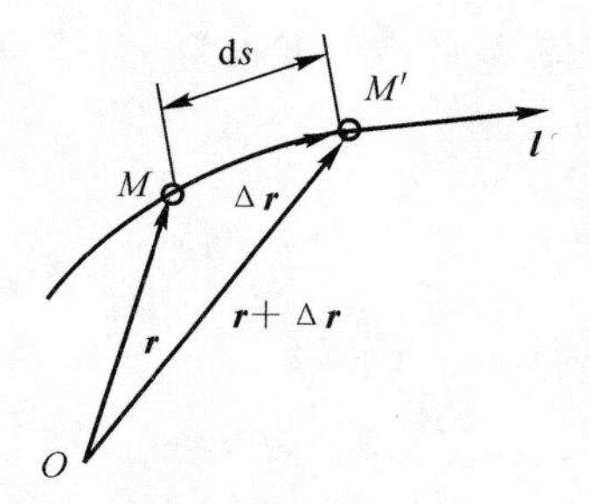

图 1-19 数量场的方向导数

当点 M 移到点 M' 时，函数 $\varphi(x,y,z)$ 有一增量为

$$\Delta\varphi(\boldsymbol{r})=\varphi(OM')-\varphi(OM)=\varphi(\boldsymbol{r}+\Delta\boldsymbol{r})-\varphi(\boldsymbol{r})$$

由导数概念，得

$$\lim_{|\Delta r|\to 0}\frac{\varphi(\boldsymbol{r}+\Delta\boldsymbol{r})-\varphi(\boldsymbol{r})}{|\Delta\boldsymbol{r}|}=\lim_{|\Delta r|\to 0}\frac{\Delta\varphi}{|\Delta\boldsymbol{r}|}=\frac{\mathrm{d}\varphi}{\mathrm{d}s} \tag{1.3.1}$$

称 $\frac{\mathrm{d}\varphi}{\mathrm{d}s}$ 为函数 φ 沿 $\boldsymbol{l}$ 方向的导数。

由式(1.3.1)可知，方向导数 $\frac{\mathrm{d}\varphi}{\mathrm{d}s}$ 是一数量，它代表了函数 $M(x,y,z)$ 沿方向 $\boldsymbol{l}$ 对空间距离的变化率。即数性函数 φ 沿曲线 $\boldsymbol{l}$ 对弧长的导数，称为数性函数 φ 沿 $\boldsymbol{l}$ 方向的方向导数。

在直角坐标系中，方向导数有下述定理。

定理：若数性函数 $\varphi(x,y,z)$ 在点 $M(x,y,z)$ 可微，$\cos\alpha$、$\cos\beta$、$\cos\gamma$ 为 $\boldsymbol{l}$ 方向的方向余弦，则函数 $\varphi(x,y,z)$ 在点 $M(x,y,z)$ 沿方向 $\boldsymbol{l}$ 的方向导数必存在，且有

$$\left.\frac{\mathrm{d}\varphi}{\mathrm{d}s}\right|_{l}=\frac{\partial\varphi}{\partial x}\cos\alpha+\frac{\partial\varphi}{\partial y}\cos\beta+\frac{\partial\varphi}{\partial z}\cos\gamma \tag{1.3.2}$$

其中：$\frac{\partial\varphi}{\partial x}$、$\frac{\partial\varphi}{\partial y}$、$\frac{\partial\varphi}{\partial z}$ 是数性函数 $\varphi(x,y,z)$ 在点 $M(x,y,z)$ 处的偏导数。

证明：根据函数 $\varphi(x,y,z)$ 在点 $M(x,y,z)$ 可微的假设，函数的增量可表达为

$$\Delta\varphi(x,y,z)=\varphi(x+\Delta x,y+\Delta y,z+\Delta z)-\varphi(x,y,z)=\frac{\partial\varphi}{\partial x}\Delta x+\frac{\partial\varphi}{\partial y}\Delta y+\frac{\partial\varphi}{\partial z}\Delta z+o(\Delta s)$$

略去高阶小量，两边同除以 $|\Delta\boldsymbol{r}|$，得

$$\frac{\Delta\varphi(x,y,z)}{|\Delta\boldsymbol{r}|}=\frac{\varphi(x+\Delta x,y+\Delta y,z+\Delta z)-\varphi(x,y,z)}{|\Delta\boldsymbol{r}|}=\frac{\partial\varphi}{\partial x}\frac{\Delta x}{|\Delta\boldsymbol{r}|}+\frac{\partial\varphi}{\partial y}\frac{\Delta y}{|\Delta\boldsymbol{r}|}+\frac{\partial\varphi}{\partial z}\frac{\Delta z}{|\Delta\boldsymbol{r}|}=$$

$$\frac{\partial\varphi}{\partial x}\cos\alpha+\frac{\partial\varphi}{\partial y}\cos\beta+\frac{\partial\varphi}{\partial z}\cos\gamma$$

之后两边取极限，得

$$\lim_{|\Delta r|\to 0}\frac{\Delta\varphi(x,y,z)}{|\Delta\boldsymbol{r}|}=\lim_{|\Delta r|\to 0}\frac{\varphi(x+\Delta x,y+\Delta y,z+\Delta z)-\varphi(x,y,z)}{|\Delta\boldsymbol{r}|}=\frac{\partial\varphi}{\partial x}\cos\alpha+\frac{\partial\varphi}{\partial y}\cos\beta+\frac{\partial\varphi}{\partial z}\cos\gamma$$

上式即为

$$\frac{\mathrm{d}\varphi}{\mathrm{d}s}=\frac{\partial\varphi}{\partial x}\cos\alpha+\frac{\partial\varphi}{\partial y}\cos\beta+\frac{\partial\varphi}{\partial z}\cos\gamma$$

2.数量场的梯度

在直角坐标系中，方向导数为

$$\left.\frac{\partial\varphi}{\partial s}\right|_l=\frac{\partial\varphi}{\partial x}\frac{\mathrm{d}x}{\mathrm{d}l}+\frac{\partial\varphi}{\partial y}\frac{\mathrm{d}y}{\mathrm{d}l}+\frac{\partial\varphi}{\partial z}\frac{\mathrm{d}z}{\mathrm{d}l}=\frac{\partial\varphi}{\partial x}\cos\alpha+\frac{\partial\varphi}{\partial y}\cos\beta+\frac{\partial\varphi}{\partial z}\cos\gamma$$

其中：$\frac{\mathrm{d}x}{\mathrm{d}s}=\cos\alpha$，$\frac{\mathrm{d}y}{\mathrm{d}s}=\cos\beta$，$\frac{\mathrm{d}z}{\mathrm{d}s}=\cos\gamma$ 为 $\boldsymbol{l}$ 方向上的单位矢量。

变形式后可得

$$\left.\frac{\partial\varphi}{\partial s}\right|_l=\left(\frac{\partial\varphi}{\partial x}\boldsymbol{i}+\frac{\partial\varphi}{\partial y}\boldsymbol{j}+\frac{\partial\varphi}{\partial z}\boldsymbol{k}\right)\cdot(\cos\alpha\boldsymbol{i}+\cos\beta\boldsymbol{j}+\cos\gamma\boldsymbol{k}) \tag{1.3.3}$$

其中：$\left(\frac{\partial\varphi}{\partial x},\frac{\partial\varphi}{\partial y},\frac{\partial\varphi}{\partial z}\right)$ 为一矢量，和 $\boldsymbol{l}$ 的方向没有关系，令 $\boldsymbol{G}=\left(\frac{\partial\varphi}{\partial x},\frac{\partial\varphi}{\partial y},\frac{\partial\varphi}{\partial z}\right)$，则式(1.3.3)可写为

$$\left.\frac{\partial\varphi}{\partial s}\right|_l=\boldsymbol{G}\cdot\boldsymbol{l}=|\boldsymbol{G}|\cos(\boldsymbol{G},\boldsymbol{l})$$

由上式可知：$\boldsymbol{G}$ 在给定点为固定矢量，和 $\boldsymbol{l}$ 的方向无关，$\boldsymbol{G}$ 在 $\boldsymbol{l}$ 方向上的投影等于函数 φ 在该方向上的方向导数。

当方向 $\boldsymbol{l}$ 与矢量 $\boldsymbol{G}$ 的方向一致，即 $\cos(\boldsymbol{G},\boldsymbol{l})=1$ 时，方向导数有最大值。其最大值为 $\left.\frac{\partial\varphi}{\partial l}\right|_{l,\max}=|\boldsymbol{G}|$。可见 $\boldsymbol{G}$ 为一特殊矢量，是数性函数增加最快的矢量。

梯度的定义：数量场 $\varphi(M)$ 在点 M 的梯度是过该点的一个矢量 $\boldsymbol{G}$，沿着该矢量的方向，函数 φ 的变化率最大，而且最大变化率的值等于该矢量的模。矢量 $\boldsymbol{G}$ 称为函数 $\varphi(M)$ 在点 M 处的梯度，记为 $\mathbf{grad}\varphi$，即

$$\mathbf{grad}\varphi=\boldsymbol{G} \tag{1.3.4}$$

在直角坐标系中记为

$$\mathbf{grad}\varphi=\boldsymbol{G}=\left(\frac{\partial\varphi}{\partial x},\frac{\partial\varphi}{\partial y},\frac{\partial\varphi}{\partial z}\right)$$

3.梯度的几何意义

为了说明梯度的几何意义，在空间中取一点 M，过点 M 作函数 φ 的等位面 $\varphi=C$（见图

1－20)，再过点 M 作等位面的切平面 A，于是曲面 $\varphi=C$ 上过点 M 的所有曲线的切线都位于此切平面上。

根据等位面的性质，在等位面 $\varphi=C$ 上，函数 φ 保持常数，故函数 φ 在等位面上沿任意方向的导数都为零，即

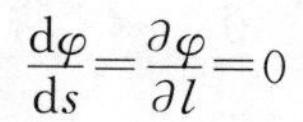

$$\frac{\mathrm{d}\varphi}{\mathrm{d}s}=\frac{\partial\varphi}{\partial l}=0$$

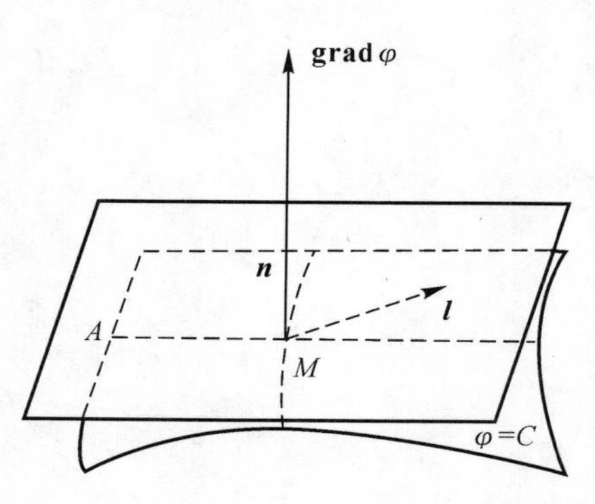

图 1－20　梯度的几何意义

由式(1.3.3)可得，$|\mathbf{grad}\varphi|\cos(\mathbf{grad}\varphi,\boldsymbol{l})=0$，梯度矢量 $\mathbf{grad}\varphi$ 与切平面 A 在点 M 正交，即数量场中某一点的梯度矢量垂直于该点的等位面，或者说数量场中某一点的梯度矢量方向是等位面法向方向。

由于函数 φ 沿着梯度矢量方向的增加最快，可知梯度矢量指向 φ 增大的方向，其模为 φ 沿方向 $\boldsymbol{n}$ 的方向导数$\frac{\partial\varphi}{\partial n}$，梯度可表示为 $\mathbf{grad}\varphi=\frac{\partial\varphi}{\partial n}\boldsymbol{n}$。

由以上分析可知，梯度的几何意义在于数量场中 $\varphi(M)$ 每一点的梯度垂直于该点的等位面，且指向 φ 增大的方向。

4. 重要定理

(1)数性函数的微分等于其梯度点乘矢径的微分，即

$$\mathrm{d}\varphi=\mathbf{grad}\varphi\cdot\mathrm{d}\boldsymbol{r}\tag{1.3.5}$$

证明：$\mathrm{d}\varphi=\frac{\partial\varphi}{\partial x}\mathrm{d}x+\frac{\partial\varphi}{\partial y}\mathrm{d}y+\frac{\partial\varphi}{\partial z}\mathrm{d}z=\left(\frac{\partial\varphi}{\partial x},\frac{\partial\varphi}{\partial y},\frac{\partial\varphi}{\partial z}\right)\cdot(\mathrm{d}x,\mathrm{d}y,\mathrm{d}z)=\mathbf{grad}\varphi\cdot\mathrm{d}\boldsymbol{r}$

(2)矢径模的梯度等于单位矢径，即

$$\mathbf{grad}|\boldsymbol{r}|=\frac{\boldsymbol{r}}{r}=\boldsymbol{r}_0\tag{1.3.6}$$

证明：

$$\mathbf{grad}r=\left(\frac{\partial r}{\partial x},\frac{\partial r}{\partial y},\frac{\partial r}{\partial z}\right)$$

而

$$r=\sqrt{x^2+y^2+z^2}$$

则

$$\frac{\partial r}{\partial x}=\frac{x}{\sqrt{x^2+y^2+z^2}}=\frac{x}{r},\ \frac{\partial r}{\partial y}=\frac{y}{r},\ \frac{\partial r}{\partial z}=\frac{z}{r}$$

故

$$\mathbf{grad}|\boldsymbol{r}|=\left\{\frac{x}{r},\frac{y}{r},\frac{z}{r}\right\}=\frac{1}{r}\{x,y,z\}=\frac{\boldsymbol{r}}{r}=\boldsymbol{r}_0$$

例 1-4　设 $r=\sqrt{x^2+y^2+z^2}$ 为点 $M(x,y,z)$ 的矢径 $\boldsymbol{r}$ 的模，试证 $\mathbf{grad}r=\frac{\boldsymbol{r}}{r}=\boldsymbol{r}_0$。

证明：

$$\frac{\partial r}{\partial x}=\frac{x}{\sqrt{x^2+y^2+z^2}}=\frac{x}{r}$$

同样有

$$\frac{\partial r}{\partial y}=\frac{y}{r},\ \frac{\partial r}{\partial z}=\frac{z}{r}$$

故

$$\mathbf{grad}r=\frac{\partial r}{\partial x}\boldsymbol{i}+\frac{\partial r}{\partial y}\boldsymbol{j}+\frac{\partial r}{\partial z}\boldsymbol{k}=\frac{x}{r}\boldsymbol{i}+\frac{y}{r}\boldsymbol{j}+\frac{z}{r}\boldsymbol{k}=\frac{\boldsymbol{r}}{r}=\boldsymbol{r}_0$$

例 1-5　求数量场 $u=xy^2+yz^3$ 在点 $M(2,-1,1)$ 处的梯度及在矢量 $\boldsymbol{l}=(2,2,-1)$ 方向的方向导数。

解：

$$\mathbf{grad}u=\frac{\partial u}{\partial x}\boldsymbol{i}+\frac{\partial u}{\partial y}\boldsymbol{j}+\frac{\partial u}{\partial z}\boldsymbol{k}=y^2\boldsymbol{i}+(2xy+z^3)\boldsymbol{j}+3yz^2\boldsymbol{k}$$

则

$$\mathbf{grad}\,u|_M=\boldsymbol{i}-3\boldsymbol{j}-3\boldsymbol{k}$$

$\boldsymbol{l}$ 方向的单位矢量为

$$\boldsymbol{l}_0=\frac{\boldsymbol{l}}{|\boldsymbol{l}|}=\frac{2}{3}\boldsymbol{i}+\frac{2}{3}\boldsymbol{j}-\frac{1}{3}\boldsymbol{k}$$

于是有

$$\left.\frac{\partial u}{\partial l}\right|_M=\mathbf{grad}_l u\,|_M=[\mathbf{grad}u\cdot\boldsymbol{l}_0]_M=1\times\frac{2}{3}+(-3)\times\frac{2}{3}+(-3)\times\left(-\frac{1}{3}\right)$$

应用可表现在如下方面：①可以研究数性函数在空间的变化快慢；②通过梯度引入势函数概念，从而简化流体力学方程，这点后面会讲到。

1.3.3　矢量场的通量和散度

1. 矢量场的通量

设有矢量场 $\boldsymbol{a}$，σ 为空间中一有向曲面，矢量 $\boldsymbol{a}$ 沿有向曲面 σ 某一侧的曲面积分

$$\Phi=\iint_\sigma \boldsymbol{a}\cdot\boldsymbol{n}\mathrm{d}\sigma=\iint_\sigma a_n\mathrm{d}\sigma \tag{1.3.7}$$

称为矢量场 $\boldsymbol{a}$ 穿过曲面 σ 沿曲面所指一侧的通量，其中，$\boldsymbol{n}$ 为曲面 σ 的单位法矢。通量就是矢量场 $\boldsymbol{a}$ 在曲面上的有效通过量。

在直角坐标系中，设

$$\boldsymbol{a}=(a_x(x,y,z),a_y(x,y,z),a_z(x,y,z))$$

如图 1-21 所示，由于

$$\mathrm{d}\boldsymbol{\sigma}=\boldsymbol{n}\mathrm{d}\sigma=\mathrm{d}\sigma\cos(n,x)\boldsymbol{i}+\mathrm{d}\sigma\cos(n,y)\boldsymbol{j}+\mathrm{d}\sigma\cos(n,z)\boldsymbol{k}=\mathrm{d}y\mathrm{d}z\boldsymbol{i}+\mathrm{d}x\mathrm{d}z\boldsymbol{j}+\mathrm{d}x\mathrm{d}y\boldsymbol{k}$$

则通量为

$$\Phi = \iint_{\sigma} \boldsymbol{a} \cdot \mathrm{d}\boldsymbol{\sigma} = \iint_{\sigma} a_x \mathrm{d}y\mathrm{d}z + a_y \mathrm{d}x\mathrm{d}z + a_z \mathrm{d}x\mathrm{d}y$$

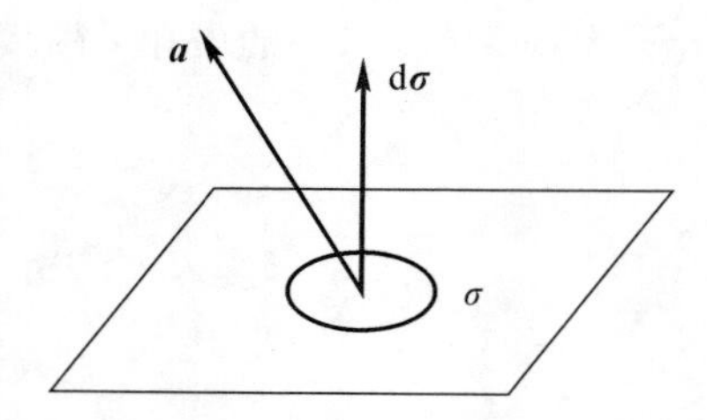

图 1-21　矢量的通量

对于封闭曲面 σ，$\Phi = \oiint_{\sigma} \boldsymbol{a} \cdot \mathrm{d}\boldsymbol{\sigma}$ 表示从内穿出 σ 的正流量与从外穿入 σ 的负流量的代数和。规定物理量流出为正，流入为负。

通过分析通量，可以确定场的一些特性：

(1)当通过封闭曲面的通量大于零时，表示流出量大于流入量，在通过封闭曲面构成的体积内有物理量产生，称此场有源；

(2)当通过封闭曲面的通量小于零时，表示流出量小于流入量，在通过封闭曲面构成的体积内有物理量消失，称此场有汇(或有负源)；

(3)当通过封闭曲面的通量等于零时，表示流出量等于流入量，在通过封闭曲面构成的体积内没有物理量产生与消失，称此场为无源场。

在流体力学中，通量的概念在连续方程、动量方程以及能量方程的建立中均有应用。

2. 高斯定理

高斯定理描述了空间封闭区域上三重积分与其边界上曲面积分之间的关系，这种关系表述如下。

定理：在直角坐标系中，存在矢性函数 $\boldsymbol{A} = (a_x(x,y,z), a_y(x,y,z), a_z(x,y,z))$，空间区域 Ω 是由分片光滑的封闭曲面 Σ 围成的，$a_x(x,y,z)$、$a_y(x,y,z)$、$a_z(x,y,z)$ 在 Ω 上具有一阶连续偏导数，则以下关系成立：

$$\oiint_{\Sigma} \boldsymbol{A} \cdot \mathrm{d}\boldsymbol{\sigma} = \oiint_{\Sigma} a_x \mathrm{d}y\mathrm{d}z + a_y \mathrm{d}z\mathrm{d}x + a_z \mathrm{d}x\mathrm{d}y = \iiint_{\Omega} \left(\frac{\partial P}{\partial x} + \frac{\partial Q}{\partial y} + \frac{\partial R}{\partial z}\right) \mathrm{d}V$$

或

$$\oiint_{\Sigma} \boldsymbol{A} \cdot \mathrm{d}\boldsymbol{\sigma} = \oiint_{\Sigma} (P\cos\alpha + Q\cos\beta + R\cos\gamma) \mathrm{d}S = \iiint_{\Omega} \left(\frac{\partial P}{\partial x} + \frac{\partial Q}{\partial y} + \frac{\partial R}{\partial z}\right) \mathrm{d}V$$

其中：Σ 为空间区域 Ω 的外表面；$\cos\alpha$、$\cos\beta$、$\cos\gamma$ 是给定外表面的法向余弦。

在流体力学中，高斯定理用于积分方程与微分方程的转换。

3. 矢量场的散度

在矢量场 $\boldsymbol{a}(M)$ 中，仅知道通量为正或负并不能说明该源(或汇)的强弱程度。为此，引入单位体积中所穿出通量的概念，即

$$\frac{1}{V}\int_{\sigma}\boldsymbol{a}\cdot\boldsymbol{n}\mathrm{d}S$$

上式表示V中源的平均强度(V表示封闭曲面所包围的空间体积)。为了能够进一步分析场中各点处源的强度以及分布,引入矢量场散度的概念。

设有矢量场$\boldsymbol{a}(M)$,在场中任一点M处作包含点M在内的任意封闭曲面σ,其所包围的空间区域的体积为V,从体积V内穿出σ的通量为φ。当$V\to 0$时,曲面σ向点M无限收缩,若

$$\frac{\varphi}{V}=\frac{1}{V}\int_{\sigma}\boldsymbol{a}\cdot\boldsymbol{n}\mathrm{d}\sigma$$

的极限存在,则称此极限为矢量场$\boldsymbol{a}(M)$在点M的散度,记为$\mathrm{div}\boldsymbol{a}$,即

$$\mathrm{div}\boldsymbol{a}=\lim_{V\to 0}\frac{\oint_{\sigma}\boldsymbol{a}\cdot\boldsymbol{n}\mathrm{d}\sigma}{V}\tag{1.3.8}$$

由此可见,矢量场的散度为数量,其表示场中一点处单位体积中穿出的通量。

(1)当$\mathrm{div}\boldsymbol{a}>0$时,表示该点有发散通量的源存在;

(2)当$\mathrm{div}\boldsymbol{a}<0$时,表示该点有吸收通量的汇存在;

(3)当$\mathrm{div}\boldsymbol{a}=0$时,表示该点处既无源也无汇,称为无源(汇)场。

散度的绝对值$|\mathrm{div}\boldsymbol{a}|$则表示该源或汇的强度。可知散度用于研究一个场是否有源和源的强度问题。

4.散度在直角坐标系中的表达式

以上所述的散度定义与坐标系的选择无关。其在直角坐标系中的表达式如下:

设有矢量

$$\boldsymbol{a}(M)=a_x(x,y,z)\boldsymbol{i}+a_y(x,y,z)\boldsymbol{j}+a_z(x,y,z)\boldsymbol{k}$$

其在任一点$M(x,y,z)$处的散度为

$$\mathrm{div}\boldsymbol{a}=\frac{\partial a_x}{\partial x}+\frac{\partial a_y}{\partial y}+\frac{\partial a_z}{\partial z}\tag{1.3.9}$$

证明:根据散度的定义

$$\mathrm{div}\boldsymbol{a}=\lim_{V\to 0}\frac{\oint_{S}\boldsymbol{a}\cdot\boldsymbol{n}\mathrm{d}\sigma}{V}$$

根据高斯定理,可得

$$\mathrm{div}\boldsymbol{a}=\lim_{V\to 0}\frac{\oint_{S}\boldsymbol{a}\cdot\boldsymbol{n}\mathrm{d}\sigma}{V}=\lim_{V\to 0}\frac{\iiint_{V}\left(\frac{\partial a_x}{\partial x}+\frac{\partial a_y}{\partial y}+\frac{\partial a_z}{\partial z}\right)\mathrm{d}V}{V}=\frac{\partial a_x}{\partial x}+\frac{\partial a_y}{\partial y}+\frac{\partial a_z}{\partial z}$$

例1-6　求矢径$\boldsymbol{r}$的散度。

解:$\mathrm{div}\boldsymbol{r}=\frac{\partial x}{\partial x}+\frac{\partial y}{\partial y}+\frac{\partial z}{\partial z}=3$

例1-7　设φ为数性函数,$\boldsymbol{a}$为矢性函数,试求$\mathrm{div}(\varphi\boldsymbol{a})$。

解:$\mathrm{div}(\varphi\boldsymbol{a})=\frac{\partial(\varphi a_x)}{\partial x}+\frac{\partial(\varphi a_y)}{\partial y}+\frac{\partial(\varphi a_z)}{\partial z}=\varphi\frac{\partial a_x}{\partial x}+a_x\frac{\partial\varphi}{\partial x}+\varphi\frac{\partial a_y}{\partial y}+a_y\frac{\partial\varphi}{\partial y}+\varphi\frac{\partial a_z}{\partial z}+a_z\frac{\partial\varphi}{\partial z}=$

$$\varphi\left(\frac{\partial a_x}{\partial x}+\frac{\partial a_y}{\partial y}+\frac{\partial a_z}{\partial z}\right)+a_x\frac{\partial \varphi}{\partial x}+a_y\frac{\partial \varphi}{\partial y}+a_z\frac{\partial \varphi}{\partial z}=\varphi \mathrm{div}\boldsymbol{a}+\boldsymbol{a}\cdot \mathbf{grad}\varphi$$

例 1-8 在流体力学中速度矢量 $\boldsymbol{v}$ 的散度代表微团在运动过程中的体积膨胀率。

证明：取一简单矩形六面体，如图 1-22 所示。在瞬时 t，六面体三边长度为 Δx、Δy、Δz，体积为 $\Delta x\Delta y\Delta z$，经过 Δt 时间后，x 向的长度变为 $\left(1+\frac{\partial v_x}{\partial x}\Delta t\right)\Delta x$，$y$ 向的长度变为 $\left(1+\frac{\partial v_y}{\partial y}\Delta t\right)\Delta y$，$z$ 向的长度变为 $\left(1+\frac{\partial v_z}{\partial z}\Delta t\right)\Delta z$。当 Δt 很小时，变形后微团的体积仍近似地按三边乘积计算。因此单位时间内单位体积的膨胀，即体膨胀率为

$$\frac{1}{\Delta t}\frac{1}{\Delta x\Delta y\Delta z}\left[\left(1+\frac{\partial v_x}{\partial x}\Delta t\right)\left(1+\frac{\partial v_y}{\partial y}\Delta t\right)\left(1+\frac{\partial v_z}{\partial z}\Delta t\right)\Delta x\Delta y\Delta z-1\right]=\frac{\partial v_x}{\partial x}+\frac{\partial v_y}{\partial y}+\frac{\partial v_z}{\partial z}$$

高斯定理(散度原理)：封闭曲面的通量等于散度的体积分，即

$$\oiint_S \boldsymbol{a}\cdot\boldsymbol{n}\mathrm{d}\sigma=\iiint_{V_c}\mathrm{div}\boldsymbol{a}\mathrm{d}V_c \tag{1.3.10}$$

其常被用于体积分和面积分之间的变换。

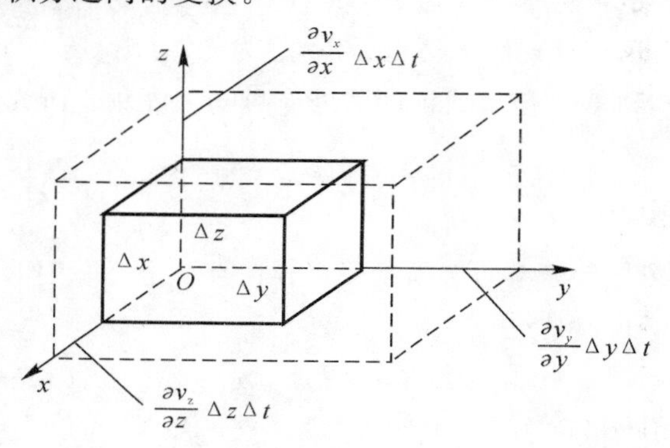

图 1-22 例 1-8 示意图

1.3.4 矢量场的环量和旋度及调和函数

1. 环量的定义

设有矢量 $\boldsymbol{A}(M)$，在场中取一封闭有向曲线 l，则矢量 $\boldsymbol{A}(M)$ 沿该封闭有向曲线的积分为

$$\Gamma=\oint_l \boldsymbol{A}\cdot\mathrm{d}\boldsymbol{r}=\oint_l \boldsymbol{A}\cdot\boldsymbol{\tau}\mathrm{d}s \tag{1.3.11}$$

称为矢量 $\boldsymbol{A}(M)$ 沿曲线 l 的环量。

在直角坐标系中，设 $\boldsymbol{A}=\{P(x,y,z),Q(x,y,z),R(x,y,z)\}$，有

$\mathrm{d}\boldsymbol{r}=\mathrm{d}x\cdot\boldsymbol{i}+\mathrm{d}y\cdot\boldsymbol{j}+\mathrm{d}z\cdot\boldsymbol{k}=\boldsymbol{\tau}\mathrm{d}s=\mathrm{d}s\cos(l,x)\boldsymbol{i}+\mathrm{d}s\cos(l,y)\boldsymbol{j}+\mathrm{d}s\cos(l,z)\boldsymbol{k}$

其中：$\cos(l,x)$、$\cos(l,y)$、$\cos(l,z)$ 为 l 的切线矢量 $\boldsymbol{\tau}$ 的方向余弦，则环量可以写为

$$\Gamma=\oint_l \boldsymbol{A}\cdot\mathrm{d}\boldsymbol{r}=\oint_l[P(x,y,z)\boldsymbol{i}+Q(x,y,z)\boldsymbol{j}+R(x,y,z)\boldsymbol{k}][\mathrm{d}x\boldsymbol{i}+\mathrm{d}y\boldsymbol{j}+\mathrm{d}z\boldsymbol{k}]=$$

$$\oint_l P\mathrm{d}x+Q\mathrm{d}y+R\mathrm{d}z \tag{1.3.12}$$

2. 环量面密度——旋度

在矢量场 $\boldsymbol{a}(M)$ 中任取一点 M,作微元面积 σ,如图 1-23 所示,σ 法向单位矢量为 $\boldsymbol{n}$,围线为 $\boldsymbol{l}$,围线 $\boldsymbol{l}$ 的正向与 $\boldsymbol{n}$ 成右螺旋关系,那么矢量场 $\boldsymbol{a}(M)$ 沿围线 $\boldsymbol{l}$ 正向的环量为

$$\Gamma=\oint_l \boldsymbol{a}\cdot \mathrm{d}\boldsymbol{r} \tag{1.3.13}$$

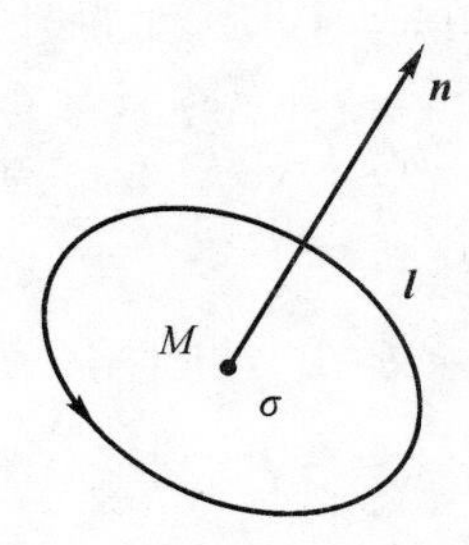

图 1-23 环量示意图

当曲面 $\boldsymbol{l}$ 无限缩小时,若极限

$$\lim_{\sigma\to 0}\frac{\Gamma}{\sigma}=\lim_{\Delta S\to 0}\frac{\oint_l \boldsymbol{a}\cdot \mathrm{d}\boldsymbol{r}}{\sigma} \tag{1.3.14}$$

存在,则称该极限为矢量场 $\boldsymbol{a}(M)$ 在点 M 沿方向 $\boldsymbol{n}$ 的环量面密度。可见,环量面密度是环量对面积的变化率。

在直角坐标系中,设

$$\boldsymbol{a}(M)=a_x\boldsymbol{i}+a_y\boldsymbol{j}+a_z\boldsymbol{k}$$

由式(1.3.14)可得环量面密度(即旋度)在直角坐标系的表达式为

$$\lim_{\sigma\to 0}\frac{\Gamma}{\sigma}=\lim_{\Delta S\to 0}\frac{\int_l (a_x\mathrm{d}x+a_y\mathrm{d}y+a_z\mathrm{d}z)}{\sigma} \tag{1.3.15}$$

3. 斯托克斯定理

斯托克斯定理表述了空间中曲线积分与曲面积分的关系。

矢量 $\boldsymbol{a}$ 沿一封闭曲线 $\boldsymbol{l}$ 的环量与此矢量的旋度通过该闭曲线所围成的曲面上的通量相等,即

$$\oint_l \boldsymbol{a}\cdot \mathrm{d}\boldsymbol{r}=\int_\sigma \mathbf{rot}\boldsymbol{a}\cdot \mathrm{d}\boldsymbol{\sigma} \tag{1.3.16}$$

可知,环量等于 $\mathbf{rot}\boldsymbol{a}$ 法向投影在上述曲面上的面积分,常用于面积分和线积分间的变换。

$\mathbf{rot}\boldsymbol{a}$ 在直角坐标系中的表达式为

$$\mathbf{rot}\boldsymbol{a}=\left(\frac{\partial a_z}{\partial y}-\frac{\partial a_y}{\partial z}\right)\boldsymbol{i}+\left(\frac{\partial a_x}{\partial z}-\frac{\partial a_z}{\partial x}\right)\boldsymbol{j}+\left(\frac{\partial a_y}{\partial x}-\frac{\partial a_x}{\partial y}\right)\boldsymbol{k} \tag{1.3.17}$$

其中:$(\mathbf{rot}\boldsymbol{a})_x$、$(\mathbf{rot}\boldsymbol{a})_y$、$(\mathbf{rot}\boldsymbol{a})_z$ 分别是矢量 $\mathrm{rot}\boldsymbol{a}$ 在直角坐标系三轴上的分量。式(1.3.17)也可以写为

$$\mathbf{rot}\boldsymbol{a}=\begin{vmatrix}\boldsymbol{i} & \boldsymbol{j} & \boldsymbol{k}\\ \dfrac{\partial}{\partial x} & \dfrac{\partial}{\partial y} & \dfrac{\partial}{\partial z}\\ a_x & a_y & a_z\end{vmatrix}=\left(\frac{\partial a_z}{\partial y}-\frac{\partial a_y}{\partial z},\frac{\partial a_x}{\partial z}-\frac{\partial a_z}{\partial x},\frac{\partial a_y}{\partial x}-\frac{\partial a_x}{\partial y}\right) \tag{1.3.18}$$

4. 矢量场的旋度

应用斯托克斯公式将环量面密度表示为

$$\lim_{\sigma\to 0}\frac{\Gamma}{\sigma}=\lim_{\sigma\to 0}\frac{\oint_l \boldsymbol{a}\cdot \mathrm{d}\boldsymbol{r}}{\sigma}=\lim_{\sigma\to 0}\frac{\int_l \mathbf{rot}\boldsymbol{a}\cdot \mathrm{d}\boldsymbol{\sigma}}{\sigma}=\mathbf{rot}\boldsymbol{a}\cdot\boldsymbol{n} \tag{1.3.19}$$

其中：$\mathbf{rot}\boldsymbol{a}$ 为矢量，它仅与矢量函数 $\boldsymbol{a}$ 在点 M 的三个偏导数有关。在矢量函数 $\boldsymbol{a}(M)$确定后，在给定点处矢量 $\mathbf{rot}\boldsymbol{a}$ 就是一个确定的矢量，称其为矢量 $\boldsymbol{a}$ 的旋度。

式(1.3.19)中矢量 $\boldsymbol{n}=\cos(\boldsymbol{n},x_1)\boldsymbol{e}_1+\cos(\boldsymbol{n},x_2)\boldsymbol{e}_2+\cos(\boldsymbol{n},x_3)\boldsymbol{e}_3$ 代表 $\boldsymbol{l}$ 的方向，式(1.3.19)可以写为

$$\lim_{\sigma\to 0}\frac{\Gamma}{\sigma}=\boldsymbol{R}\cdot\boldsymbol{n}=|R|\cos(\boldsymbol{R},\boldsymbol{n}) \tag{1.3.20}$$

由式(1.3.19)，可得

$$\lim_{\sigma\to 0}\frac{\Gamma}{\sigma}=\mathbf{rot}\boldsymbol{a}\cdot\boldsymbol{n}=(\mathbf{rot}\boldsymbol{a})_n \tag{1.3.21}$$

环量虽然是标量，但其有正负，沿逆时针积分为正，沿顺时针积分为负；旋度为单位面积环量，即环量的强度，其表示矢量在场中的旋转程度。

$\mathbf{rot}\boldsymbol{a}=\mathbf{0}$ 的矢量场 $\boldsymbol{a}$ 称为无旋场，反之则称为有旋场。

若利用算符∇，矢量场 $\boldsymbol{a}(M)$的旋度则可写为

$$\mathbf{rot}\boldsymbol{a}=\nabla\times\boldsymbol{a} \tag{1.3.22}$$

例 1-9 求电场强度矢量 $\boldsymbol{E}=\frac{q}{r^2}\boldsymbol{r}$ 沿着任一圆周的积分，该圆周的中心在坐标原点，半径为任一正实数。

解：根据环量的定义，$\boldsymbol{E}$ 的环量为

$$\oint_l \boldsymbol{E}\cdot\mathrm{d}\boldsymbol{r}=\oint_l \boldsymbol{E}\cdot\boldsymbol{\tau}\mathrm{d}s=\oint_l\frac{q}{r^2}\boldsymbol{r}\cdot\boldsymbol{\tau}\mathrm{d}s$$

其中：$\boldsymbol{\tau}$ 为圆周 $\boldsymbol{l}$ 上的单位切矢，与矢径 $\boldsymbol{r}$ 垂直，因此该环量为零。

例 1-10 设 φ 为数性函数，$\boldsymbol{a}$ 为矢性函数，试求 $\mathbf{rot}(\varphi\boldsymbol{a})$。

解：$(\varphi\boldsymbol{a})=(\varphi a_x,\varphi a_y,\varphi a_z)$

考察 $\mathbf{rot}(\varphi\boldsymbol{a})$在 x 方向上的分量为

$$\mathbf{rot}_x(\varphi\boldsymbol{a})=\frac{\partial(\varphi a_z)}{\partial y}-\frac{\partial(\varphi a_y)}{\partial z}=\frac{\partial\varphi}{\partial y}a_z+\varphi\frac{\partial a_z}{\partial y}-\frac{\partial\varphi}{\partial z}a_y-\varphi\frac{\partial a_y}{\partial z}=\varphi\left(\frac{\partial a_z}{\partial y}-\frac{\partial a_y}{\partial z}\right)+\left(\frac{\partial\varphi}{\partial y}a_z-\frac{\partial\varphi}{\partial z}a_y\right) \tag{1.3.23a}$$

对于 $\mathbf{grad}\varphi\times\boldsymbol{a}$ 有

$$\mathbf{grad}\varphi\times\boldsymbol{a}=\begin{vmatrix}\boldsymbol{i} & \boldsymbol{j} & \boldsymbol{k}\\ \frac{\partial\varphi}{\partial x} & \frac{\partial\varphi}{\partial y} & \frac{\partial\varphi}{\partial z}\\ a_x & a_y & a_z\end{vmatrix} \tag{1.3.23b}$$

式(1.3.23a)等式右侧的第一项为 $\varphi\mathbf{rot}_x\boldsymbol{a}$，第二项与式(1.3.23b)对比为$(\mathbf{grad}\varphi\times\boldsymbol{a})_x$，可得

$$\mathbf{rot}_x(\varphi\boldsymbol{a})=\varphi\mathbf{rot}_x\boldsymbol{a}+(\mathbf{grad}\varphi\times\boldsymbol{a})_x$$

同理

$$\mathbf{rot}_y(\varphi\boldsymbol{a})=\varphi\mathbf{rot}_y\boldsymbol{a}+(\mathbf{grad}\varphi\times\boldsymbol{a})_y$$

$$\mathbf{rot}_z(\varphi \boldsymbol{a})=\varphi\mathbf{rot}_z\boldsymbol{a}+(\mathbf{grad}\varphi\times\boldsymbol{a})_z$$

因此

$$\mathbf{rot}(\varphi\boldsymbol{a})=\varphi\mathbf{rot}\boldsymbol{a}+(\mathbf{grad}\varphi\times\boldsymbol{a})$$

5. 调和函数

在数学上

$$\mathrm{div}(\mathbf{grad}\varphi)=0$$

称为拉普拉斯方程。

定义:适合拉普拉斯方程的函数称为调和函数,方程 $\mathrm{div}(\mathbf{grad}\varphi)=0$ 中的 φ 即为调和函数。

定理:若 $\boldsymbol{a}$ 为无源、无旋场,则其势函数 φ 是调和函数。逆定理也成立,即若势函数 φ 为调和函数时,$\boldsymbol{a}$ 必定为无源、无旋场(注:若 $\boldsymbol{a}$ 恰好是某一数量场 φ 的梯度,即 $\boldsymbol{a}$ 为有势场,φ 为 $\boldsymbol{a}$ 的势函数。简而言之,有势场等于势函数的梯度)。

例 1-11 试求形如 $ax^3+bx^2y+cxy^2+dy^3$ 的调和函数,其中 a、b、c、d 是常数。

解:设 $\varphi=ax^3+bx^2y+cxy^2+dy^3$,拉普拉斯方程在直角坐标系中的展开式为

$$\mathrm{div}(\mathbf{grad}\varphi)=\mathrm{div}\left(\frac{\partial\varphi}{\partial x}\boldsymbol{i}+\frac{\partial\varphi}{\partial y}\boldsymbol{j}+\frac{\partial\varphi}{\partial z}\boldsymbol{k}\right)=\frac{\partial^2\varphi}{\partial x^2}+\frac{\partial^2\varphi}{\partial y^2}+\frac{\partial^2\varphi}{\partial z^2}$$

当满足拉普拉斯方程 $\mathrm{div}(\mathbf{grad}\varphi)=0$ 时,有

$$\mathrm{div}(\mathbf{grad}\varphi)=\frac{\partial^2\varphi}{\partial x^2}+\frac{\partial^2\varphi}{\partial y^2}+\frac{\partial^2\varphi}{\partial z^2}=0$$

将函数 φ 代入公式,可得

$$\mathrm{div}(\mathbf{grad}\varphi)=2(3a+c)x+2(b+3d)y=0$$

由此可得

$$\begin{cases}3a+c=0\\b+3d=0\end{cases}$$

即

$$c=-3a,\quad b=-3d$$

故得 φ 的一般调和函数形式为

$$\varphi=ax^3+bx^2y-3axy^2-\frac{1}{3}by^3$$

其中:a、b 是任意常数。

1.4 哈密顿算子

在多维气体动力学中,引入微分算子∇,即哈密顿算子,可以使梯度、散度、旋度等的表达式得以简化,便于问题分析。

1. 哈密顿算子

在矢量分析中,微分算子

$$\nabla\equiv\frac{\partial}{\partial x}\boldsymbol{i}+\frac{\partial}{\partial y}\boldsymbol{j}+\frac{\partial}{\partial z}\boldsymbol{k} \tag{1.4.1}$$

称为哈密顿算子或∇算子,读作“那勃拉(Nabla)”。

2.梯度、散度和旋度的表达式

引入哈密顿算子后，梯度、散度和旋度可分别表示如下：

梯度：$\mathbf{grad}\varphi=\left(\frac{\partial}{\partial x}\boldsymbol{i}+\frac{\partial}{\partial y}\boldsymbol{j}+\frac{\partial}{\partial z}\boldsymbol{k}\right)\varphi=\frac{\partial\varphi}{\partial x}\boldsymbol{i}+\frac{\partial\varphi}{\partial y}\boldsymbol{j}+\frac{\partial\varphi}{\partial z}\boldsymbol{k}=\nabla\varphi$

散度：$\mathrm{div}\boldsymbol{A}=\left(\frac{\partial}{\partial x}\boldsymbol{i}+\frac{\partial}{\partial y}\boldsymbol{j}+\frac{\partial}{\partial z}\boldsymbol{k}\right)\cdot(A_x\boldsymbol{i}+A_y\boldsymbol{j}+A_z\boldsymbol{k})=\frac{\partial A_x}{\partial x}+\frac{\partial A_y}{\partial y}+\frac{\partial A_z}{\partial z}=\nabla\cdot\boldsymbol{A}$

旋度：

$$\mathbf{rot}\boldsymbol{A}=\begin{vmatrix}\boldsymbol{i} & \boldsymbol{j} & \boldsymbol{k}\\ \frac{\partial}{\partial x} & \frac{\partial}{\partial y} & \frac{\partial}{\partial z}\\ A_x & A_y & A_z\end{vmatrix}=\left(\frac{\partial A_z}{\partial y}-\frac{\partial A_y}{\partial z}\right)\boldsymbol{i}+\left(\frac{\partial A_x}{\partial z}-\frac{\partial A_z}{\partial x}\right)\boldsymbol{j}+\left(\frac{\partial A_y}{\partial x}-\frac{\partial A_x}{\partial y}\right)\boldsymbol{k}=\nabla\times\boldsymbol{A}$$

3.哈密顿算子的运算规律

∇算子是一种微分运算符号，它既可以作用于矢量，也可以作用于数量，在运算中具有矢量和微分的双重性质。一方面，它具有矢量的性质，在运算时矢量代数和矢量分析中的所有法则对其都适用；另一方面，它又是一个微分算子，可以按微分法则进行运算。

以$\nabla\varphi$为例说明哈密顿算子如何使用。一方面，$\nabla\varphi$是矢量

$$\frac{\partial}{\partial x}\boldsymbol{i}+\frac{\partial}{\partial y}\boldsymbol{j}+\frac{\partial}{\partial z}\boldsymbol{k}$$

和标量φ的乘积，由矢量代数法则可知它是一个矢量，其分量为

$$\frac{\partial}{\partial x}与\varphi,\frac{\partial}{\partial y}与\varphi,\frac{\partial}{\partial z}与\varphi$$

的乘积；另一方面，∇是微分算子，它应该对φ起微分作用，这样$\nabla\varphi$的三个分量为

$$\frac{\partial\varphi}{\partial x},\frac{\partial\varphi}{\partial y},\frac{\partial\varphi}{\partial z}$$

即

$$\nabla\varphi=\frac{\partial\varphi}{\partial x}\boldsymbol{i}+\frac{\partial\varphi}{\partial y}\boldsymbol{j}+\frac{\partial\varphi}{\partial z}\boldsymbol{k}$$

对$\nabla\cdot\boldsymbol{A}$进行同样的讨论。$\nabla\cdot\boldsymbol{A}$是矢量$\frac{\partial}{\partial x}\boldsymbol{i}+\frac{\partial}{\partial y}\boldsymbol{j}+\frac{\partial}{\partial z}\boldsymbol{k}$和矢量$A_x\boldsymbol{i}+A_y\boldsymbol{j}+A_z\boldsymbol{k}$的点乘，按照点乘法则得标量

$$\nabla\cdot\boldsymbol{A}=\frac{\partial}{\partial x}A_x+\frac{\partial}{\partial y}A_y+\frac{\partial}{\partial z}A_z=\mathrm{div}\boldsymbol{A}$$

同时，∇对$\boldsymbol{A}$起微分作用，于是A_x、A_y、A_z应写在微分号内，可得

$$\nabla\cdot\boldsymbol{A}=\left(\frac{\partial}{\partial x}\boldsymbol{i}+\frac{\partial}{\partial y}\boldsymbol{j}+\frac{\partial}{\partial z}\boldsymbol{k}\right)\cdot(A_x\boldsymbol{i}+A_y\boldsymbol{j}+A_z\boldsymbol{k})=\frac{\partial A_x}{\partial x}+\frac{\partial A_y}{\partial y}+\frac{\partial A_z}{\partial z}=\mathrm{div}\boldsymbol{A}$$

由此可见，数量场φ的梯度与矢量场$\boldsymbol{A}$的散度和旋度可用∇算子表示为

$$\mathbf{grad}\varphi=\nabla\varphi$$
$$\mathrm{div}\boldsymbol{A}=\nabla\cdot\boldsymbol{A}$$
$$\mathbf{rot}\boldsymbol{A}=\nabla\times\boldsymbol{A}$$

并且与其相关的一些公式，也可用∇算子来表示。

此外，为了在某些公式中使用方便，引入数性微分算子：

$$\boldsymbol{A}\cdot\boldsymbol{\nabla}=(A_x\boldsymbol{i}+A_y\boldsymbol{j}+A_z\boldsymbol{k})\cdot\left(\boldsymbol{i}\frac{\partial}{\partial x}+\boldsymbol{j}\frac{\partial}{\partial y}+\boldsymbol{k}\frac{\partial}{\partial z}\right)=A_x\frac{\partial}{\partial x}+A_y\frac{\partial}{\partial y}+A_z\frac{\partial}{\partial z}$$

它既可作用在数性函数 $u(M)$ 上，又可作用在矢性函数 $\boldsymbol{B}(M)$ 上。例如：

$$(\boldsymbol{A}\cdot\boldsymbol{\nabla})u=A_x\frac{\partial u}{\partial x}+A_y\frac{\partial u}{\partial y}+A_z\frac{\partial u}{\partial z}$$

$$(\boldsymbol{A}\cdot\boldsymbol{\nabla})\boldsymbol{B}=A_x\frac{\partial \boldsymbol{B}}{\partial x}+A_y\frac{\partial \boldsymbol{B}}{\partial y}+A_z\frac{\partial \boldsymbol{B}}{\partial z}$$

注意：这里的 $\boldsymbol{A}\cdot\boldsymbol{\nabla}$ 和上述的 $\boldsymbol{\nabla}\cdot\boldsymbol{A}$ 是完全不同的。

现在把用 $\boldsymbol{\nabla}$ 表示的一些常见公式列出，以便查用，其中 u 与 v 为数性函数，$\boldsymbol{A}$ 和 $\boldsymbol{B}$ 为矢性函数，c 为常数。

(1) $\boldsymbol{\nabla}(cu)=c\boldsymbol{\nabla}u$（$c$ 为常数）；

(2) $\boldsymbol{\nabla}\cdot(c\boldsymbol{A})=c\boldsymbol{\nabla}\cdot\boldsymbol{A}$（$c$ 为常数）；

(3) $\boldsymbol{\nabla}\times(c\boldsymbol{A})=c\boldsymbol{\nabla}\times\boldsymbol{A}$（$c$ 为常数）；

(4) $\boldsymbol{\nabla}(u\pm v)=\boldsymbol{\nabla}u\pm\boldsymbol{\nabla}v$；

(5) $\boldsymbol{\nabla}\cdot(\boldsymbol{A}\pm\boldsymbol{B})=\boldsymbol{\nabla}\cdot\boldsymbol{A}\pm\boldsymbol{\nabla}\cdot\boldsymbol{B}$；

(6) $\boldsymbol{\nabla}\times(\boldsymbol{A}\pm\boldsymbol{B})=\boldsymbol{\nabla}\times\boldsymbol{A}\pm\boldsymbol{\nabla}\times\boldsymbol{B}$；

(7) $\boldsymbol{\nabla}\cdot(uc)=c\cdot\boldsymbol{\nabla}u$（$c$ 为常数）；

(8) $\boldsymbol{\nabla}\times(uc)=c\times\boldsymbol{\nabla}u$（$c$ 为常数）；

(9) $\boldsymbol{\nabla}(uv)=v\boldsymbol{\nabla}u+u\boldsymbol{\nabla}v$；

(10) $\boldsymbol{\nabla}\cdot(u\boldsymbol{A})=u\boldsymbol{\nabla}\cdot\boldsymbol{A}+\boldsymbol{\nabla}u\cdot\boldsymbol{A}$；

(11) $\boldsymbol{\nabla}\times(u\boldsymbol{A})=u\boldsymbol{\nabla}\times\boldsymbol{A}+\boldsymbol{\nabla}u\times\boldsymbol{A}$；

(12) $\boldsymbol{\nabla}(\boldsymbol{A}\cdot\boldsymbol{B})=\boldsymbol{A}\times(\boldsymbol{\nabla}\times\boldsymbol{B})+(\boldsymbol{A}\cdot\boldsymbol{\nabla})\boldsymbol{B}+\boldsymbol{B}\times(\boldsymbol{\nabla}\times\boldsymbol{A})+(\boldsymbol{B}\cdot\boldsymbol{\nabla})\boldsymbol{A}$；

(13) $\boldsymbol{\nabla}\cdot(\boldsymbol{A}\times\boldsymbol{B})=\boldsymbol{B}\cdot(\boldsymbol{\nabla}\times\boldsymbol{A})-\boldsymbol{A}\cdot(\boldsymbol{\nabla}\times\boldsymbol{B})$；

(14) $\boldsymbol{\nabla}\times(\boldsymbol{A}\times\boldsymbol{B})=(\boldsymbol{B}\cdot\boldsymbol{\nabla})\boldsymbol{A}-(\boldsymbol{A}\cdot\boldsymbol{\nabla})\boldsymbol{B}-\boldsymbol{B}(\boldsymbol{\nabla}\cdot\boldsymbol{A})+\boldsymbol{A}(\boldsymbol{\nabla}\cdot\boldsymbol{B})$；

(15) $\boldsymbol{\nabla}\cdot(\boldsymbol{\nabla}u)=\boldsymbol{\nabla}^2u=\Delta u$（$\Delta u$ 为调和量）；

(16) $\boldsymbol{\nabla}\times(\boldsymbol{\nabla}u)=0$（有势必无旋，无旋必有势）；

(17) $\boldsymbol{\nabla}\cdot(\boldsymbol{\nabla}\times\boldsymbol{A})=0$；

(18) $\boldsymbol{\nabla}\times(\boldsymbol{\nabla}\times\boldsymbol{A})=\boldsymbol{\nabla}(\boldsymbol{\nabla}\cdot\boldsymbol{A})-(\boldsymbol{\nabla}\cdot\boldsymbol{\nabla})\boldsymbol{A}=\boldsymbol{\nabla}(\boldsymbol{\nabla}\cdot\boldsymbol{A})-\Delta\boldsymbol{A}$（其中：$\Delta\boldsymbol{A}=\Delta A_x\boldsymbol{i}+\Delta A_y\boldsymbol{j}+\Delta A_z\boldsymbol{k}$）；

在以下公式中，$\boldsymbol{r}=x\boldsymbol{i}+y\boldsymbol{j}+z\boldsymbol{k}$，$r=|\boldsymbol{r}|$

(19) $\boldsymbol{\nabla}r=\dfrac{\boldsymbol{r}}{r}=\boldsymbol{r}_0$；

(20) $\boldsymbol{\nabla}\cdot\boldsymbol{r}=3$；

(21) $\boldsymbol{\nabla}\times\boldsymbol{r}=\boldsymbol{0}$；

(22) $\boldsymbol{\nabla}f(u)=f'(u)\boldsymbol{\nabla}u$；

(23) $\boldsymbol{\nabla}f(u,v)=\dfrac{\partial f}{\partial u}\boldsymbol{\nabla}u+\dfrac{\partial f}{\partial v}\boldsymbol{\nabla}v$；

(24) $\boldsymbol{\nabla}f(r)=\dfrac{f'(r)}{r}\boldsymbol{r}=f'(r)\boldsymbol{r}_0$；

(25) $\boldsymbol{\nabla}\times[f(r)\boldsymbol{r}]=\boldsymbol{0}$；

(26)$\nabla \times (r^{-3}\boldsymbol{r})=\boldsymbol{0}(r\neq 0)$；

(27)高斯定理$\oint\!\!\!\oint_S \boldsymbol{A}\cdot \mathrm{d}\boldsymbol{S}=\iiint_\Omega (\nabla \cdot \boldsymbol{A})\mathrm{d}V$；

(28)斯托克斯定理$\oint_l \boldsymbol{A}\cdot \mathrm{d}\boldsymbol{l}=\iint_S (\nabla \times \boldsymbol{A})\cdot \mathrm{d}\boldsymbol{S}$。

式(1)～式(8)和式(15)，可以根据∇算子的运算规则直接推导出来，是最基本的公式。由基本公式便可推证出其他公式。现在通过几个例子来说明使用∇算子是一种简易的计算方法。

例 1-12 证明$\nabla(uv)=u\nabla v+v\nabla u$。

证明：

$$\nabla(uv)=\left(\frac{\partial}{\partial x}\boldsymbol{i}+\frac{\partial}{\partial y}\boldsymbol{j}+\frac{\partial}{\partial z}\boldsymbol{k}\right)uv=\frac{\partial(uv)}{\partial x}\boldsymbol{i}+\frac{\partial(uv)}{\partial y}\boldsymbol{j}+\frac{\partial(uv)}{\partial z}\boldsymbol{k}=$$
$$\left(u\frac{\partial v}{\partial x}+v\frac{\partial u}{\partial x}\right)\boldsymbol{i}+\left(u\frac{\partial v}{\partial y}+v\frac{\partial u}{\partial y}\right)\boldsymbol{j}+\left(u\frac{\partial v}{\partial z}+v\frac{\partial u}{\partial z}\right)\boldsymbol{k}=$$
$$u\left(\frac{\partial v}{\partial x}\boldsymbol{i}+\frac{\partial v}{\partial y}\boldsymbol{j}+\frac{\partial v}{\partial z}\boldsymbol{k}\right)+v\left(\frac{\partial u}{\partial x}\boldsymbol{i}+\frac{\partial u}{\partial y}\boldsymbol{j}+\frac{\partial u}{\partial z}\boldsymbol{k}\right)=u\nabla v+v\nabla u$$

算子$\nabla\equiv\frac{\partial}{\partial x}\boldsymbol{i}+\frac{\partial}{\partial y}\boldsymbol{j}+\frac{\partial}{\partial z}\boldsymbol{k}$，实际上是三个数性微分算子$\frac{\partial}{\partial x}$、$\frac{\partial}{\partial y}$、$\frac{\partial}{\partial z}$的线性组合，而这些数性微分算子服从乘积的微分法则。当它们作用在两个函数的乘积时，每次只对其中一个因子运算，而把另一个因子看作常数。因此，作为这些数性微分算子线性组合的∇，在其微分性质中，自然也服从乘积的微分法则。

根据∇算子的微分性质，并按乘积的微分法则，有

$$\nabla(uv)=\nabla(u_c v)+\nabla(uv_c)$$

在上式右端，根据乘积的微分法则，把暂时看成常数的量附以下标 c，待运算结束后，再将之除去，依此可得

$$\nabla(uv)=\nabla(u_c v)+\nabla(uv_c)=u\nabla v+v\nabla u$$

例 1-13 证明$\nabla\cdot(u\boldsymbol{A})=u\nabla\cdot\boldsymbol{A}+\nabla u\cdot\boldsymbol{A}$。

证明：根据∇算子的微分性质，并按乘积的微分法则，有

$$\nabla\cdot(u\boldsymbol{A})=\nabla\cdot(u_c\boldsymbol{A})+\nabla\cdot(u\boldsymbol{A}_c)$$

右端第一项，由式(2)得

$$\nabla\cdot(u_c\boldsymbol{A})=u_c\nabla\cdot\boldsymbol{A}=u\nabla\cdot\boldsymbol{A}$$

右端第二项，由式(7)得

$$\nabla\cdot(u\boldsymbol{A}_c)=\nabla u\cdot\boldsymbol{A}_c=\nabla u\cdot\boldsymbol{A}$$

故

$$\nabla\cdot(u\boldsymbol{A})=u\nabla\cdot\boldsymbol{A}+\nabla u\cdot\boldsymbol{A}$$

例 1-14 证明$\nabla\cdot(\boldsymbol{A}\times\boldsymbol{B})=\boldsymbol{B}\cdot(\nabla\times\boldsymbol{A})-\boldsymbol{A}\cdot(\nabla\times\boldsymbol{B})$。

证明：根据∇算子的微分性质，按乘积的微分法则，有

$$\nabla\cdot(\boldsymbol{A}\times\boldsymbol{B})=\nabla\cdot(\boldsymbol{A}\times\boldsymbol{B}_c)+\nabla\cdot(\boldsymbol{A}_c\times\boldsymbol{B})$$

再根据∇算子的矢量性质，把上式右端两项都看成三个矢量的混合积，然后根据三个矢量在其混合积中的位置的轮换性，有

$$\boldsymbol{a}\cdot(\boldsymbol{b}\times\boldsymbol{c})=\boldsymbol{c}\cdot(\boldsymbol{a}\times\boldsymbol{b})=\boldsymbol{b}\cdot(\boldsymbol{c}\times\boldsymbol{a})$$

将上式右端两项中的常矢都轮换到∇的前面,同时使得变矢都留在∇的后面,则有

$$\nabla \cdot (\boldsymbol{A}\times\boldsymbol{B})=\nabla \cdot (\boldsymbol{A}\times\boldsymbol{B}_c)+\nabla \cdot (\boldsymbol{A}_c\times\boldsymbol{B})=\nabla \cdot (\boldsymbol{A}\times\boldsymbol{B}_c)-\nabla \cdot (\boldsymbol{B}\times\boldsymbol{A}_c)=$$
$$\boldsymbol{B}_c\cdot(\nabla\times\boldsymbol{A})-\boldsymbol{A}_c\cdot(\nabla\times\boldsymbol{B})=\boldsymbol{B}\cdot(\nabla\times\boldsymbol{A})-\boldsymbol{A}\cdot(\nabla\times\boldsymbol{B})$$

在∇算子的运算中,常常用到三个矢量的混合积公式

$$\boldsymbol{a}\cdot(\boldsymbol{b}\times\boldsymbol{c})=\boldsymbol{c}\cdot(\boldsymbol{a}\times\boldsymbol{b})=\boldsymbol{b}\cdot(\boldsymbol{c}\times\boldsymbol{a})$$

及三个矢量的矢量积公式

$$\boldsymbol{a}\times(\boldsymbol{b}\times\boldsymbol{c})=(\boldsymbol{a}\cdot\boldsymbol{c})\boldsymbol{b}-(\boldsymbol{a}\cdot\boldsymbol{b})\boldsymbol{c}$$

这些公式都有几种写法,比如上式右端第一项$(\boldsymbol{a}\cdot\boldsymbol{c})\boldsymbol{b}$,还可以写成$(\boldsymbol{c}\cdot\boldsymbol{a})\boldsymbol{b}$,$\boldsymbol{b}(\boldsymbol{a}\cdot\boldsymbol{c})$,$\boldsymbol{b}(\boldsymbol{c}\cdot\boldsymbol{a})$等。因此,在应用这些公式时,就要利用它的这个特点,设法将其中的常矢移到∇的前面,而使变矢留在∇的后面。

例1-15 证明$\nabla\times(\boldsymbol{A}\times\boldsymbol{B})=(\boldsymbol{B}\cdot\nabla)\boldsymbol{A}-(\boldsymbol{A}\cdot\nabla)\boldsymbol{B}-\boldsymbol{B}(\nabla\cdot\boldsymbol{A})+\boldsymbol{A}(\nabla\cdot\boldsymbol{B})$。

证明:根据∇算子的微分性质,应用乘积的微分法则,有

$$\nabla\times(\boldsymbol{A}\times\boldsymbol{B})=\nabla\times(\boldsymbol{A}_c\times\boldsymbol{B})+\nabla\times(\boldsymbol{A}\times\boldsymbol{B}_c)$$

再根据∇算子的矢量性质,将上式右端两项都看成三个矢量的五重矢量积,应用二重矢量积公式有

$$\nabla\times(\boldsymbol{A}_c\times\boldsymbol{B})=\boldsymbol{A}_c(\nabla\cdot\boldsymbol{B})-(\boldsymbol{A}_c\cdot\nabla)\boldsymbol{B}=\boldsymbol{A}(\nabla\cdot\boldsymbol{B})-(\boldsymbol{A}\cdot\nabla)\boldsymbol{B}$$
$$\nabla\times(\boldsymbol{A}\times\boldsymbol{B}_c)=(\boldsymbol{B}_c\cdot\nabla)\boldsymbol{A}-\boldsymbol{B}_c(\nabla\cdot\boldsymbol{A})=(\boldsymbol{B}\cdot\nabla)\boldsymbol{A}-\boldsymbol{B}(\nabla\cdot\boldsymbol{A})$$

故得

$$\nabla\times(\boldsymbol{A}\times\boldsymbol{B})=(\boldsymbol{B}\cdot\nabla)\boldsymbol{A}-(\boldsymbol{A}\cdot\nabla)\boldsymbol{B}-\boldsymbol{B}(\nabla\cdot\boldsymbol{A})+\boldsymbol{A}(\nabla\cdot\boldsymbol{B})$$

1.5 曲线坐标系

在研究流体运动时,正确地选择坐标系的形式十分重要。例如,分析流体的一般平面运动时,可以选择笛卡儿直角坐标系。但在研究流体沿圆截面管道或叶轮机通道中的轴对称流动时,就应该采用圆柱坐标系,这样可以减少一个独立变量,使所研究的流动问题在数学上简化为二维问题,并使边界条件得到简化。同理,在研究流体锥形流动时,就应该采用球坐标系。圆柱坐标系和球坐标系是正交曲线坐标系的特例。

为了帮助读者正确使用曲线坐标系来研究流体运动,这里将介绍正交曲线坐标系的基本性质和特点,并由此导出梯度、散度、旋度以及其他矢量关系在正交曲线坐标系中的一般表达式。

1.5.1 正交曲线坐标系的概念

1.曲线坐标系构成

在曲线坐标系中,空间中一点用三个有序数(q_1,q_2,q_3)表示。每三个这样的有序数都对应着空间中的一个点;反之,空间每一个点都对应着这样三个有序数,则称这三个有序数(q_1,q_2,q_3)为空间的曲线坐标。

2.直角坐标系与曲线坐标系之间的关系

空间中的同一点,在直角坐标系中用直角坐标(x,y,z)三个数唯一来确定。此时,矢径表达式为$\boldsymbol{r}=(x,y,z)$。

同样，空间中的同一点，在曲线坐标系中，用曲线坐标(q_1,q_2,q_3)三个数唯一来确定。此时，矢径表达式为$\boldsymbol{r}=(q_1,q_2,q_3)$。

可见曲线坐标q_1、q_2、q_3和直角坐标x、y、z必然存在某种联系。这种联系表现为，直角坐标中的点可以用曲线坐标唯一表示，同样，曲线坐标中的点也可以用直角坐标唯一表示。

曲线坐标中的点用直角坐标唯一表示为

$$\left.\begin{aligned}q_1=q_1(M)=q_1(x,y,z)\\q_2=q_2(M)=q_2(x,y,z)\\q_3=q_3(M)=q_3(x,y,z)\end{aligned}\right\}\tag{1.5.1}$$

其中：x、y、z都是q_1、q_2、q_3的单值函数。

直角坐标中的点用曲线坐标表示为

$$\left.\begin{aligned}x=x(M)=x(q_1,q_2,q_3)\\y=y(M)=y(q_1,q_2,q_3)\\z=z(M)=z(q_1,q_2,q_3)\end{aligned}\right\}\tag{1.5.2}$$

其中：q_1、q_2、q_3都是x、y、z的单值函数。

若令

$$\begin{cases}q_1(x,y,z)=c_1\\q_2(x,y,z)=c_2\\q_3(x,y,z)=c_3\end{cases}$$

则这三个方程代表了q_1、q_2、q_3的等值面，如图1-24所示。若c_1、c_2、c_3取不同的数值就可以得到三族等值面，这三族等值面，称为坐标曲面。

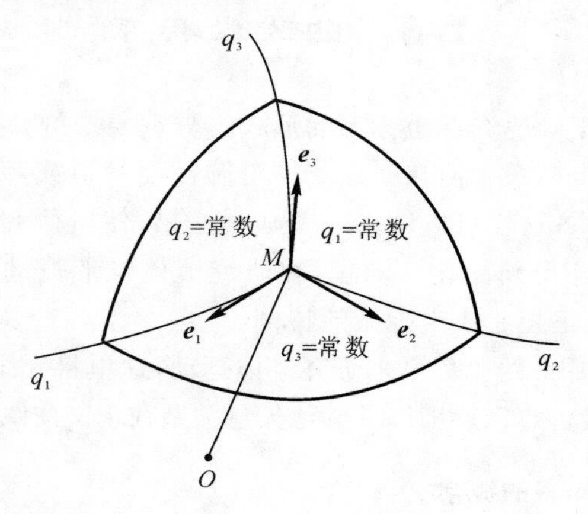

图1-24　曲线坐标系

对于空间的任意点M，由于$q_1(x,y,z)$，$q_2(x,y,z)$，$q_3(x,y,z)$都是该点的单值函数，所以每族中只有一个曲面经过点M。

在坐标曲面之间，两两相交而成的曲线称为坐标曲线，如坐标曲面

$$\begin{cases}q_3(x,y,z)=c_3\\q_2(x,y,z)=c_2\end{cases}$$

相交而成的坐标曲线称为坐标曲线q_1。在此曲线上q_2、q_3的值保持不变，只有q_1的值可以变化。同理

$$\begin{cases} q_3(x,y,z)=c_3 \\ q_1(x,y,z)=c_1 \end{cases}$$

相交而成的曲线称为坐标曲线 q_2。同理

$$\begin{cases} q_1(x,y,z)=c_1 \\ q_2(x,y,z)=c_2 \end{cases}$$

相交而成的曲线称为坐标曲线 q_3。

从以上分析可以发现，各种坐标系之间的差异表现在：首先，坐标面是平面还是曲面，若是曲面则又是怎样的曲面，是柱面、球面还是其他曲面；其次，坐标面（坐标曲线）之间的夹角如何。若在空间任一点 M 处，坐标曲线都互相正交，即坐标曲线在该点的切线互相垂直，相应地各坐标曲面也互相正交，即各坐标面在相互交点处的法线垂直，这种坐标系称之为正交曲线坐标系。柱坐标系和球坐标系就属于这种坐标系。

3. 正交曲线坐标系基矢量

规定正交曲线坐标系的基矢量为 $\boldsymbol{e}_1$、$\boldsymbol{e}_2$、$\boldsymbol{e}_3$，它们依次是坐标曲线 q_1、q_2、q_3 上切线的单位矢量，其正向分别指向 q_1、q_2、q_3 增加的一侧。基矢量相互位置除了相互垂直外，还符合右手坐标规则。

与直角坐标系的本质区别在于：在曲线坐标系中 $\boldsymbol{e}_1$、$\boldsymbol{e}_2$、$\boldsymbol{e}_3$ 的方向一般随空间位置而变化，因此，一般而言它们是变矢。当然，对于具体的坐标系来说，如柱坐标系，并不是三个基矢量都是变矢。

应用基矢量 $\boldsymbol{e}_1$、$\boldsymbol{e}_2$、$\boldsymbol{e}_3$ 的概念，点 M 的矢量 $\boldsymbol{a}$ 可表示为

$$\boldsymbol{a}=a_1\boldsymbol{e}_1+a_2\boldsymbol{e}_2+a_3\boldsymbol{e}_3$$

其中：a_1，a_2，a_3 是矢量 $\boldsymbol{a}$ 在 $\boldsymbol{e}_1$、$\boldsymbol{e}_2$、$\boldsymbol{e}_3$ 方向上的投影。

4. 典型的几种坐标系和直角坐标系之间的关系

(1)一般正交曲线坐标系与直角坐标系之间的关系。

直角坐标中三坐标为 x、y、z；单位矢量为 $\boldsymbol{i}$、$\boldsymbol{j}$、$\boldsymbol{k}$；

曲线坐标中三坐标为 q_1、q_2、q_3；单位矢量为 $\boldsymbol{e}_1$、$\boldsymbol{e}_2$、$\boldsymbol{e}_3$。

曲线坐标中的点用直角坐标表示为

$$\begin{cases} q_1=q_1(M)=q_1(x,y,z) \\ q_2=q_2(M)=q_2(x,y,z) \\ q_3=q_3(M)=q_3(x,y,z) \end{cases}$$

直角坐标中的点用曲线坐标表示为

$$\begin{cases} x=x(M)=x(q_1,q_2,q_3) \\ y=y(M)=y(q_1,q_2,q_3) \\ z=z(M)=z(q_1,q_2,q_3) \end{cases}$$

(2)圆柱坐标系与直角坐标系之间的关系。在圆柱坐标系中，三个坐标用三个有序数 r、θ、z 表示，即用 r、θ、z 表示点的位置，如图 1-25 所示。

直角坐标中三坐标为 x、y、z；单位矢量为 $\boldsymbol{i}$、$\boldsymbol{j}$、$\boldsymbol{k}$；

圆柱坐标系中三坐标为 r、θ、z；单位矢量为 $\boldsymbol{e}_r$、$\boldsymbol{e}_\theta$、$\boldsymbol{e}_z$。

用直角坐标表示圆柱坐标为

$$\begin{cases} r=\sqrt{x^2+y^2} \\ \theta=\arctan(y/x) \\ z=z \end{cases}$$

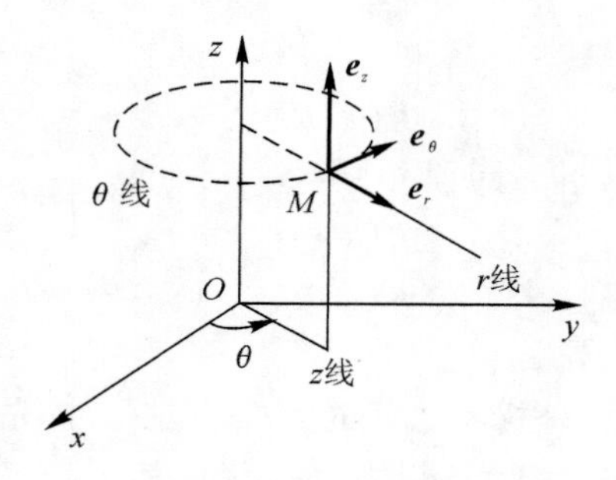

图 1-25　圆柱坐标系

用圆柱坐标表示直角坐标为

$$\begin{cases} x=r\cos\theta \\ y=r\sin\theta \\ z=z \end{cases}$$

(3)球坐标系与直角坐标系之间的关系。在球坐标系中，三个坐标用三个有序数 r、θ、φ 表示，即用 r、θ、φ 表示点的位置，如图 1-26 所示。

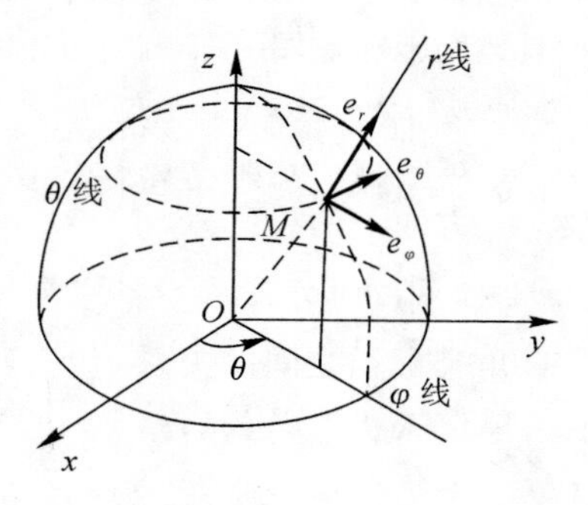

图 1-26　球坐标系

用直角坐标表示球坐标为

$$\begin{cases} r=\sqrt{x^2+y^2+z^2} \\ \theta=\arctan(y/x) \\ \varphi=\arctan\left(\dfrac{\sqrt{x^2+y^2}}{z}\right) \end{cases}$$

用球坐标表示直角坐标为

$$\begin{cases} x=r\sin\theta\cos\varphi \\ y=r\sin\theta\sin\varphi \\ z=r\cos\theta \end{cases}$$

1.5.2　曲线坐标系中矢径微分、弧长微分和体积元素

微元分析法是推导流体力学方程的基础，本小节首先对直角坐标系中微元六面体和曲线坐标系中曲面微元六面体的概念加以说明；然后，说明曲线坐标系中矢径微分、弧长微分和体积元素；最后，针对直角、圆柱和球坐标说明矢径微分、弧长微分和体积元素。

1. 直角坐标系中微元六面体概念

考察空间中的一点 M，经微小时间变化到点 N，M 用矢径 $\boldsymbol{r}$ 表示，N 用 $\boldsymbol{r}+\mathrm{d}\boldsymbol{r}$ 表示，$\overrightarrow{MN}$ 用 $\mathrm{d}\boldsymbol{r}$ 表示。以点 M 和点 N 为对角，在直角坐标系中作平行六面体，如图 1-27 所示。可以看出，$\mathrm{d}\boldsymbol{r}$ 的三个分量为 $\mathrm{d}x$，$\mathrm{d}y$，$\mathrm{d}z$，对应于上述平行六面体的三个边长。

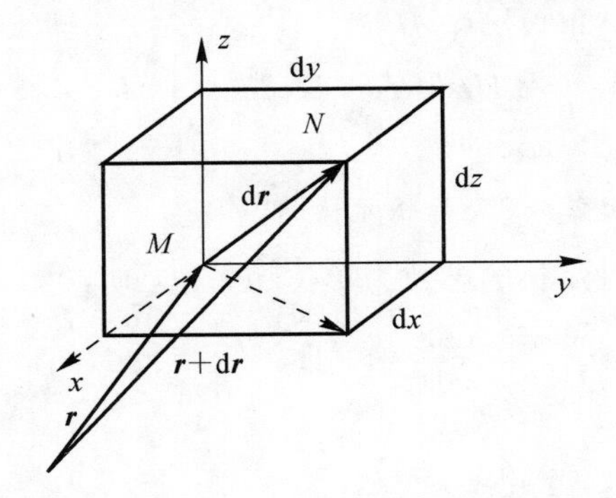

图 1-27 直角坐标系中的平行六面体

2. 曲线坐标系中曲面微元六面体概念

考察空间中的一点 M，经微小时间变化到点 N，以点 M 和点 N 为对角，在正交曲线坐标系中作平行六面体，如图 1-28 所示。可以看出，$\mathrm{d}\boldsymbol{r}$ 为曲线坐标系中平行六面体的对角线矢量，其三个分量对应于该平行六面体的三个边长。

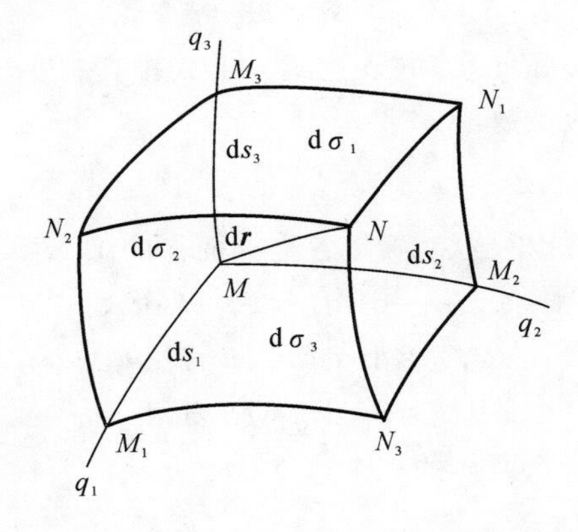

图 1-28 正交曲线坐标系中的平行六面体

3. 矢径微分表达式

直角坐标系中，矢径 $\boldsymbol{r}=(x,y,z)$，矢径微分 $\mathrm{d}\boldsymbol{r}=(\mathrm{d}x,\mathrm{d}y,\mathrm{d}z)$；

正交曲线坐标系中，矢径 $\boldsymbol{r}=\boldsymbol{r}(q_1,q_2,q_3)=(x(q_1,q_2,q_3),y(q_1,q_2,q_3),z(q_1,q_2,q_3))$；

矢径微分 $\mathrm{d}\boldsymbol{r}=\dfrac{\partial \boldsymbol{r}}{\partial q_1}\mathrm{d}q_1+\dfrac{\partial \boldsymbol{r}}{\partial q_2}\mathrm{d}q_2+\dfrac{\partial \boldsymbol{r}}{\partial q_3}\mathrm{d}q_3$。

其中：$\dfrac{\partial \boldsymbol{r}}{\partial q_1}$、$\dfrac{\partial \boldsymbol{r}}{\partial q_2}$和$\dfrac{\partial \boldsymbol{r}}{\partial q_3}$均为导矢，其分别与 q_1、q_2 和 q_3 矢端曲线相切，指向 q_1、q_2 和 q_3 增大的方向。

$\dfrac{\partial \boldsymbol{r}}{\partial q_1}=\left|\dfrac{\partial \boldsymbol{r}}{\partial q_1}\right|\boldsymbol{e}_1$，令 $\left|\dfrac{\partial \boldsymbol{r}}{\partial q_1}\right|=H_1$，称为尺度因子(拉梅系数)。

同理有

$$\frac{\partial \boldsymbol{r}}{\partial q_2}=\left|\frac{\partial \boldsymbol{r}}{\partial q_2}\right|\boldsymbol{e}_2,\quad \left|\frac{\partial \boldsymbol{r}}{\partial q_2}\right|=H_2$$

$$\frac{\partial \boldsymbol{r}}{\partial q_3}=\left|\frac{\partial \boldsymbol{r}}{\partial q_3}\right|\boldsymbol{e}_3,\quad \left|\frac{\partial \boldsymbol{r}}{\partial q_3}\right|=H_3$$

这样，曲线坐标矢径微分可以表示为

$$\mathrm{d}\boldsymbol{r}=H_1\mathrm{d}q_1\boldsymbol{e}_1+H_2\mathrm{d}q_2\boldsymbol{e}_2+H_3\mathrm{d}q_3\boldsymbol{e}_3$$

尺度因子表示对应坐标上导矢的模。

4. 沿坐标曲线 q_1 的弧长微分(又称弧元素)

由前述内容可知，矢径对弧长的导数为单位切矢量，即

$$\frac{\mathrm{d}\boldsymbol{r}}{\mathrm{d}s}=\boldsymbol{\tau},\ 且\left|\frac{\mathrm{d}\boldsymbol{r}}{\mathrm{d}s}\right|=1$$

这样，$|\mathrm{d}\boldsymbol{r}|=\mathrm{d}s$，则

$$(|\mathrm{d}\boldsymbol{r}|)^2=(\mathrm{d}s)^2=(H_1\mathrm{d}q_1)^2+(H_2\mathrm{d}q_2)^2+(H_3\mathrm{d}q_3)^2$$

现在根据上式分析平行六面体边长的变化情况。

如图 1－28 所示，在弧$\widehat{MM_1}$上，只有 q_1 变化，q_2 和 q_3 不变，可得弧$\widehat{MM_1}$的弧长 $\mathrm{d}s_1$ 有

$$\mathrm{d}s_1=H_1\mathrm{d}q_1$$

同理有

$$\begin{cases}\mathrm{d}s_2=H_2\mathrm{d}q_2\\ \mathrm{d}s_3=H_3\mathrm{d}q_3\end{cases}$$

由此得到弧长微分(又称弧元素)的表达式。上式中，左边 $\mathrm{d}s$ 为长度，右边 $\mathrm{d}q$ 为坐标，可以理解 H 为二者之间的变换系数。

5. 微元面积微分表达式

由微元弧长的表达式，可以很容易确定各坐标面上的微元面积：

$$\begin{cases}\mathrm{d}A_1=\mathrm{d}s_2\mathrm{d}s_3=H_2H_3\mathrm{d}q_2\mathrm{d}q_3\\ \mathrm{d}A_2=\mathrm{d}s_1\mathrm{d}s_3=H_1H_3\mathrm{d}q_1\mathrm{d}q_3\\ \mathrm{d}A_3=\mathrm{d}s_1\mathrm{d}s_2=H_1H_2\mathrm{d}q_1\mathrm{d}q_2\end{cases}$$

其中：$\mathrm{d}s_1$，$\mathrm{d}s_2$，$\mathrm{d}s_3$ 对应于平行六面体的三个边。

6. 微元六面体体积微分表达式

正交微元六面体体积为

$$\mathrm{d}V=H_1H_2H_3\mathrm{d}q_1\mathrm{d}q_2\mathrm{d}q_3$$

7. 尺度因子

由于矢径微分表达式、弧长微分表达式、微元面积表达式和微元六面体体积表达式均与尺度因子有关，下面说明尺度因子表达式。

如前所述，尺度因子定义为

$$H_i=\left|\frac{\partial \boldsymbol{r}}{\partial q_i}\right|$$

由于

$$\boldsymbol{r}=\boldsymbol{r}(q_1,q_2,q_3)=(x(q_1,q_2,q_3),y(q_1,q_2,q_3),z(q_1,q_2,q_3))$$

而

$$\frac{\partial \boldsymbol{r}}{\partial q_i}=\left(\frac{\partial x}{\partial q_i},\frac{\partial y}{\partial q_i},\frac{\partial z}{\partial q_i}\right)\quad (i=1,2,3)$$

则有

$$H_i=\left|\frac{\partial \boldsymbol{r}}{\partial q_i}\right|=\sqrt{\left(\frac{\partial x}{\partial q_i}\right)^2+\left(\frac{\partial y}{\partial q_i}\right)^2+\left(\frac{\partial z}{\partial q_i}\right)^2}$$

结论:尺度因子可通过曲线坐标与直角坐标的联系得到。

8.不同坐标系中的尺度因子、矢径微分、弧元素、面积元素和体积元素

(1)一般正交曲线坐标系。

坐标:q_1、q_2、q_3;

坐标单位矢量:$\boldsymbol{e}_1$、$\boldsymbol{e}_2$、$\boldsymbol{e}_3$;

坐标弧长:s_1、s_2、s_3;

坐标关系:$\begin{cases}x=x(M)=x(q_1,q_2,q_3)\\ y=y(M)=y(q_1,q_2,q_3)\\ z=z(M)=z(q_1,q_2,q_3)\end{cases}$;

尺度因子:$\begin{cases}\left|\dfrac{\partial \boldsymbol{r}}{\partial q_1}\right|=H_1\\ \left|\dfrac{\partial \boldsymbol{r}}{\partial q_2}\right|=H_2\\ \left|\dfrac{\partial \boldsymbol{r}}{\partial q_3}\right|=H_3\end{cases}$;

矢径微分:$\mathrm{d}\boldsymbol{r}=\dfrac{\partial \boldsymbol{r}}{\partial q_1}\mathrm{d}q_1+\dfrac{\partial \boldsymbol{r}}{\partial q_2}\mathrm{d}q_2+\dfrac{\partial \boldsymbol{r}}{\partial q_3}\mathrm{d}q_3$;

弧元素:$\mathrm{d}s_1=H_1\mathrm{d}q_1,\mathrm{d}s_2=H_2\mathrm{d}q_2,\mathrm{d}s_3=H_3\mathrm{d}q_3$;

体积元素:$\mathrm{d}V=H_1H_2H_3\mathrm{d}q_1\mathrm{d}q_2\mathrm{d}q_3$。

(2)直角坐标系。

坐标:x、y、z;

坐标单位矢量:$\boldsymbol{i}$、$\boldsymbol{j}$、$\boldsymbol{k}$;

通用曲线坐标:$\begin{cases}q_1=x\\ q_2=y\\ q_3=z\end{cases}$,$\begin{cases}\boldsymbol{e}_1=\boldsymbol{i}\\ \boldsymbol{e}_2=\boldsymbol{j}\\ \boldsymbol{e}_3=\boldsymbol{k}\end{cases}$;

坐标关系:$\begin{cases}x=x\\ y=y\\ z=z\end{cases}$;

尺度因子:$\begin{cases}H_1=1\\ H_2=1\\ H_3=1\end{cases}$;

矢径微分:$\mathrm{d}\boldsymbol{r}=\mathrm{d}x\boldsymbol{i}+\mathrm{d}y\boldsymbol{j}+\mathrm{d}z\boldsymbol{k}$;

弧元素：$\begin{cases} ds_1 = dx \\ ds_2 = dy; \\ ds_3 = dz \end{cases}$

体积元素：$dV = dxdydz$。

(3)圆柱坐标系。

坐标：r、θ、z；

坐标单位切矢量：$\boldsymbol{i}_r$、$\boldsymbol{i}_\theta$、$\boldsymbol{i}_z$；

通用曲线坐标：$\begin{cases} q_1 = r \\ q_2 = \theta, \\ q_3 = z \end{cases}$ $\begin{cases} \boldsymbol{e}_1 = \boldsymbol{i}_r \\ \boldsymbol{e}_2 = \boldsymbol{i}_\theta; \\ \boldsymbol{e}_3 = \boldsymbol{i}_z \end{cases}$

坐标关系：$\begin{cases} x = r\cos\theta \\ y = r\sin\theta; \\ z = z \end{cases}$

尺度因子：$\begin{cases} H_1 = 1 \\ H_2 = r; \\ H_3 = 1 \end{cases}$

矢径微分：$d\boldsymbol{r} = dr\boldsymbol{i}_r + rd\theta\boldsymbol{i}_\theta + dz\boldsymbol{i}_z$；

弧元素：$\begin{cases} ds_1 = dr \\ ds_2 = rd\theta; \\ ds_3 = dz \end{cases}$

体积元素：$dV = rdrd\theta dz$。

(4)球坐标系。

坐标：r、θ、φ；

坐标单位矢量：$\boldsymbol{i}_r$、$\boldsymbol{i}_\theta$，$\boldsymbol{i}_\varphi$；

通用曲线坐标：$\begin{cases} q_1 = r \\ q_2 = \theta, \\ q_3 = \varphi \end{cases}$ $\begin{cases} \boldsymbol{e}_1 = \boldsymbol{i}_r \\ \boldsymbol{e}_2 = \boldsymbol{i}_\theta; \\ \boldsymbol{e}_3 = \boldsymbol{i}_\varphi \end{cases}$

坐标关系：$\begin{cases} x = r\sin\theta\cos\varphi \\ y = r\sin\theta\sin\varphi; \\ z = r\cos\theta \end{cases}$

尺度因子：$\begin{cases} H_1 = 1 \\ H_2 = r \\ H_3 = r\sin\theta \end{cases}$；

矢径微分：$d\boldsymbol{r} = dr\boldsymbol{i}_r + rd\theta\boldsymbol{i}_\theta + r\sin\theta d\varphi\boldsymbol{i}_\varphi$；

弧元素：$\begin{cases} ds_1 = dr \\ ds_2 = rd\theta \\ ds_3 = r\sin\theta d\varphi \end{cases}$；

体积元素：$dV = r^2\sin\theta drd\theta d\varphi$。

1.5.3 正交曲线坐标系中梯度、散度、旋度及调和量的表达式

1. 梯度

梯度的表达式可根据梯度与方向导数关系得出。先说明坐标系如下：

曲线坐标系参数为

坐标：q_1、q_2、q_3；

坐标单位矢量：$\boldsymbol{e}_1$、$\boldsymbol{e}_2$、$\boldsymbol{e}_3$；

坐标弧长：s_1、s_2、s_3；

数性函数：$\varphi(\boldsymbol{r})=\varphi(q_1,q_2,q_3)=\varphi(s_1,s_2,s_3)$。

在一般正交曲线坐标系下，设有数性函数 $\varphi(q_1,q_2,q_3)$ 在点 $M(\boldsymbol{r})$ 的某一邻接域内有定义并连续。在空间中取上述点 $M(\boldsymbol{r})$，过该点作一有向线段 $\boldsymbol{l}$，然后，在此射线上取与 M 相邻的另一点 $M'(\boldsymbol{r}+\Delta\boldsymbol{r})$，点 M 到点 M' 的有向线段用 $\Delta\boldsymbol{r}$ 表示，这两点之间弧长用 $|\mathrm{d}\boldsymbol{r}|$ 表示（或用 $\mathrm{d}s$），如图 1-29 所示。

正交曲线坐标系中方向导数定义为数性函数对弧长的导数，即

$$\frac{\partial\varphi}{\partial s}=\lim_{\mathrm{d}s\to 0}\frac{\varphi(M')-\varphi(M)}{\mathrm{d}s}=\frac{\partial\varphi}{\partial s_1}\frac{\partial s_1}{\partial s}+\frac{\partial\varphi}{\partial s_2}\frac{\partial s_2}{\partial s}+\frac{\partial\varphi}{\partial s_3}\frac{\partial s_3}{\partial s}=\left(\frac{\partial\varphi}{\partial s_1},\frac{\partial\varphi}{\partial s_2},\frac{\partial\varphi}{\partial s_3}\right)\cdot\left(\frac{\partial s_1}{\partial s},\frac{\partial s_2}{\partial s},\frac{\partial s_3}{\partial s}\right)$$

上式中前一项，$\mathbf{grad}\varphi=\left(\frac{\partial\varphi}{\partial s_1},\frac{\partial\varphi}{\partial s_2},\frac{\partial\varphi}{\partial s_3}\right)$ 为梯度；

后一项，$\boldsymbol{\tau}=\left(\frac{\partial s_1}{\partial s},\frac{\partial s_2}{\partial s},\frac{\partial s_3}{\partial s}\right)$ 为单位切矢量。

因为 $\mathrm{d}s_i=H_i\mathrm{d}q_i$，所以梯度表示为

$$\mathbf{grad}\varphi=\left(\frac{1}{H_1}\frac{\partial\varphi}{\partial q_1},\frac{1}{H_2}\frac{\partial\varphi}{\partial q_2},\frac{1}{H_3}\frac{\partial\varphi}{\partial q_3}\right)$$

也可表示为

$$\mathbf{grad}\varphi=\frac{1}{H_1}\frac{\partial\varphi}{\partial q_1}\boldsymbol{e}_1+\frac{1}{H_2}\frac{\partial\varphi}{\partial q_2}\boldsymbol{e}_2+\frac{1}{H_3}\frac{\partial\varphi}{\partial q_3}\boldsymbol{e}_3$$

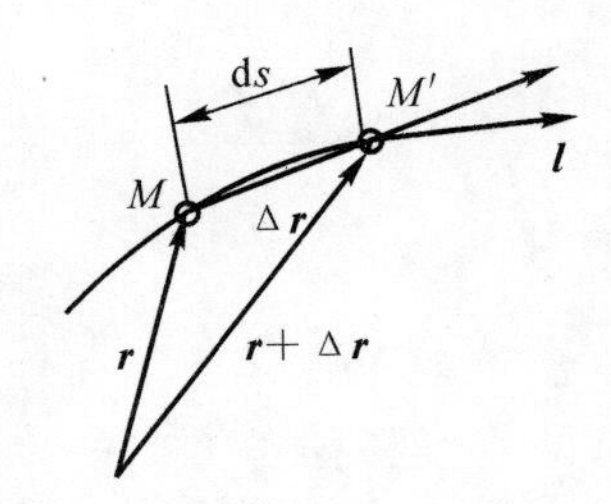

图 1-29 方向导数定义的示意图

2. 散度

如图 1-30 所示，在曲线坐标系中，过点 M 取无穷小曲面平行六面体。

过点 M 的矢量 $\boldsymbol{a}$ 在 q_1 坐标方向上的分量为 a_1，通过面 $MM_3N_1N_2$ 矢量 $\boldsymbol{a}$ 的通量为

$$-a_1\mathrm{d}s_2\mathrm{d}s_3=-a_1H_2H_3\mathrm{d}q_2\mathrm{d}q_3$$

因为面 $MM_3N_1N_2$ 的外法线方向与 $\boldsymbol{e}_1$ 相反，故通量为负值。

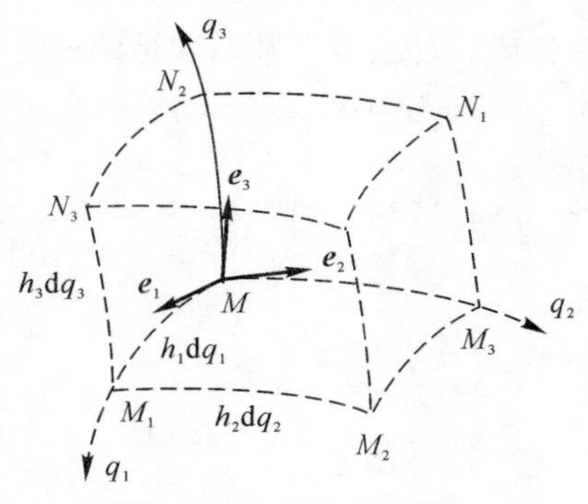

图 1-30 求散度示意图

对于面 $M_1M_2NN_3$，矢量 $\boldsymbol{a}$ 的通量为

$$\left(a_1+\frac{\partial a_1}{\partial q_1}\mathrm{d}q_1\right)\left[H_2H_3+\frac{\partial(H_2H_3)}{\partial q_1}\mathrm{d}q_1\right]\mathrm{d}q_2\mathrm{d}q_3$$

通过上述两表面的净流出通量，当略去了高阶微量后，有

$$\left[a_1\ \frac{\partial(H_2H_3)}{\partial q_1}+H_2H_3\ \frac{\partial a_1}{\partial q_1}\right]\mathrm{d}q_1\mathrm{d}q_2\mathrm{d}q_3=\frac{\partial(a_1H_2H_3)}{\partial q_1}\mathrm{d}q_1\mathrm{d}q_2\mathrm{d}q_3$$

同理，通过另外两个相对表面的净流出通量为

$$\begin{cases}\dfrac{\partial(a_2H_1H_3)}{\partial q_2}\mathrm{d}q_1\mathrm{d}q_2\mathrm{d}q_3\\[2ex]\dfrac{\partial(a_3H_2H_1)}{\partial q_3}\mathrm{d}q_1\mathrm{d}q_2\mathrm{d}q_3\end{cases}$$

故净流出无穷小微元体的通量为

$$\oint_S\boldsymbol{a}\cdot\mathrm{d}\boldsymbol{\sigma}=\left[\frac{\partial(a_1H_2H_3)}{\partial q_1}+\frac{\partial(a_2H_3H_1)}{\partial q_2}+\frac{\partial(a_3H_1H_2)}{\partial q_3}\right]\mathrm{d}q_1\mathrm{d}q_2\mathrm{d}q_3$$

无穷小微元体的体积为

$$V=\mathrm{d}s_1\mathrm{d}s_2\mathrm{d}s_3=H_1H_2H_3\mathrm{d}q_1\mathrm{d}q_2\mathrm{d}q_3$$

根据矢量场散度的定义，有

$$\mathrm{div}\boldsymbol{a}=\lim_{V\to 0}\frac{\oint_S\boldsymbol{a}\cdot\mathrm{d}\boldsymbol{\sigma}}{V}=\frac{1}{H_1H_2H_3}\left[\frac{\partial(a_1H_2H_3)}{\partial q_1}+\frac{\partial(a_2H_3H_1)}{\partial q_2}+\frac{\partial(a_3H_1H_2)}{\partial q_3}\right]\tag{1.5.3}$$

3. 旋度

已知旋度的一个重要性质：矢量的旋度在任一方向的投影等于该方向上的环量面密度。因此，$\mathbf{rot}\boldsymbol{a}$ 在曲线坐标 q_1 方向上（即沿 $\boldsymbol{e}_1$ 方向）的投影为

$$(\mathbf{rot}\boldsymbol{a})_1=\lim_{\sigma\to 0}\frac{\oint_l\boldsymbol{a}\cdot\mathrm{d}\boldsymbol{r}}{\sigma}\tag{1.5.4}$$

现在来分析 σ 为无穷小时，线积分 $\oint_l\boldsymbol{a}\cdot\mathrm{d}\boldsymbol{r}$ 的值。

如图 1-31 所示，σ 为围线 $MM_3N_1N_2$ 所围的微元面积，其值为

$$\sigma=H_2H_3\mathrm{d}q_2\mathrm{d}q_3$$

矢量 $\boldsymbol{a}$ 沿 $MM_3N_1N_2$ 围线的积分为

$$\oint_l \boldsymbol{a}\cdot \mathrm{d}\boldsymbol{r}=\int_{MM_3}\boldsymbol{a}\cdot \mathrm{d}\boldsymbol{r}+\int_{M_3N_1}\boldsymbol{a}\cdot \mathrm{d}\boldsymbol{r}+\int_{N_1N_2}\boldsymbol{a}\cdot \mathrm{d}\boldsymbol{r}+\int_{N_2M}\boldsymbol{a}\cdot \mathrm{d}\boldsymbol{r}$$

若略去高阶无穷小量，则得

$$\oint_l \boldsymbol{a}\cdot \mathrm{d}\boldsymbol{r}=a_2H_2\mathrm{d}q_2+\left[a_3H_3+\frac{\partial(a_3H_3)}{\partial q_2}\mathrm{d}q_2\right]\mathrm{d}q_3-\left[a_2H_2+\frac{\partial(a_2H_2)}{\partial q_3}\mathrm{d}q_3\right]\mathrm{d}q_2-a_3H_3\mathrm{d}q_3=$$

$$\left[\frac{\partial(a_3H_3)}{\partial q_2}-\frac{\partial(a_2H_2)}{\partial q_3}\right]\mathrm{d}q_2\mathrm{d}q_3$$

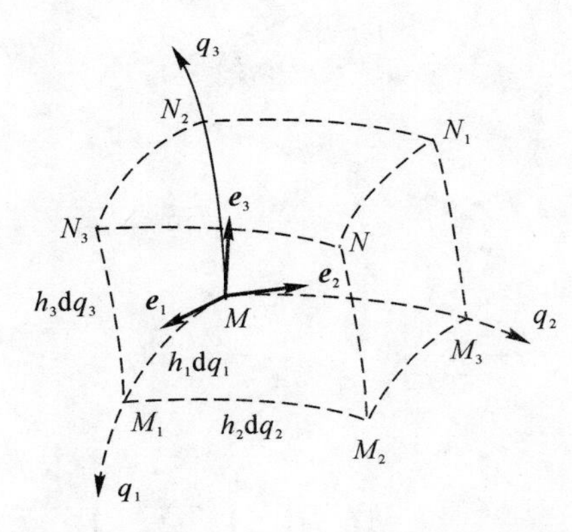

图1-31　微元面积示意图

将此式和 $\boldsymbol{l}$ 的表达式代入式(1.5.4)，得

$$(\mathbf{rot}\boldsymbol{a})_1=\frac{1}{H_2H_3}\left[\frac{\partial(a_3H_3)}{\partial q_2}-\frac{\partial(a_2H_2)}{\partial q_3}\right]$$

同理，可得 $(\mathbf{rot}\boldsymbol{a})_2$ 和 $(\mathbf{rot}\boldsymbol{a})_3$：

$$\left.\begin{aligned}(\mathbf{rot}\boldsymbol{a})_2&=\frac{1}{H_3H_1}\left[\frac{\partial(a_1H_1)}{\partial q_3}-\frac{\partial(a_3H_3)}{\partial q_1}\right]\\(\mathbf{rot}\boldsymbol{a})_3&=\frac{1}{H_1H_2}\left[\frac{\partial(a_2H_2)}{\partial q_1}-\frac{\partial(a_1H_1)}{\partial q_2}\right]\end{aligned}\right\}\tag{1.5.5}$$

这样矢量 $\boldsymbol{a}$ 的旋度为

$$\begin{aligned}\mathbf{rot}\boldsymbol{a}=&\frac{1}{H_2H_3}\left[\frac{\partial(a_3H_3)}{\partial q_2}-\frac{\partial(a_2H_2)}{\partial q_3}\right]\boldsymbol{e}_1+\frac{1}{H_3H_1}\left[\frac{\partial(a_1H_1)}{\partial q_3}-\frac{\partial(a_3H_3)}{\partial q_1}\right]\boldsymbol{e}_2+\\&\frac{1}{H_1H_2}\left[\frac{\partial(a_2H_2)}{\partial q_1}-\frac{\partial(a_1H_1)}{\partial q_2}\right]\boldsymbol{e}_3\end{aligned}\tag{1.5.6}$$

或

$$\mathbf{rot}\boldsymbol{a}=\frac{1}{H_1H_2H_3}\begin{vmatrix}H_1\boldsymbol{e}_1 & H_2\boldsymbol{e}_2 & H_3\boldsymbol{e}_3\\ \dfrac{\partial}{\partial q_1} & \dfrac{\partial}{\partial q_2} & \dfrac{\partial}{\partial q_3}\\ H_1a_1 & H_2a_2 & H_3a_3\end{vmatrix}\tag{1.5.7}$$

4.调和量

所谓调和量就是梯度 $\nabla\varphi$ 的散度，利用梯度和散度在正交曲线中的表达式，经简单的推导就可以得到

$$\Delta\varphi=\nabla^2\varphi=\frac{1}{H_1H_2H_3}\left[\frac{\partial}{\partial q_1}\left(\frac{H_2H_3}{H_1}\frac{\partial\varphi}{\partial q_1}\right)+\frac{\partial}{\partial q_2}\left(\frac{H_1H_3}{H_2}\frac{\partial\varphi}{\partial q_2}\right)+\frac{\partial}{\partial q_3}\left(\frac{H_1H_2}{H_3}\frac{\partial\varphi}{\partial q_3}\right)\right] \tag{1.5.8}$$

1.5.4 柱坐标系中的梯度、散度、旋度及调和量的表达式

在柱坐标系中，算符∇的表达式为

$$\nabla=\frac{\partial}{\partial r}\boldsymbol{i}_r+\frac{\partial}{r\partial\theta}\boldsymbol{i}_\theta+\frac{\partial}{\partial z}\boldsymbol{i}_z \tag{1.5.9}$$

梯度的表达式为

$$\nabla\varphi=\frac{\partial\varphi}{\partial r}\boldsymbol{i}_r+\frac{\partial\varphi}{r\partial\theta}\boldsymbol{i}_\theta+\frac{\partial\varphi}{\partial z}\boldsymbol{i}_z \tag{1.5.10}$$

散度的表达式为

$$\nabla\cdot\boldsymbol{a}=\frac{1}{r}\frac{\partial(ra_r)}{\partial r}+\frac{\partial a_\theta}{r\partial\theta}+\frac{\partial a_z}{\partial z} \tag{1.5.11}$$

旋度的表达式为

$$\nabla\times\boldsymbol{a}=\frac{1}{r}\left[\frac{\partial a_z}{\partial\theta}-\frac{\partial(a_\theta r)}{\partial z}\right]\boldsymbol{i}_r+\left[\frac{\partial a_r}{\partial z}-\frac{\partial a_z}{\partial r}\right]\boldsymbol{i}_\theta+\frac{1}{r}\left[\frac{\partial(a_\theta)}{\partial r}-\frac{\partial a_r}{\partial\theta}\right]\boldsymbol{i}_z$$

或

$$\nabla\times\boldsymbol{a}=\mathbf{rot}\boldsymbol{a}=\begin{vmatrix}\dfrac{\boldsymbol{i}_r}{H_2H_3} & \dfrac{\boldsymbol{i}_\theta}{H_1H_3} & \dfrac{\boldsymbol{i}_z}{H_1H_2}\\ \dfrac{\partial}{\partial r} & \dfrac{\partial}{\partial\theta} & \dfrac{\partial}{\partial z}\\ H_1a_r & H_2a_\theta & H_3a_z\end{vmatrix} \tag{1.5.12}$$

调和量的表达式为

$$\Delta\varphi=\nabla^2\varphi=\frac{1}{r}\left[\frac{\partial}{\partial r}\left(r\frac{\partial\varphi}{\partial r}\right)+\frac{\partial}{\partial\theta}\left(\frac{1}{r}\frac{\partial\varphi}{\partial\theta}\right)+\frac{\partial}{\partial z}\left(r\frac{\partial\varphi}{\partial z}\right)\right] \tag{1.5.13}$$

1.5.5 球坐标系中的梯度、散度、旋度及调和量的表达式

在球坐标系中，为了区别坐标系中的φ和函数φ，函数用f表示，梯度的表达式为

$$\nabla f=\frac{\partial f}{\partial r}\boldsymbol{i}_r+\frac{1}{r}\frac{\partial f}{\partial\theta}\boldsymbol{i}_\theta+\frac{1}{r\sin\theta}\frac{\partial f}{\partial\varphi}\boldsymbol{i}_\varphi \tag{1.5.14}$$

散度的表达式为

$$\nabla\cdot\boldsymbol{a}=\frac{1}{r^2\sin\theta}\left[\frac{\partial(a_rr^2\sin\theta)}{\partial r}+\frac{\partial(a_\theta r\sin\theta)}{\partial\theta}+\frac{\partial(a_\varphi r)}{\partial\varphi}\right]=\frac{1}{\sin\theta}\left[\sin\theta\frac{\partial(r^2a_r)}{r^2\partial r}+\frac{\partial(\sin\theta a_\theta)}{r\partial\theta}+\frac{\partial a_\varphi}{r\partial\varphi}\right] \tag{1.5.15}$$

旋度的表达式为

$$\begin{aligned}\nabla\times\boldsymbol{a}=&\frac{1}{r^2\sin\theta}\left[\frac{\partial(a_\varphi r\sin\theta)}{\partial\theta}-\frac{\partial(a_\theta r)}{\partial\varphi}\right]\boldsymbol{i}_r+\frac{1}{r\sin\theta}\left[\frac{\partial a_r}{\partial\varphi}-\frac{\partial(a_\varphi r\sin\theta)}{\partial r}\right]\boldsymbol{i}_\theta+\\&\frac{1}{r}\left[\frac{\partial(a_\theta r)}{\partial r}-\frac{\partial a_r}{\partial\theta}\right]\boldsymbol{i}_\varphi=\frac{1}{r\sin\theta}\left[\frac{\partial(\sin\theta a_\varphi)}{\partial\theta}-\frac{\partial a_\theta}{\partial\varphi}\right]\boldsymbol{i}_r+\frac{1}{r}\left[\frac{1}{\sin\theta}\frac{\partial a_r}{\partial\varphi}-\frac{\partial(ra_\varphi)}{\partial r}\right]\boldsymbol{i}_\theta+\\&\frac{1}{r}\left[\frac{\partial(ra_\theta)}{\partial r}-\frac{\partial a_r}{\partial\theta}\right]\boldsymbol{i}_\varphi\end{aligned} \tag{1.5.16}$$

调和量的表达式为

$$\Delta f=\nabla^2 f=\frac{1}{r^2\sin\theta}\left[\frac{\partial}{\partial r}\left(r^2\sin\theta\frac{\partial f}{\partial r}\right)+\frac{\partial}{\partial\theta}\left(\sin\theta\frac{\partial f}{\partial\theta}\right)+\frac{\partial}{\partial\varphi}\left(\frac{1}{\sin\theta}\frac{\partial f}{\partial\varphi}\right)\right]=$$

$$\frac{1}{r^2\sin\theta}\left[\sin\theta\frac{\partial}{\partial r}\left(r^2\frac{\partial f}{\partial r}\right)+\frac{\partial}{\partial\theta}\left(\sin\theta\frac{\partial f}{\partial\theta}\right)+\frac{1}{\sin\theta}\frac{\partial^2 f}{\partial\varphi^2}\right] \tag{1.5.17}$$

算符∇的表达式为

$$\nabla=\frac{\partial}{\partial r}\boldsymbol{i}_r+\frac{\partial}{r\partial\theta}\boldsymbol{i}_\theta+\frac{1}{r\sin\theta}\frac{\partial}{\partial\varphi}\boldsymbol{i}_\varphi \tag{1.5.18}$$

1.6　小　　结

1. 矢量代数

(1)矢量的加减运算。

交换律：$\boldsymbol{a}+\boldsymbol{b}=\boldsymbol{b}+\boldsymbol{a}$；

结合律：$\boldsymbol{a}+\boldsymbol{b}+\boldsymbol{c}=(\boldsymbol{a}+\boldsymbol{b})+\boldsymbol{c}=\boldsymbol{a}+(\boldsymbol{b}+\boldsymbol{c})$。

(2)矢量的乘法运算。

结合律：$\lambda(\mu\boldsymbol{a})=\mu(\lambda\boldsymbol{a})=(\lambda\mu\boldsymbol{a})$；

分配律：$(\lambda+\mu)\boldsymbol{a}=\lambda\boldsymbol{a}+\mu\boldsymbol{a}$。

(3)矢量的数量积。

$c=\boldsymbol{a}\cdot\boldsymbol{b}=|\boldsymbol{a}||\boldsymbol{b}|\cos(\boldsymbol{a},\boldsymbol{b})=|\boldsymbol{a}||\boldsymbol{b}|\cos\theta$；

$c=\boldsymbol{a}\cdot\boldsymbol{b}=(a_x,a_y,a_z)\cdot(b_x,b_y,b_z)=(a_xb_x+a_yb_y+a_zb_z)$。

(4)矢量的矢量积。

$|\boldsymbol{a}\times\boldsymbol{b}|=ab\sin(\boldsymbol{a},\boldsymbol{b})$；

$\boldsymbol{a}\times\boldsymbol{b}=(a_1\boldsymbol{e}_1+a_2\boldsymbol{e}_2+a_3\boldsymbol{e}_3)\times(b_1\boldsymbol{e}_1+b_2\boldsymbol{e}_2+b_3\boldsymbol{e}_3)=(a_2b_3-a_3b_2)\boldsymbol{e}_1+(a_3b_1-a_1b_3)\boldsymbol{e}_2+(a_1b_2-a_2b_1)\boldsymbol{e}_3$；

分配律：$\boldsymbol{a}\times(\boldsymbol{b}+\boldsymbol{c})=\boldsymbol{a}\times\boldsymbol{b}+\boldsymbol{a}\times\boldsymbol{c}$；

结合律：$m(\boldsymbol{a}\times\boldsymbol{b})=(m\boldsymbol{a})\times\boldsymbol{b}=\boldsymbol{a}\times(m\boldsymbol{b})=(\boldsymbol{a}\times\boldsymbol{b})m$。

(5)三矢混合积。

$\boldsymbol{a}\cdot(\boldsymbol{b}\times\boldsymbol{c})=\boldsymbol{a}\cdot\boldsymbol{n}|\boldsymbol{b}\times\boldsymbol{c}|=h|\boldsymbol{b}\times\boldsymbol{c}|=$平行六面体高×平行四边形面积=平行六面体的体积。

2. 矢量分析

(1)矢性函数的运算法则。

$\lim\limits_{t\to t_0}u(t)\boldsymbol{A}(t)=\lim\limits_{t\to t_0}u(t)\lim\limits_{t\to t_0}\boldsymbol{A}(t)$；

$\lim\limits_{t\to t_0}[\boldsymbol{A}(t)\pm\boldsymbol{B}(t)]=\lim\limits_{t\to t_0}\boldsymbol{A}(t)\pm\lim\limits_{t\to t_0}\boldsymbol{B}(t)$；

$\lim\limits_{t\to t_0}[\boldsymbol{A}(t)\times\boldsymbol{B}(t)]=\lim\limits_{t\to t_0}\boldsymbol{A}(t)\times\lim\limits_{t\to t_0}\boldsymbol{B}(t)$；

$\lim\limits_{t\to t_0}[\boldsymbol{A}(t)\cdot\boldsymbol{B}(t)]=\lim\limits_{t\to t_0}\boldsymbol{A}(t)\cdot\lim\limits_{t\to t_0}\boldsymbol{B}(t)$。

(2)矢性函数的导数公式。

$\frac{\mathrm{d}}{\mathrm{d}t}\boldsymbol{C}=\boldsymbol{0}$($\boldsymbol{C}$为常矢)；

$$\frac{d}{dt}(\boldsymbol{A}\pm\boldsymbol{B})=\frac{d\boldsymbol{A}}{dt}\pm\frac{d\boldsymbol{B}}{dt};$$

$$\frac{d}{dt}(k\boldsymbol{A})=k\frac{d\boldsymbol{A}}{dt}(k\text{ 为常数});$$

$$\frac{d}{dt}(u\boldsymbol{A})=\frac{du}{dt}\boldsymbol{A}+u\frac{d\boldsymbol{A}}{dt};$$

$$\frac{d}{dt}(\boldsymbol{A}\cdot\boldsymbol{B})=\boldsymbol{A}\cdot\frac{d\boldsymbol{B}}{dt}+\frac{d\boldsymbol{A}}{dt}\cdot\boldsymbol{B};$$

特例，$\frac{d}{dt}\boldsymbol{A}^2=2\boldsymbol{A}\times\frac{d\boldsymbol{A}}{dt}$（其中，$\boldsymbol{A}^2=\boldsymbol{A}\times\boldsymbol{A}$）；

$$\frac{d}{dt}(\boldsymbol{A}\times\boldsymbol{B})=\boldsymbol{A}\times\frac{d\boldsymbol{B}}{dt}+\frac{d\boldsymbol{A}}{dt}\times\boldsymbol{B};$$

$$\frac{d\boldsymbol{A}}{dt}=\frac{d\boldsymbol{A}}{du}\frac{du}{dt}。$$

(3)矢性函数的积分。

$$\int k\boldsymbol{A}(t)dt=k\int\boldsymbol{A}(t)dt;$$

$$\int[\boldsymbol{A}(t)\pm\boldsymbol{B}(t)]dt=\int\boldsymbol{A}(t)dt\pm\int\boldsymbol{B}(t)dt;$$

$$\int u(t)\boldsymbol{a}dt=\boldsymbol{a}\int u(t)dt;$$

$$\int\boldsymbol{a}\cdot\boldsymbol{A}(t)dt=\boldsymbol{a}\cdot\int\boldsymbol{A}(t)dt;$$

$$\int\boldsymbol{a}\times\boldsymbol{A}(t)dt=\boldsymbol{a}\times\int\boldsymbol{A}(t)dt;$$

$$\int_{T_1}^{T_2}\boldsymbol{A}(t)dt=\lim_{\lambda\to0}\sum_{i=0}^{n}\boldsymbol{A}(\xi_i)\Delta t_i;$$

$$\int_{T_1}^{T_2}\boldsymbol{A}(t)dt=\boldsymbol{B}(T_2)-\boldsymbol{B}(T_1);$$

$$\int_{T_1}^{T_2}\boldsymbol{A}(t)dt=\boldsymbol{i}\int_{T_1}^{T_2}A_x(t)dt+\boldsymbol{j}\int_{T_1}^{T_2}A_y(t)dt+\boldsymbol{k}\int_{T_1}^{T_2}A_z(t)dt。$$

3. 场论基础

(1)数量场的方向导数与梯度。

方向导数：$\left.\frac{\partial\varphi}{\partial l}\right|_l=\frac{\partial\varphi}{\partial x}\cos\alpha+\frac{\partial\varphi}{\partial y}\cos\beta+\frac{\partial\varphi}{\partial z}\cos\gamma$；

梯度：$\mathbf{grad}\varphi=\boldsymbol{G}=\left(\frac{\partial\varphi}{\partial x},\frac{\partial\varphi}{\partial y},\frac{\partial\varphi}{\partial z}\right)$。

(2)矢量场的通量与散度。

通量：$\Phi=\iint_\sigma\boldsymbol{A}\cdot d\boldsymbol{\sigma}=\iint_S P\,dydz+Q\,dxdz+R\,dxdy$；

散度：$\mathrm{div}\boldsymbol{a}=\frac{\partial a_x}{\partial x}+\frac{\partial a_y}{\partial y}+\frac{\partial a_z}{\partial z}$；

高斯定理：$\iiint_\Omega\left(\frac{\partial P}{\partial x}+\frac{\partial Q}{\partial y}+\frac{\partial R}{\partial z}\right)dV=\oiint_\Sigma P\,dydz+Q\,dxdz+R\,dxdy$。

(3)矢量场的环量和旋度。

环量：$\Gamma=\oint_{l}\boldsymbol{A}\cdot \mathrm{d}\boldsymbol{l}=\oint_{l}P\mathrm{d}x+Q\mathrm{d}y+R\mathrm{d}z$；

环量面密度：$\lim\limits_{\Delta S\to 0}\dfrac{\Delta\Gamma}{\Delta S}=\lim\limits_{\Delta S\to 0}\dfrac{\oint_{\Delta C}\boldsymbol{a}\cdot \mathrm{d}\boldsymbol{r}}{\Delta S}$；

环量面密度：$\lim\limits_{\Delta S\to 0}\dfrac{\Delta\Gamma}{\Delta S}=\left(\dfrac{\partial a_z}{\partial x_2}-\dfrac{\partial a_y}{\partial x_3}\right)\cos(\boldsymbol{n},x_1)+\left(\dfrac{\partial a_x}{\partial x_3}-\dfrac{\partial a_z}{\partial x_1}\right)\cos(\boldsymbol{n},x_2)+$

$\left(\dfrac{\partial a_y}{\partial x_1}-\dfrac{\partial a_x}{\partial x_2}\right)\cos(\boldsymbol{n},x_3)$；

旋度：$\mathbf{rot}\boldsymbol{a}=\left(\dfrac{\partial a_z}{\partial x_2}-\dfrac{\partial a_y}{\partial x_3}\right)\boldsymbol{e}_1+\left(\dfrac{\partial a_x}{\partial x_3}-\dfrac{\partial a_z}{\partial x_1}\right)\boldsymbol{e}_2+\left(\dfrac{\partial a_y}{\partial x_1}-\dfrac{\partial a_x}{\partial x_2}\right)\boldsymbol{e}_3$；

斯托克斯公式：$\oint_{C}\boldsymbol{a}\cdot \mathrm{d}\boldsymbol{r}=\int_{S}\mathrm{rot}\boldsymbol{a}\cdot \mathrm{d}\boldsymbol{S}$；

哈密顿算子定义：$\nabla\equiv\dfrac{\partial}{\partial x}\boldsymbol{i}+\dfrac{\partial}{\partial y}\boldsymbol{j}+\dfrac{\partial}{\partial z}\boldsymbol{k}$；

梯度：$\mathbf{grad}\varphi=\nabla\varphi$；

散度：$\mathrm{div}\boldsymbol{A}=\nabla\cdot\boldsymbol{A}$；

旋度：$\mathbf{rot}\boldsymbol{A}=\nabla\times\boldsymbol{A}$；

常用公式：

1)$\nabla(cu)=c\nabla u$(c 为常数)；

2)$\nabla\cdot(c\boldsymbol{A})=c\nabla\cdot\boldsymbol{A}$($c$ 为常数)；

3)$\nabla\times(c\boldsymbol{A})=c\nabla\times\boldsymbol{A}$($c$ 为常数)；

4)$\nabla(u\pm v)=\nabla u\pm\nabla v$；

5)$\nabla\cdot(\boldsymbol{A}\pm\boldsymbol{B})=\nabla\cdot\boldsymbol{A}\pm\nabla\cdot\boldsymbol{B}$；

6)$\nabla\times(\boldsymbol{A}\pm\boldsymbol{B})=\nabla\times\boldsymbol{A}\pm\nabla\times\boldsymbol{B}$；

7)$\nabla(uv)=v\nabla u+u\nabla v$；

8)$\nabla\cdot(u\boldsymbol{A})=u\nabla\cdot\boldsymbol{A}+\nabla u\cdot\boldsymbol{A}$；

9)$\nabla\times(u\boldsymbol{A})=u\nabla\times\boldsymbol{A}+\nabla u\times\boldsymbol{A}$；

10)$\nabla(\boldsymbol{A}\cdot\boldsymbol{B})=\boldsymbol{A}\times(\nabla\times\boldsymbol{B})+(\boldsymbol{A}\cdot\nabla)\boldsymbol{B}+\boldsymbol{B}\times(\nabla\times\boldsymbol{A})+(\boldsymbol{B}\cdot\nabla)\boldsymbol{A}$；

11)$\nabla\cdot(\boldsymbol{A}\times\boldsymbol{B})=\boldsymbol{B}\cdot(\nabla\times\boldsymbol{A})-\boldsymbol{A}\cdot(\nabla\times\boldsymbol{B})$；

12)$\nabla\times(\boldsymbol{A}\times\boldsymbol{B})=(\boldsymbol{B}\cdot\nabla)\boldsymbol{A}-(\boldsymbol{A}\cdot\nabla)\boldsymbol{B}-\boldsymbol{B}(\nabla\cdot\boldsymbol{A})+\boldsymbol{A}(\nabla\cdot\boldsymbol{B})$；

13)$\nabla\cdot(\nabla u)=\nabla^2u=\Delta u$($\Delta u$ 为调和量)；

14)$\nabla\times(\nabla u)=0$；

15)$\nabla\cdot(\nabla\times\boldsymbol{A})=0$；

16)$\nabla\times(\nabla\times\boldsymbol{A})=\nabla(\nabla\cdot\boldsymbol{A})-\Delta\boldsymbol{A}$；

17)$\nabla r=\dfrac{\boldsymbol{r}}{r}=\boldsymbol{r}_0$；

18)$\nabla\boldsymbol{r}=3$；

19)$\nabla\times\boldsymbol{r}=\boldsymbol{0}$；

20)$\nabla f(u)=f'(u)\nabla u$；

21) $\nabla f(u,v)=\frac{\partial f}{\partial u}\nabla u+\frac{\partial f}{\partial v}\nabla v$；

22) $\nabla f(r)=\frac{f'(r)}{r}\boldsymbol{r}=f'(r)\boldsymbol{r}_0$；

23) $\nabla\times[f(r)\boldsymbol{r}]=\boldsymbol{0}$；

24) $\nabla\times(r^{-3}\boldsymbol{r})=\boldsymbol{0}(r\neq 0)$；

25) 高斯定理 $\oiint_S \boldsymbol{A}\cdot d\boldsymbol{S}=\iiint_\Omega(\nabla\cdot\boldsymbol{A})dV$；

26) 斯托克斯定理 $\oint_l \boldsymbol{A}\cdot d\boldsymbol{l}=\iint_S(\nabla\times\boldsymbol{A})\cdot d\boldsymbol{S}$。

4. 曲线坐标系

弧长微分：$dS_i=H_i dq_i$；

尺度因子：$H_i=\sqrt{\left(\frac{\partial x}{\partial q_2}\right)^2+\left(\frac{\partial y}{\partial q_2}\right)^2+\left(\frac{\partial z}{\partial q_2}\right)^2}$。

(1)正交曲线坐标系中的梯度、散度、旋度及调和量的表达式。

$$\nabla=\frac{1}{H_1}\frac{\partial}{\partial q_1}\boldsymbol{e}_1+\frac{1}{H_2}\frac{\partial}{\partial q_2}\boldsymbol{e}_2+\frac{1}{H_3}\frac{\partial}{\partial q_3}\boldsymbol{e}_3=\frac{1}{H_i}\frac{\partial}{\partial q_i}\boldsymbol{e}_i;$$

梯度：$\mathbf{grad}\varphi=\frac{1}{H_1}\frac{\partial\varphi}{\partial q_1}\boldsymbol{e}_1+\frac{1}{H_2}\frac{\partial\varphi}{\partial q_2}\boldsymbol{e}_2+\frac{1}{H_3}\frac{\partial\varphi}{\partial q_3}\boldsymbol{e}_3=\left(\frac{1}{H_1}\frac{\partial}{\partial q_1}\boldsymbol{e}_1+\frac{1}{H_2}\frac{\partial}{\partial q_2}\boldsymbol{e}_2+\frac{1}{H_3}\frac{\partial}{\partial q_3}\boldsymbol{e}_3\right)\varphi$；

散度：$\mathrm{div}\boldsymbol{a}=\frac{1}{H_1H_2H_3}\left[\frac{\partial(a_1H_2H_3)}{\partial q_1}+\frac{\partial(a_2H_3H_1)}{\partial q_2}+\frac{\partial(a_3H_1H_2)}{\partial q_3}\right]$；

旋度：$\mathbf{rot}\boldsymbol{a}=\frac{1}{H_2H_3}\left[\frac{\partial(a_3H_3)}{\partial q_2}-\frac{\partial(a_2H_2)}{\partial q_3}\right]\boldsymbol{e}_1+\frac{1}{H_3H_1}\left[\frac{\partial(a_1H_1)}{\partial q_3}-\frac{\partial(a_3H_3)}{\partial q_1}\right]\boldsymbol{e}_2+$

$\frac{1}{H_1H_2}\left[\frac{\partial(a_2H_2)}{\partial q_1}-\frac{\partial(a_1H_1)}{\partial q_2}\right]\boldsymbol{e}_3$；

调和量：$\Delta\varphi=\nabla^2\varphi=\frac{1}{H_1H_2H_3}\left[\frac{\partial}{\partial q_1}\left(\frac{H_2H_3}{H_1}\frac{\partial\varphi}{\partial q_1}\right)+\frac{\partial}{\partial q_2}\left(\frac{H_1H_3}{H_2}\frac{\partial\varphi}{\partial q_2}\right)+\frac{\partial}{\partial q_3}\left(\frac{H_1H_2}{H_3}\frac{\partial\varphi}{\partial q_3}\right)\right]$

(2)柱坐标系中的梯度、散度、旋度及调和量的表达式。

$$\nabla=\frac{\partial}{\partial r}\boldsymbol{i}_r+\frac{\partial}{r\partial\theta}\boldsymbol{i}_\theta+\frac{\partial}{\partial z}\boldsymbol{i}_z;$$

梯度：$\nabla\varphi=\frac{\partial\varphi}{\partial r}\boldsymbol{i}_r+\frac{\partial\varphi}{r\partial\theta}\boldsymbol{i}_\theta+\frac{\partial\varphi}{\partial z}\boldsymbol{i}_z$；

散度：$\nabla\cdot\boldsymbol{a}=\frac{1}{r}\left[\frac{\partial(a_r r)}{\partial r}+\frac{\partial(a_\theta)}{\partial\theta}+\frac{\partial(a_z r)}{\partial z}\right]$；

旋度：$\nabla\times\boldsymbol{a}=\frac{1}{r}\left[\frac{\partial a_z}{\partial\theta}-\frac{\partial(a_\theta r)}{\partial z}\right]\boldsymbol{i}_r+\left[\frac{\partial a_r}{\partial z}-\frac{\partial a_z}{\partial r}\right]\boldsymbol{i}_\theta+\frac{1}{r}\left[\frac{\partial(a_\phi)}{\partial r}-\frac{\partial a_r}{\partial\theta}\right]\boldsymbol{i}_z$

调和量：$\Delta\varphi=\nabla^2\varphi=\frac{1}{r}\left[\frac{\partial}{\partial r}\left(r\frac{\partial\varphi}{\partial r}\right)+\frac{\partial}{\partial\theta}\left(\frac{1}{r}\frac{\partial\varphi}{\partial\theta}\right)+\frac{\partial}{\partial z}\left(r\frac{\partial\varphi}{\partial z}\right)\right]$。

(3)球坐标系中的梯度、散度、旋度及调和量的表达式。

$\nabla=\frac{\partial}{\partial r}\boldsymbol{i}_r+\frac{\partial}{r\partial\theta}\boldsymbol{i}_\theta+\frac{1}{r\sin\theta}\frac{\partial}{\partial\varphi}\boldsymbol{i}_\varphi$；

梯度：$\nabla f=\frac{\partial f}{\partial r}\boldsymbol{i}_r+\frac{1}{r}\frac{\partial f}{\partial\theta}\boldsymbol{i}_\theta+\frac{1}{r\sin\theta}\frac{\partial f}{\partial\varphi}\boldsymbol{i}_\varphi$；

散度：$\nabla \cdot \boldsymbol{a}=\frac{1}{r^2\sin\theta}\left[\frac{\partial(a_r r^2\sin\theta)}{\partial r}+\frac{\partial(a_\theta r\sin\theta)}{\partial\theta}+\frac{\partial(a_\varphi r)}{\partial\varphi}\right]=$

$\frac{1}{\sin\theta}\left[\sin\theta\frac{\partial(r^2 a_r)}{r^2\partial r}+\frac{\partial(\sin\theta a_\theta)}{r\partial\theta}+\frac{\partial a_\varphi}{r\partial\varphi}\right]$；

旋度：$\nabla\times\boldsymbol{a}=\frac{1}{r\sin\theta}\left[\frac{\partial(\sin\theta a_\varphi)}{\partial\theta}-\frac{\partial a_\theta}{\partial\varphi}\right]\boldsymbol{i}_r+\frac{1}{r}\left[\frac{1}{\sin\theta}\frac{\partial a_r}{\partial\varphi}-\frac{\partial(r a_\varphi)}{\partial r}\right]\boldsymbol{i}_\theta+$

$\frac{1}{r}\left[\frac{\partial(r a_\theta)}{\partial r}-\frac{\partial a_r}{\partial\theta}\right]\boldsymbol{i}_\varphi$；

调和量：$\Delta f=\nabla^2 f=\frac{1}{r^2\sin\theta}\left[\frac{\partial}{\partial r}\left(r^2\sin\theta\frac{\partial f}{\partial r}\right)+\frac{\partial}{\partial\theta}\left(\sin\theta\frac{\partial f}{\partial\theta}\right)+\frac{\partial}{\partial\varphi}\left(\frac{1}{\sin\theta}\frac{\partial f}{\partial\varphi}\right)\right]=$

$\frac{1}{r^2\sin\theta}\left[\sin\theta\frac{\partial}{\partial r}\left(r^2\frac{\partial f}{\partial r}\right)+\frac{\partial}{\partial\theta}\left(\sin\theta\frac{\partial f}{\partial\theta}\right)+\frac{1}{\sin\theta}\frac{\partial^2 f}{\partial\varphi^2}\right]$。

习　　题

1. 设 $\boldsymbol{a}(t)$、$\boldsymbol{b}(t)$、$\boldsymbol{c}(t)$ 均为 t 的可微函数，计算 $\frac{\mathrm{d}}{\mathrm{d}t}[\boldsymbol{a}\times(\boldsymbol{b}\times\boldsymbol{c})]$。

2. 求曲线 $x=a\sin^2 t, y=a\sin 2t, z=a\cos t$，在 $t=\frac{\pi}{4}$ 处的切矢量。

3. 设 $\varphi(M)=x^3-3xyz^2+y^3z+2x+y+4z$，通过引入梯度概念求函数 $\varphi(M)$ 在点 $M_0(1,2,3)$ 处沿矢量 $\boldsymbol{a}=(yz,zx,xy)$ 方向的变化速率。

4. 试分析 div(rot$\boldsymbol{a}$)，**rot**(**grad**φ) 分别是什么性质的场（提示：首先证明它们恒等于零，然后试分析）。

5. 设有矢性函数 $\boldsymbol{F}(M)=f(r)\boldsymbol{r}$，$\boldsymbol{r}$ 是矢径，$r=|\boldsymbol{r}|$，若该函数为无源场，求解其所需要满足的条件。

6. 证明：若 $\boldsymbol{A}$、$\boldsymbol{B}$ 无旋，则 $\boldsymbol{A}\times\boldsymbol{B}$ 无源。

7. 证明：$\nabla\times(u\boldsymbol{A})=u\nabla\times\boldsymbol{A}+\nabla u\times\boldsymbol{A}$。

8. 证明：$\mathbf{rot}(\boldsymbol{c}\times\boldsymbol{r})=2\boldsymbol{c}$，$\boldsymbol{c}$ 是常矢。

9. 求 div $\frac{\boldsymbol{r}}{|\boldsymbol{r}|}$，$\boldsymbol{r}$ 是矢径。

10. 设 $\boldsymbol{a}=(-3cr^2\cos\theta, cr^2\sin\theta, 2cr^2)$，$c$ 为常数。对于该矢性函数在圆柱坐标系中，判断是否存在势函数，若存在势函数，试求该势函数。

11. 在圆柱坐标系下，有函数 $u(r,\theta,z)=\rho^2\cos\theta+z^2\sin\theta$，试求 $\boldsymbol{A}=\mathbf{grad}u$，进一步求和 div$\boldsymbol{A}$。

12. 在球坐标系下，已知 $u(r,\theta,\varphi)=2\sin\theta+r^2\cos\varphi$，求 ∇u。

第 2 章　无黏可压缩流动的控制方程

2.1　运算符号

δ:不精确的微分

∇ :微分算子

$\frac{\partial}{\partial()}$:对()的偏微分

$\frac{\mathrm{D}()}{\mathrm{D}t}$:实质导数(随流导数),即跟踪流体微团运动的导数

在笛卡儿坐标系中的矢量算子:

$\boldsymbol{A}=A_x\boldsymbol{i}+A_y\boldsymbol{j}+A_z\boldsymbol{k}$

$\boldsymbol{B}=B_x\boldsymbol{i}+B_y\boldsymbol{j}+B_z\boldsymbol{k}$

$\boldsymbol{A}\cdot\boldsymbol{B}=A_xB_x+A_yB_y+A_zB_z$

$$\boldsymbol{A}\times\boldsymbol{B}=\begin{vmatrix}\boldsymbol{i} & \boldsymbol{j} & \boldsymbol{k}\\ A_x & A_y & A_z\\ B_x & B_y & B_z\end{vmatrix}=(A_yB_z-A_zB_y)\boldsymbol{i}+(A_zB_x-A_xB_z)\boldsymbol{j}+(A_xB_y-A_yB_x)\boldsymbol{k}$$

$$\nabla=\frac{\partial}{\partial x}\boldsymbol{i}+\frac{\partial}{\partial y}\boldsymbol{j}+\frac{\partial}{\partial z}\boldsymbol{k}$$

$$\nabla\varphi=\mathbf{grad}\varphi=\frac{\partial\varphi}{\partial x}\boldsymbol{i}+\frac{\partial\varphi}{\partial y}\boldsymbol{j}+\frac{\partial\varphi}{\partial z}\boldsymbol{k}$$

$$\nabla\cdot\boldsymbol{A}=\mathrm{div}\boldsymbol{A}=\frac{\partial A_x}{\partial x}+\frac{\partial A_y}{\partial y}+\frac{\partial A_z}{\partial z}$$

$$\nabla\times\boldsymbol{A}=\mathbf{curl}\boldsymbol{A}=\begin{vmatrix}\boldsymbol{i} & \boldsymbol{j} & \boldsymbol{k}\\ \frac{\partial}{\partial x} & \frac{\partial}{\partial y} & \frac{\partial}{\partial z}\\ A_x & A_y & A_z\end{vmatrix}=\left(\frac{\partial A_z}{\partial y}-\frac{\partial A_y}{\partial z}\right)\boldsymbol{i}+\left(\frac{\partial A_x}{\partial z}-\frac{\partial A_z}{\partial x}\right)\boldsymbol{j}+\left(\frac{\partial A_y}{\partial x}-\frac{\partial A_x}{\partial y}\right)\boldsymbol{k}$$

$$\frac{\mathrm{D}()}{\mathrm{D}t}=\frac{\partial()}{\partial t}+v_x\frac{\partial()}{\partial x}+v_y\frac{\partial()}{\partial y}+v_z\frac{\partial()}{\partial z}$$

$\boldsymbol{i}\cdot\boldsymbol{j}=\boldsymbol{i}\cdot\boldsymbol{k}=\boldsymbol{j}\cdot\boldsymbol{k}=0$

$\boldsymbol{i}\cdot\boldsymbol{i}=\boldsymbol{j}\cdot\boldsymbol{j}=\boldsymbol{k}\cdot\boldsymbol{k}=1$

$\boldsymbol{i}\times\boldsymbol{i}=\boldsymbol{j}\times\boldsymbol{j}=\boldsymbol{k}\times\boldsymbol{k}=\mathbf{0}$

$\boldsymbol{i}\times\boldsymbol{j}=\boldsymbol{k},\boldsymbol{j}\times\boldsymbol{k}=\boldsymbol{i},\boldsymbol{k}\times\boldsymbol{i}=\boldsymbol{j}$

矢量恒等式:

$\nabla(ab)=a\nabla b+b\nabla a$

$\nabla\cdot(\phi\boldsymbol{A})=\phi\nabla\cdot\boldsymbol{A}+\nabla\phi\cdot\boldsymbol{A}$

$\nabla\times(\phi\boldsymbol{A})=\phi\nabla\times\boldsymbol{A}+\nabla\phi\times\boldsymbol{A}$

$\nabla\cdot(\boldsymbol{A}\times\boldsymbol{B})=(\nabla\times\boldsymbol{A})\cdot\boldsymbol{B}-(\nabla\times\boldsymbol{B})\cdot\boldsymbol{A}$

$\nabla\times(\boldsymbol{A}\times\boldsymbol{B})=(\boldsymbol{B}\cdot\nabla)\boldsymbol{A}-\boldsymbol{B}(\nabla\cdot\boldsymbol{A})+\boldsymbol{A}(\nabla\cdot\boldsymbol{B})-(\boldsymbol{A}\cdot\nabla)\boldsymbol{B}$

$(\boldsymbol{A}\cdot\nabla)\boldsymbol{A}=\nabla\left(\frac{\boldsymbol{A}^2}{2}\right)-\boldsymbol{A}\times(\nabla\times\boldsymbol{A})$

$\nabla\cdot(\nabla\times\boldsymbol{A})=\mathrm{div}\cdot\mathbf{curl}\boldsymbol{A}=0$

$\nabla\times(\nabla\varphi)=\mathbf{curl}\times\mathbf{grad}\varphi=\mathbf{0}$

$\nabla\times(\nabla\times\boldsymbol{A})=\nabla(\nabla\cdot\boldsymbol{A})-\nabla^2\boldsymbol{A}$

$\frac{\mathrm{D}()}{\mathrm{D}t}=\frac{\partial()}{\partial t}+(\nabla\cdot\nabla)()$

斯托克斯定理：$\oint_c\boldsymbol{B}\cdot\mathrm{d}\boldsymbol{l}=\int_A(\nabla\times\boldsymbol{B})\cdot\mathrm{d}\boldsymbol{A}$

散度定理：$\int_A\boldsymbol{B}\cdot\mathrm{d}\boldsymbol{A}=\int_{V_c}(\nabla\cdot\boldsymbol{B})\mathrm{d}V_c$

2.2 引　　言

流体力学分析问题的步骤包括：①物理模型；②数学模型；③边界条件；④求解；⑤分析。本章主要介绍数学模型。在流体力学中，用来描述流体物理状况的基本方程称为控制方程。其建立的基础是下列物理定律：

(1)质量守恒定律(建立连续方程)；

(2)牛顿运动第二定律(建立动量方程)；

(3)热力学第一定律(建立能量方程)；

(4)热力学第二定律(建立熵方程)；

(5)流体的热力参数，可从流体的参数表、经验方程或理想化的模型得到。例如：对于完全气体这样的理想模型，理想气体状态方程可以说明热力参数间的关系：$pV=nRT$。

对于流体，应用上述定律推导可得到多个不同控制方程(数学表达式)，将这些控制方程有机地组合起来，就可得到关于指定流体变量之间的关系。需要说明的是，对于一些情况，不必用到上述所有的控制方程。

本章主要应用前4条定律推导流体流动控制方程的普遍形式，以掌握描述流体流动的普遍方程。必须说明，推导针对的是刚性的、非加速的(即惯性的)控制体，而且假设所研究的流体满足连续介质的要求(除非明确说明相反的情况)。推导控制方程时，首先推导积分形式，这种形式具有普遍性，可应用于任何形式的流动中；然后推导相应的微分形式，其可应用于无黏可压缩绝热流动情况。

本章推导的控制方程是本书其余各章推演和分析方法的基础。

2.3 连续介质的数学描述

在推导流体流动控制方程之前，必须明确诸如连续性、系统、控制体、控制面、外延和内涵参数、参数场、拉格朗日和欧拉流动描述以及实质导数等概念。

2.3.1 连续性假设

流体定义为在剪应力作用下能够产生连续形变的物质。需要指出的是，这个定义的前提是流体处于静止状态时不存在剪应力。按照传统的物质形态划分，气体和液体均为流体。

实际上，流体是由大量微小的分子或原子组成的，而且每个分子都在不断地做无规则热运动。对于流体运动来说，用微观的研究方法太烦琐。气体动力学研究的是流体宏观运动，一般把流体看作连续的介质。连续性假设的内容是，流体充满一个容积时，不留任何自由的空隙，即没有真空的地方也不考虑分子的微观运动。

绝大多数工程研究仅关注流体的宏观或总体特性，而不必过多关心流体微观或分子特性，流体微观特性对宏观的影响通过简单模型实现。当分子的平均自由程 l 和所要研究的物体的特征尺寸 L 相比非常小时，把流体看作是连续介质是合理的。通常认为，当 $l/L \geqslant 0.01$ 时，连续介质模型不再适用。需要说明的是，本书内容基于连续性假设的前提。

引入连续性假设的好处在于不必过分关心流体的微观运动，而把重点置于流体的宏观运动，这样使得问题的处理得到简化。

2.3.2 系统、控制体和控制面

所谓系统(又称体系)，是指一个指定的均匀物质集合，即指定的流体微团。质量既可以进入系统，也可以离开系统。系统以外的物质称为环境。控制流动过程的基本定律是对系统而言的。图 2－1 所示为在空间中运动的不同时刻的系统。

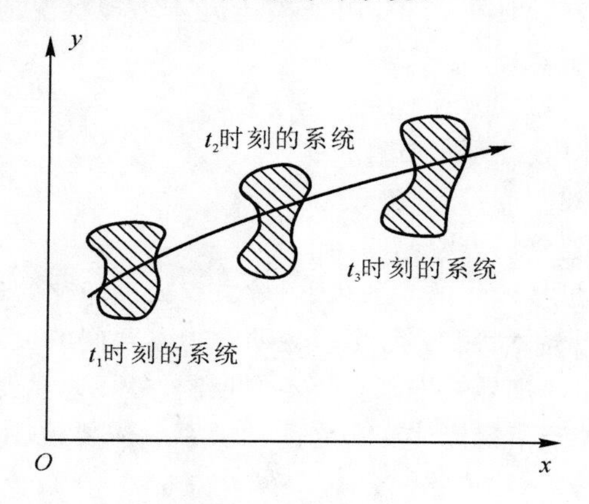

图 2－1 在空间运动的系统

控制体是指流场中某一确定的空间区域，即流体可以通过控制体进行流动。通常，控制体可以改变形状和空间位置。然而，本书仅研究刚性控制体，如果控制体是运动的，则假设它仅做匀速运动，也就是研究无加速度或无惯性力的控制体。

控制面是指完全包围控制体的假想可渗透表面。图 2－2(a)说明在流动的流体中隔离出控制体时，系统、控制体和控制面的概念。图 2－2(b)说明控制面与一个或多个流体不能穿过的固体边界面接触的情况。当然，对于既不与固体边界接触，又不平行于流体速度矢量 $\boldsymbol{v}$ 的部分控制表面 A，流体是可以流过的。

注意：惯性坐标系包括原始惯性坐标系和导出惯性坐标系。原始惯性坐标系由相对于指定的某些位置固定的刚性轴系组成，导出惯性坐标系由相对于原始惯性坐标系以等速和无旋

转运动的轴系组成。当选用参考惯性坐标系时,牛顿运动三大定律将有最简单的表达形式。

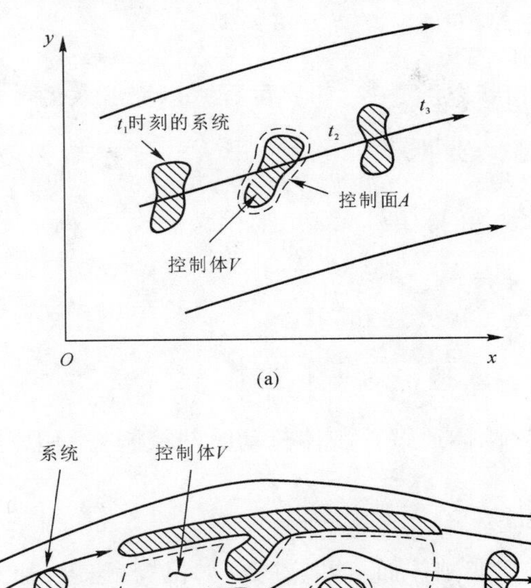

(a)

(b)

图 2-2　系统、控制面和控制体之间的关系

(a)在流动的流体中,无固体边界时的系统、控制面和控制体;(b)出现固体边界时的系统、控制面和控制体

2.3.3　外延和内涵参数

外延参数是针对所研究系统,其数值与质量有关(或取决于质量值)的参数,如系统的容积、系统的质量以及系统的动量等。在本书中,外延参数尽可能用大写字母表示,如 U 表示内能,S 表示熵等。质量是例外,考虑表达的习惯,虽然它是外延参数,但依然用小写字母 m 表示。通用的外延参数用符号 N 表示。

内涵参数是针对所研究系统,其数值与质量无关的参数。内涵参数有两类:第一类是像压力、温度这样的参数,它们明显与所包含的质量无关,仅与整个系统的状态有关,是表征系统状态的数值。第二类内涵参数是外延参数与质量的比值(即单位质量的值),如比内能 u(单位质量的内能)、比熵 s(单位质量的熵)及比焓 h(单位质量的焓)等,第二类内涵参数通常用小写字母表示。通用内涵参数用符号 n 表示。对于满足连续介质假设的系统,通用内涵参数 n 定义为

$$n=\lim_{\Delta m\to 0}\frac{\Delta N}{\Delta m}=\frac{\mathrm{d}N}{\mathrm{d}m}$$

其中:ΔN 为微元系统的外延参数,Δm 为微元系统的质量。

因此,对于系统,通用外延参数 N 的值可表达为

$$N=\int_{系统} n\mathrm{d}m$$

因为密度定义为 $\rho=\mathrm{d}m/\mathrm{d}V_c$,即 $\mathrm{d}m=\rho\mathrm{d}V_c$,则上式变为

$$N = \int_{V_c} n\rho \mathrm{d}V_c$$

式中：V_c 为系统所占体积。

对于与流动着的流体相联系的参数，如质量、动量、储能及熵等，其相应的 N 和 n 的值为

$$质量 = m = \int_{V_c} \rho \mathrm{d}V_c \quad (n = 1)$$

$$动量 = m = \int_{V_c} \boldsymbol{v}\rho \mathrm{d}V_c \quad (n = \boldsymbol{v})$$

$$储能 = E = \int_{V_c} e\rho \mathrm{d}V_c \quad (n = e = u + \frac{v^2}{2} + gz)$$

$$熵 = S = \int_{V_c} s\rho \mathrm{d}V_c \quad (n = s)$$

以上关系式在下面推导流体通过控制体流动时的控制方程中需要用到。

2.3.4 参数场

在刚体动力学中，对质点或刚体而言，其参数（如位置、速度、加速度等）均用时间的函数来描述。例如质点的位置（$x(t)$，$y(t)$，$z(t)$）、质点的速度 $\boldsymbol{v}(t)$ 和加速度 $\boldsymbol{a}(t)$。

在流体动力学中，由于流体与刚体存在差异，流体是可变形的，而且流动的流体中包含数目极大且具有相对运动特征的微团，因此，采用刚体动力学中所用的描述刚体参数的方法来描述流体参数在流体动力学中是不切实际的。

在流体动力学中，为了表示不同流体微团，引入空间参数来表示出发于不同位置的流体微团；为了表示流体微团具有的物理量随时间的变化，引入时间参数。例如 $v_x = v_x(x,y,z,t)$，$v_y = v_y(x,y,z,t)$，$v_z = v_z(x,y,z,t)$，$\boldsymbol{M} = M(x,y,z,t)$。

对流动的流体所具有的参数（以下简称流体参数），需要用空间位置和时间位置共同来描述。由于流动参数是指定空间的时间参数，该参数也表明了给出位置上流体微团所具有的参数，应注意的是这样的参数场具有双重性质：①参数分布（与欧拉法对应）；②具体微团具有的参数（与拉格朗日法对应）。该参数本质为参数场的概念，这样通过参数场的引入就可以简化并准确地描述流体运动。

所谓参数场就是给定空间中参数的分布，其描述了参数在给定空间中随时间变化的规律。例如，速度场就是速度矢量 $\boldsymbol{v}$ 在空间 x、y、z 中 t 时刻的分布，其描述了速度矢量 $\boldsymbol{v}$ 在空间 x、y、z 中随时间 t 的变化规律，可表示为 $\boldsymbol{v}(x,y,z,t)$。人为确立参数场的概念有助于推演描述流体运动的数学公式。

有了参数场的概念，就不需要对每一个流体微团使用形如 $\boldsymbol{v}_i = \boldsymbol{v}_i(t)$ 的参数来描述，而是对流场中每一个空间位置给予 $\boldsymbol{v}(x,y,z,t)$ 的值，这样，就可以通过研究参数场 $\boldsymbol{v}$ 来研究流体运动，而不是对每一个流体微团进行研究。

2.3.5 系统法或拉格朗日法

系统法或拉格朗日法是研究流体运动的方法之一。拉格朗日法的出发点是将流体看成无限多个流体微团组成的质点系，着手研究单个流体微团，并跟踪单个流体微团的运动历程，即它们位置随时间的变化规律，进一步得到该单个流体微团的速度、加速度等参数随时间的变化

情况，然后再把所有流体微团的运动情况综合起来，得到整个流体的运动情况。该方法的实质是质点动力学研究方法的延续。系统法可用一个简单例子说明，每个流体质点好比一架飞机，通过在每架飞机上安排一个观察员跟踪每架飞机的航线，再对所有观察员观察的每架飞机数据进行统计分析，就明晰了整个机群的动向。

如图 2-3 所示，跟踪单个流体微团路径的研究方法称为系统法或拉格朗日法。

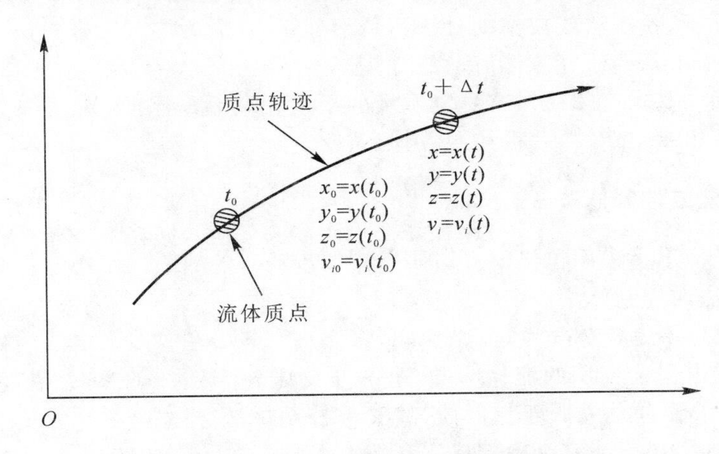

图 2-3　研究流体运动的系统或拉格朗日法

采用系统法研究流体流动时遇到的第一个问题是如何在数学上区分大量流体微团，即流体微团的标注。通常的做法是用流体微团起始瞬间（或其他给定瞬间）的位置坐标 a、b、c 来区分（标注）不同流体微团。这样不同的一组(a,b,c)就代表不同的流体质点。

采用系统法研究流体流动的第二个问题是用什么方程来描述流体的运动。通常的做法是用流体微团在空间中的位置坐标随时间的变化来描述流体质点的运动。

当时间改变时，微团在空间中的位置坐标(x,y,z)是参数 a、b、c 和时间 t 的函数，即

$$\left.\begin{aligned} x&=x(a,b,c,t)\\ y&=y(a,b,c,t)\\ z&=z(a,b,c,t)\end{aligned}\right\} \tag{2.3.1}$$

式(2.3.1)描述了流体运动规律，称为流体质点的运动方程。在式(2.3.1)中，a、b、c 称为拉格朗日法变数。对同一流体微团而言，a、b、c 为常数，不随时间变化。

在式(2.3.1)中，如果固定 a、b、c 而令 t 改变，则得到某一流体质点的运动规律；如果固定 t，而令 a、b、c 改变，则得到同一时刻不同流体质点的运动规律。

流体微团运动的速度 $\boldsymbol{v}$ 在直角坐标系中的三个分量为

$$\begin{cases} v_x=\dfrac{\partial x(a,b,c,t)}{\partial t}\\ v_y=\dfrac{\partial y(a,b,c,t)}{\partial t}\\ v_z=\dfrac{\partial z(a,b,c,t)}{\partial t}\end{cases}$$

流体微团运动的加速度 $\boldsymbol{a}$ 在直角坐标系中的三个分量为

$$\begin{cases} a_x=\dfrac{\partial v(a,b,c,t)}{\partial t} \\ a_y=\dfrac{\partial v(a,b,c,t)}{\partial t} \\ a_z=\dfrac{\partial v(a,b,c,t)}{\partial t} \end{cases}$$

在大多数情况下，系统法或拉格朗日法不是十分有用，因为要跟踪数目巨大的流体微团非常困难，所以需要探求新的研究流体流动的方法。

控制流体流动的基本定律总与有一定质量的系统相联系。因此，对系统必须用系统法或拉格朗日法才能写出基本定律，获得控制方程。

2.3.6 欧拉法或控制体法

上一小节已经指出了采用拉格朗日法研究流体运动时的缺陷。本小节将介绍一种较为便捷的方法，即欧拉法或控制体法。

欧拉法的着眼点不是流体质点，而是空间，将注意力集中在空间指定的容积，即控制体上，研究并确定流经或占据该容积的流体参数，进一步确定整个流体的参数，获得流体流动的规律。如图 2-4 所示，欧拉法着眼于控制体，故又称控制体法。欧拉法摆脱了跟踪研究流体微团的需要，利用场的描述就能完全确定流体参数。

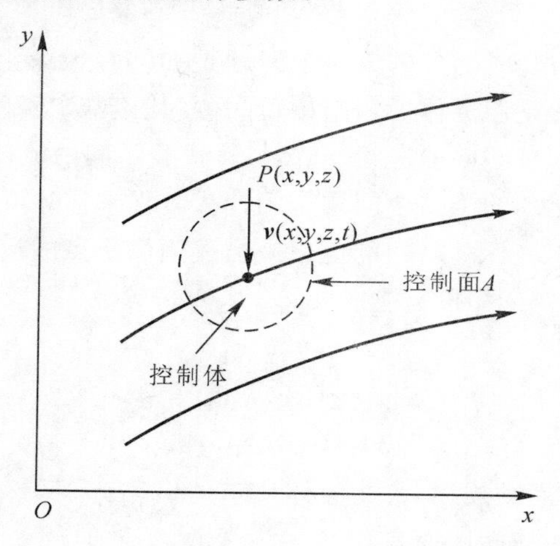

图 2-4　研究流体运动的欧拉法或控制体法

例如：速度场 $\boldsymbol{v}(x,y,z,t)$，从场的观点出发，其表示了给定空间、给定时刻速度参数分布；从欧拉观点出发，就表示了流体微团流动过程中，流经点 $P(x,y,z)$ 处在时间 t 时的流体微团的速度。这样，当速度场 $\boldsymbol{v}(x,y,z,t)$ 已知，单个微团的轨迹就可通过速度场探究，从而使单个微团的参数得以确定。

在欧拉观点中，描述流体质点运动规律的方程就是流体的速度方程，在直角坐标系中的表达式为

$$\left.\begin{aligned} v_x&=v_x(x,y,z,t) \\ v_y&=v_y(x,y,z,t) \\ v_z&=v_z(x,y,z,t) \end{aligned}\right\} \tag{2.3.2}$$

要完全描述运动流体的状态还需要给出下列表示状态的方程：

$$\begin{cases} p = p(x, y, z, t) \\ \rho = \rho(x, y, z, t) \\ T = T(x, y, z, t) \end{cases}$$

其中：变数 x、y、z、t 称为欧拉变数。

当速度已知后，出发于不同点［出发点用坐标(x_0，y_0，z_0)表示］的单个微团的轨迹按照如下公式计算。

$$\begin{cases} v_x = \dfrac{\mathrm{d}x}{\mathrm{d}t} \\ v_y = \dfrac{\mathrm{d}y}{\mathrm{d}t} \\ v_z = \dfrac{\mathrm{d}z}{\mathrm{d}t} \end{cases} \Rightarrow \begin{cases} x = x_0 + \displaystyle\int_{t_0}^{t} v_x \mathrm{d}t \\ y = y_0 + \displaystyle\int_{t_0}^{t} v_y \mathrm{d}t \\ z = z_0 + \displaystyle\int_{t_0}^{t} v_z \mathrm{d}t \end{cases}$$

对于式(2.3.2)，如果固定 x、y、z 而令 t 改变，则式(2.3.2)中的函数代表了空间中某固定点上速度随时间的变化规律；如果固定 t，而令 x、y、z 改变，则代表了速度在空间中的分布。

需要指出，对于式(2.3.2)的速度函数是定义在空间中的，它是空间坐标(x，y，z)的函数，其在数学上表示了一个场，因此，对流体速度研究归结于对场的研究。

在大多数流动情况下，并不需要关心单个微团的详细信息，因此，欧拉法是完全适合工程运用的方法。

总之，要讨论有关流动流体的质量、力、热、功、焓、熵等概念，要导出控制方程，必须针对一定的系统采用拉格朗日法进行研究。但拉格朗日法的使用存在一定困难，而控制体又不能用作导出控制方程的直接对象，因此，需要把二者结合起来，找出欧拉法和拉格朗日法之间的关系，使基本定律能用控制体的变量来表达。

2.3.7　实质导数

由于流体运动的控制方程针对流体微团(系统)才可用，因此，首先需要解决利用流动参数的场(即参数场)来表达流体微团参数对时间的导数，然后，找出拉格朗日法与欧拉法之间的联系。

在参数场中，流动参数对时间的导数称为流动参数的实质导数，也称为物质导数或微团导数，并以 D()/Dt 表示。

图 2-5 是在笛卡儿坐标系下对拉格朗日空间中单个流体微团运动过程的说明。

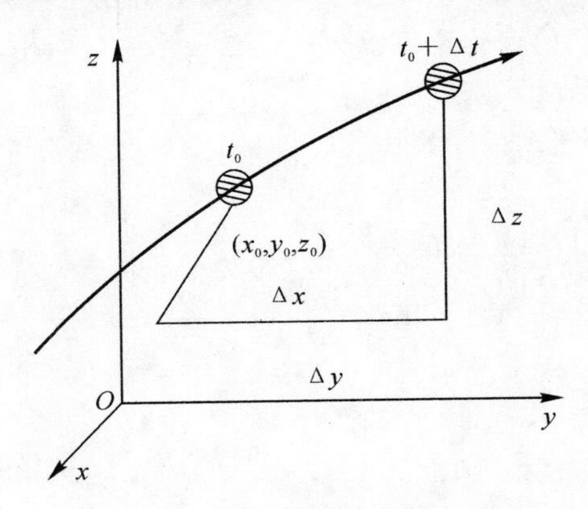

图 2-5　拉格朗日空间

假设 t_0 时刻，流体微团位于 (x_0, y_0, z_0) 处，此时，流体具有物理量为 N；经 Δt 时间，流体微团运动到 $(x_0+\Delta x, y_0+\Delta y, z_0+\Delta z)$，流体微团具有物理量为 $(N+\Delta N)$。

在此用 N 可表示系统的任意外延参数。

在参数场中，N 用 $N(x,y,z,t)$ 表示。在拉格朗日空间中，流体微团的坐标 (x,y,z) 也是时间的函数，即

$$x=x(t),y=y(t),z=z(t)$$

因此，对用拉格朗日空间表示的系统任意外延参数的表示法，与在参数场中的表示方式一样，也就是 $N(x,y,z,t)$。

经过时间增量 Δt，外延参数 N 的变化可用泰勒级数的一次项来近似。这样

$$\Delta N_{系统}=N(t+\Delta t)-N(t)=\left(\frac{\partial N}{\partial x}\right)_t\Delta x+\left(\frac{\partial N}{\partial y}\right)_t\Delta y+\left(\frac{\partial N}{\partial z}\right)_t\Delta z+\left(\frac{\partial N}{\partial t}\right)_t\Delta t \quad (2.3.3)$$

以 Δt 除式(2.3.3)，并取当 Δt 趋近于零的极限，可得系统在时间 t 时任意外延参数 N 的时间变化率，即

$$\left(\frac{\mathrm{d}N}{\mathrm{d}t}\right)_{系统,t}=\lim_{\Delta t\to 0}\frac{N(t+\Delta t)-N(t)}{\Delta t} \quad (2.3.4)$$

在拉格朗日空间中，对系统，因为 $x=x(t)$，所以有

$$\lim_{\Delta t\to 0}\left(\frac{\Delta x}{\Delta t}\right)_{系统}=\left(\frac{\mathrm{d}x}{\mathrm{d}t}\right)_{系统}=v_x(t) \quad (2.3.5)$$

其中：$v_x(t)$ 是在时间 t，沿 x 方向的微团速度。

对式(2.3.3)中第二个等号右边的第二和第三项，采用类似的办法，可以得到 $v_y(t)$ 和 $v_z(t)$，它们分别表示沿 y 方向和沿 z 方向的速度分量，这样，式(2.3.4)转变为

$$\left(\frac{\mathrm{d}N}{\mathrm{d}t}\right)_{系统,t}=\left(\frac{\partial N}{\partial t}\right)+v_x\left(\frac{\partial N}{\partial x}\right)+v_y\left(\frac{\partial N}{\partial y}\right)+v_z\left(\frac{\partial N}{\partial z}\right) \quad (2.3.6)$$

用式(2.3.6)表示的导数就是任意外延参数 N 的实质导数。例如，用专门符号 $\mathrm{D}()/\mathrm{D}t$ 表示，则任意外延参数 N 的实质导数为

$$\frac{\mathrm{D}N}{\mathrm{D}t}\equiv\left(\frac{\partial N}{\partial t}\right)+v_x\left(\frac{\partial N}{\partial x}\right)+v_y\left(\frac{\partial N}{\partial y}\right)+v_z\left(\frac{\partial N}{\partial z}\right) \quad (2.3.7)$$

式(2.3.7)右侧的第一项由可能出现的非定常流动产生，称为当地变化率；后三项中的每一项由流场中微团位置的变化产生，称为迁移变化率。

从实质导数的推演得知，流动参数的实质导数说明了在笛卡儿坐标系下，拉格朗日空间中，流体微团的物理量随时间的变化率可以表达成参数场中每一个流动参数的瞬时变化率，其说明了系统和参数场之间存在的某种联系。

因为参数场可直接用于流动的欧拉描述，所以实质导数说明了流体流动中拉格朗日法与欧拉法之间存在的某种联系。

由实质导数可以抽象出以下形式的算符：

$$\frac{\mathrm{D}()}{\mathrm{D}t}=\frac{\partial()}{\partial t}+v_x\frac{\partial()}{\partial x}+v_y\frac{\partial()}{\partial y}+v_z\frac{\partial()}{\partial z}$$

应用矢量符号，实质导数可表示为

$$\frac{\mathrm{D}()}{\mathrm{D}t}\equiv\frac{\partial()}{\partial t}+(\boldsymbol{v}\cdot\boldsymbol{\nabla})()$$

上述表达式中，$\boldsymbol{v}$ 和 $\boldsymbol{\nabla}$ 间的点表示标量积符号，必须保留。符号 $\boldsymbol{\nabla}$ 称为微分算子，在笛卡儿

坐标系中定义为

$$\nabla=\frac{\partial}{\partial x}\boldsymbol{i}+\frac{\partial}{\partial y}\boldsymbol{j}+\frac{\partial}{\partial z}\boldsymbol{k}$$

2.4　加速度表达式

加速度 $\boldsymbol{a}$ 是流体微团运动速度 $\boldsymbol{v}$ 随流体流动时的时间变化率，故 $\boldsymbol{a}$ 是 $\boldsymbol{v}$ 的实质导数，则有

$$\boldsymbol{a}=\frac{\mathrm{D}\boldsymbol{v}}{\mathrm{D}t}=\frac{\partial\boldsymbol{v}}{\partial t}+(\boldsymbol{v}\cdot\nabla)\boldsymbol{v} \tag{2.4.1}$$

这是一个加速度的矢量表达式，具有普遍的适应性，适用于任何坐标系。$\frac{\partial\boldsymbol{v}}{\partial t}$称为当地加速度，$(\boldsymbol{v}\cdot\nabla)\boldsymbol{v}$ 称为迁移加速度。

2.4.1　加速度在直角坐标系中的表达式

在直角坐标系中，通过式(2.4.1)来推导加速度的表达式。

在直角坐标系中：

$$\boldsymbol{v}=v_x\boldsymbol{i}+v_y\boldsymbol{j}+v_z\boldsymbol{k}$$

$$\frac{\partial\boldsymbol{v}}{\partial t}=\frac{\partial v_x}{\partial t}\boldsymbol{i}+\frac{\partial v_y}{\partial t}\boldsymbol{j}+\frac{\partial v_z}{\partial t}\boldsymbol{k}$$

$$\boldsymbol{v}\cdot\nabla=(v_x\boldsymbol{i}+v_y\boldsymbol{j}+v_z\boldsymbol{k})\cdot\left(\frac{\partial}{\partial x}\boldsymbol{i}+\frac{\partial}{\partial y}\boldsymbol{j}+\frac{\partial}{\partial z}\boldsymbol{k}\right)=v_x\frac{\partial}{\partial x}+v_y\frac{\partial}{\partial y}+v_z\frac{\partial}{\partial z} \tag{2.4.2}$$

将式(2.4.2)代入式(2.4.1)中得加速度表达式为

$$\boldsymbol{a}=\frac{\partial\boldsymbol{v}}{\partial t}+\left(v_x\frac{\partial}{\partial x}+v_y\frac{\partial}{\partial y}+v_z\frac{\partial}{\partial z}\right)\boldsymbol{v}=\frac{\partial\boldsymbol{v}}{\partial t}+v_x\frac{\partial\boldsymbol{v}}{\partial x}+v_y\frac{\partial\boldsymbol{v}}{\partial y}+v_z\frac{\partial\boldsymbol{v}}{\partial z}=\left(\frac{\partial v_x}{\partial t}+v_x\frac{\partial v_x}{\partial x}+v_y\frac{\partial v_x}{\partial y}+v_z\frac{\partial v_x}{\partial z}\right)\boldsymbol{i}+$$

$$\left(\frac{\partial v_y}{\partial t}+v_x\frac{\partial v_y}{\partial x}+v_y\frac{\partial v_y}{\partial y}+v_z\frac{\partial v_y}{\partial z}\right)\boldsymbol{j}+\left(\frac{\partial v_z}{\partial t}+v_x\frac{\partial v_z}{\partial x}+v_y\frac{\partial v_z}{\partial y}+v_z\frac{\partial v_z}{\partial z}\right)\boldsymbol{k} \tag{2.4.3}$$

也可将式(2.4.3)写成沿 x、y、z 方向的分量形式，为

$$\left.\begin{aligned}a_x&=\frac{\mathrm{D}v_x}{\mathrm{D}t}=\frac{\partial v_x}{\partial t}+v_x\frac{\partial v_x}{\partial x}+v_y\frac{\partial v_x}{\partial y}+v_z\frac{\partial v_x}{\partial z}\\a_y&=\frac{\mathrm{D}v_y}{\mathrm{D}t}=\frac{\partial v_y}{\partial t}+v_x\frac{\partial v_y}{\partial x}+v_y\frac{\partial v_y}{\partial y}+v_z\frac{\partial v_y}{\partial z}\\a_z&=\frac{\mathrm{D}v_z}{\mathrm{D}t}=\frac{\partial v_z}{\partial t}+v_x\frac{\partial v_z}{\partial x}+v_y\frac{\partial v_z}{\partial y}+v_z\frac{\partial v_z}{\partial z}\end{aligned}\right\} \tag{2.4.4}$$

例 2-1　设速度场的欧拉描述为

$$\boldsymbol{v}(x,y,t)=\mathrm{e}^{xt}\boldsymbol{i}+\mathrm{e}^{yt}\boldsymbol{j}$$

试求在时间 $t=2$ 时，位置(1,2)处微团的加速度。

解：由速度表达式可知，流动为直角坐标系中的二维流动。

由速度表达式亦可知，速度分量为

$$v_x=\mathrm{e}^{xt},v_y=\mathrm{e}^{yt},v_z=0$$

把速度分量代入加速度公式(2.4.3)中，得

$$\boldsymbol{a}=(x\mathrm{e}^{xt}+\mathrm{e}^{xt}\cdot t\mathrm{e}^{xt})\boldsymbol{i}+(y\mathrm{e}^{yt}+\mathrm{e}^{yt}\cdot t\mathrm{e}^{yt})\boldsymbol{j}=\mathrm{e}^{xt}(x+t\mathrm{e}^{xt})\boldsymbol{i}+\mathrm{e}^{yt}(y+t\mathrm{e}^{yt})\boldsymbol{j}$$

将 $t=2,x=1,y=2$ 代入,得题目给定时刻和给定位置处流体微团的加速度为

$$\boldsymbol{a}=e^2(1+2e^2)\boldsymbol{i}+2e^4(1+e^4)\boldsymbol{j}$$

例 2-2 设流体运动以欧拉观点给出,流体运动的速度为 $\boldsymbol{v}=\{ax+t^2,by-t^2,0\}$,试将其转换到拉格朗日观点中去,即求出微团的运动方程。然后用两种观点分别求加速度(设 $t=0$ 时,$x=x_0,y=y_0$)。

解:(1)从拉格朗日观点出发,求流体微团的运动方程。

欧拉观点中的速度场与拉格朗日观点中的矢径相联系,为

$$\boldsymbol{v}=\frac{d\boldsymbol{r}}{dt}=\frac{dx}{dt}\boldsymbol{i}+\frac{dy}{dt}\boldsymbol{j}$$

因此有

$$\frac{dx}{dt}=v_x=ax+t^2,\frac{dy}{dt}=v_y=by-t^2$$

或

$$\frac{dx}{dt}-ax=t^2,\frac{dy}{dt}-by=-t^2$$

注意 x、y 是 t 的函数。以上两式是常微分方程。常微分方程解的公式为

$$\frac{dx}{dt}+P(t)x=Q(t),xe^{\int P dt}=\int Qe^{\int P dt}dt+C$$

并利用积分公式:

$$\int v^n e^{av}dv=\frac{v^n e^{av}}{a}-\frac{n}{a}\int v^{n-1}e^{av}dv$$

$$\int ve^{av}dv=\frac{e^{av}}{a^2}(av-1)$$

可求得

$$x=-\frac{t^2}{a}-\frac{2}{a^2}t-\frac{2}{a^2}+c_1e^{at}$$

$$y=\frac{t^2}{b}+\frac{2}{b^2}t+\frac{2}{b^2}+c_2e^{bt}$$

代入 $t=0$ 时,$x=x_0,y=y_0$,求得常数,有

$$c_1=x_0+\frac{2}{a^2},c_2=y_0-\frac{2}{b^2}$$

这样,流体微团运动方程为

$$\boldsymbol{r}=x\boldsymbol{i}+y\boldsymbol{j}$$

其中:$x=-\dfrac{t^2}{a}-\dfrac{2t}{a^2}-\dfrac{2}{a^2}+x_0e^{at}+\dfrac{2}{a^2}e^{at}$,$y=\dfrac{t^2}{b}+\dfrac{2t}{b^2}+\dfrac{2}{b^2}+y_0e^{bt}-\dfrac{2}{b^2}e^{bt}$。

(2)从拉格朗日观点出发,求流体微团的加速度。

加速度为

$$\boldsymbol{a}=\frac{d^2\boldsymbol{r}}{dt^2}=\frac{d}{dt}\left(\frac{d\boldsymbol{r}}{dt}\right)=\frac{d}{dt}\left(\frac{dx}{dt}\boldsymbol{i}+\frac{dy}{dt}\boldsymbol{j}\right)$$

这时仍要注意,x、y 是 t 的函数,求导得

$$\frac{dx}{dt}=-\frac{2t}{a}-\frac{2}{a^2}+ax_0e^{at}+\frac{2}{a^2}e^{at}-t^2+t^2=a\left(-\frac{t^2}{a}-\frac{2t}{a^2}-\frac{2}{a^2}+x_0e^{at}+\frac{2}{a^2}e^{at}\right)+t^2=ax-t^2=v_x$$

$$\frac{\mathrm{d}y}{\mathrm{d}t}=\frac{2t}{b}+\frac{2}{b^2}+by_0\mathrm{e}^{bt}-\frac{2}{b^2}\mathrm{e}^{at}+t^2-t^2=b\left(\frac{t^2}{b}+\frac{2t}{b^2}+\frac{2}{b^2}+y_0\mathrm{e}^{bt}-\frac{2}{b^2}\mathrm{e}^{bt}\right)-t^2=by-t^2=v_y$$

代入加速度式，得

$$\boldsymbol{a}=\frac{\mathrm{d}}{\mathrm{d}t}[(ax+t^2)\boldsymbol{i}+(by-t^2)\boldsymbol{j}]$$

$$\boldsymbol{a}=\left[\frac{\partial}{\partial t}(ax+t^2)+\frac{\partial}{\partial x}(ax+t^2)\frac{\partial x}{\partial t}\right]\boldsymbol{i}+\left[\frac{\partial}{\partial t}(by-t^2)+\frac{\partial}{\partial y}(by-t^2)\frac{\partial y}{\partial t}\right]\boldsymbol{j}=$$

$$[a^2x+(2+at)t]\boldsymbol{i}+[b^2y-(2+bt)t]\boldsymbol{j}$$

(3)从欧拉观点出发，求流体微团的加速度。

从欧拉观点求加速度可直接利用式(2.4.3)，得

$$\boldsymbol{a}=\frac{\mathrm{D}\boldsymbol{v}}{\mathrm{D}t}=\left(\frac{\partial v_x}{\partial t}+v_x\frac{\partial v_x}{\partial x}+v_y\frac{\partial v_x}{\partial y}\right)\boldsymbol{i}+\left(\frac{\partial v_y}{\partial t}+v_x\frac{\partial v_y}{\partial x}+v_y\frac{\partial v_y}{\partial y}\right)\boldsymbol{j}=$$

$$[a^2x+(2+at)t]\boldsymbol{i}+[b^2y-(2+bt)t]\boldsymbol{j}$$

结论：两种观点求出的加速度相同。

2.4.2　流体加速度在圆柱坐标系中的表达式

已得到流体加速度的矢量通式(2.4.1)为

$$\boldsymbol{a}=\frac{\mathrm{D}\boldsymbol{v}}{\mathrm{D}t}=\frac{\partial\boldsymbol{v}}{\partial t}+(\boldsymbol{v}\cdot\boldsymbol{\nabla})\boldsymbol{v}\tag{2.4.5}$$

设在圆柱坐标系中，三个坐标为 r、θ、z，速度 $\boldsymbol{v}$ 沿三个坐标 r、θ、z 方向的分量为 v_r、v_θ、v_z，三个坐标 r、θ、z 方向的单位切矢量为 $\boldsymbol{i}_r$、$\boldsymbol{i}_\theta$、$\boldsymbol{i}_z$。

速度表达式为

$$\boldsymbol{v}=v_r\boldsymbol{i}_r+v_\theta\boldsymbol{i}_\theta+v_z\boldsymbol{i}_z\tag{2.4.6}$$

在圆柱坐标系中逐项展开式(2.4.5)。

式(2.4.5)第二个等号右边第一项为

$$\frac{\partial\boldsymbol{v}}{\partial t}=\frac{\partial v_r}{\partial t}\boldsymbol{i}_r+\frac{\partial v_\theta}{\partial t}\boldsymbol{i}_\theta+\frac{\partial v_z}{\partial t}\boldsymbol{i}_z\tag{2.4.7}$$

第二项中的

$$(\boldsymbol{v}\cdot\boldsymbol{\nabla})=(v_r\boldsymbol{i}_r+v_\theta\boldsymbol{i}_\theta+v_z\boldsymbol{i}_z)\cdot\left(\frac{\partial}{\partial r}\boldsymbol{i}_r+\frac{1}{r}\frac{\partial}{\partial\theta}\boldsymbol{i}_\theta+\frac{\partial}{\partial z}\boldsymbol{i}_z\right)=v_r\frac{\partial}{\partial r}+\frac{v_\theta}{r}\frac{\partial}{\partial\theta}+v_z\frac{\partial}{\partial z}\tag{2.4.8}$$

则式(2.4.5)第二个等号右边第二项为

$$(\boldsymbol{v}\cdot\boldsymbol{\nabla})\boldsymbol{v}=\left(v_r\frac{\partial}{\partial r}+\frac{v_\theta}{r}\frac{\partial}{\partial\theta}+v_z\frac{\partial}{\partial z}\right)(v_r\boldsymbol{i}_r+v_\theta\boldsymbol{i}_\theta+v_z\boldsymbol{i}_z)=$$

$$\left(v_r\frac{\partial v_r}{\partial r}+\frac{v_\theta}{r}\frac{\partial v_r}{\partial\theta}+v_z\frac{\partial v_r}{\partial z}\right)\boldsymbol{i}_r+v_r\left(v_r\frac{\partial\boldsymbol{i}_r}{\partial r}+\frac{v_\theta}{r}\frac{\partial\boldsymbol{i}_r}{\partial\theta}+v_z\frac{\partial\boldsymbol{i}_r}{\partial z}\right)+$$

$$\left(v_r\frac{\partial v_\theta}{\partial r}+\frac{v_\theta}{r}\frac{\partial v_\theta}{\partial\theta}+v_z\frac{\partial v_\theta}{\partial z}\right)\boldsymbol{i}_\theta+v_\theta\left(v_r\frac{\partial\boldsymbol{i}_\theta}{\partial r}+\frac{v_\theta}{r}\frac{\partial\boldsymbol{i}_\theta}{\partial\theta}+v_z\frac{\partial\boldsymbol{i}_\theta}{\partial z}\right)+$$

$$\left(v_r\frac{\partial v_z}{\partial r}+\frac{v_\theta}{r}\frac{\partial v_z}{\partial\theta}+v_z\frac{\partial v_z}{\partial z}\right)\boldsymbol{i}_z+v_z\left(v_r\frac{\partial\boldsymbol{i}_z}{\partial r}+\frac{v_\theta}{r}\frac{\partial\boldsymbol{i}_z}{\partial\theta}+v_z\frac{\partial\boldsymbol{i}_z}{\partial z}\right)\tag{2.4.9}$$

在式(2.4.9)中，需求出单位矢量 $\boldsymbol{i}_r$、$\boldsymbol{i}_\theta$、$\boldsymbol{i}_z$ 分别对 r、θ、z 的偏导数。上述偏导数求解可通过 $\boldsymbol{i}_r$、$\boldsymbol{i}_\theta$、$\boldsymbol{i}_z$ 与 $\boldsymbol{i}$、$\boldsymbol{j}$、$\boldsymbol{k}$ 之间的关系来实现。

$\boldsymbol{i}_r$、$\boldsymbol{i}_\theta$、$\boldsymbol{i}_z$ 与 $\boldsymbol{i}$、$\boldsymbol{j}$、$\boldsymbol{k}$ 之间的关系如图 2-6 所示。

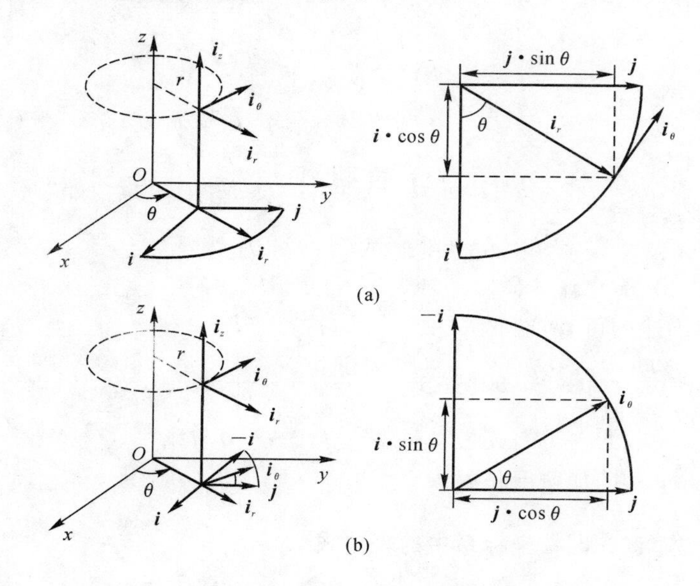

图 2-6　圆柱坐标在直角坐标系中表达式示意图

由图 2-6(a)可得

$$\boldsymbol{i}_r=\cos\theta\boldsymbol{i}+\sin\theta\boldsymbol{j}$$

由图 2-6(b)可得

$$\boldsymbol{i}_\theta=-\sin\theta\boldsymbol{i}+\cos\theta\boldsymbol{j}$$

$$\boldsymbol{i}_r=\boldsymbol{k}$$

另外,分别将 $\boldsymbol{i}_r$、$\boldsymbol{i}_\theta$,$\boldsymbol{i}_z$ 对 r、θ、z 求导数,得

$$\frac{\partial \boldsymbol{i}_r}{\partial r}=\boldsymbol{0},\frac{\partial \boldsymbol{i}_r}{\partial \theta}=-\sin\theta\boldsymbol{i}+\cos\theta\boldsymbol{j}=\boldsymbol{i}_\theta,\frac{\partial \boldsymbol{i}_r}{\partial z}=\boldsymbol{0}$$

$$\frac{\partial \boldsymbol{i}_\theta}{\partial r}=\boldsymbol{0},\frac{\partial \boldsymbol{i}_\theta}{\partial \theta}=-\cos\theta\boldsymbol{i}-\sin\theta\boldsymbol{j}=-\boldsymbol{i}_r,\frac{\partial \boldsymbol{i}_\theta}{\partial z}=\boldsymbol{0}$$

$$\frac{\partial \boldsymbol{i}_z}{\partial r}=\boldsymbol{0},\frac{\partial \boldsymbol{i}_z}{\partial \theta}=\boldsymbol{0},\frac{\partial \boldsymbol{i}_z}{\partial z}=\boldsymbol{0}$$

代入式(2.4.9),并把相同单位矢量的项归类,得

$$\begin{aligned}(\boldsymbol{v}\cdot\boldsymbol{\nabla})\boldsymbol{v}=&\left(v_r\frac{\partial v_r}{\partial r}+\frac{v_\theta}{r}\frac{\partial v_r}{\partial \theta}+v_z\frac{\partial v_r}{\partial z}-\frac{v_\theta^2}{r}\right)\boldsymbol{i}_r+\\&\left(v_r\frac{\partial v_\theta}{\partial r}+\frac{v_\theta}{r}\frac{\partial v_\theta}{\partial \theta}+v_z\frac{\partial v_\theta}{\partial z}+\frac{v_r v_\theta}{r}\right)\boldsymbol{i}_\theta+\\&\left(v_r\frac{\partial v_z}{\partial r}+\frac{v_\theta}{r}\frac{\partial v_z}{\partial \theta}+v_z\frac{\partial v_z}{\partial z}\right)\boldsymbol{i}_z\end{aligned}\tag{2.4.10}$$

将式(2.4.7)与式(2.4.10)合并,得流体加速度在圆柱坐标系中的表达式为

$$\begin{aligned}\boldsymbol{a}=\frac{\mathrm{D}\boldsymbol{v}}{\mathrm{D}t}=&\left(\frac{\partial v_r}{\partial t}+v_r\frac{\partial v_r}{\partial r}+\frac{v_\theta}{r}\frac{\partial v_r}{\partial \theta}+v_z\frac{\partial v_r}{\partial z}-\frac{v_\theta^2}{r}\right)\boldsymbol{i}_r+\\&\left(\frac{\partial v_\theta}{\partial t}+v_r\frac{\partial v_\theta}{\partial r}+\frac{v_\theta}{r}\frac{\partial v_\theta}{\partial \theta}+v_z\frac{\partial v_\theta}{\partial z}+\frac{v_r v_\theta}{r}\right)\boldsymbol{i}_\theta+\end{aligned}$$

$$\left(\frac{\partial v_z}{\partial t}+v_r\frac{\partial v_z}{\partial r}+\frac{v_\theta}{r}\frac{\partial v_z}{\partial \theta}+v_z\frac{\partial v_z}{\partial z}\right)\boldsymbol{i}_z \tag{2.4.11}$$

式中：对时间的偏导数表示速度分量的当地变化率，对坐标的偏导数表示速度分量的迁移变化率，而$-\frac{v_\theta^2}{r}$项表示微团做圆周运动时产生的向心加速度，$\frac{v_r v_\theta}{r}$项表示 v_r 方向改变时产生的切向附加加速度，如图 2-7 所示。

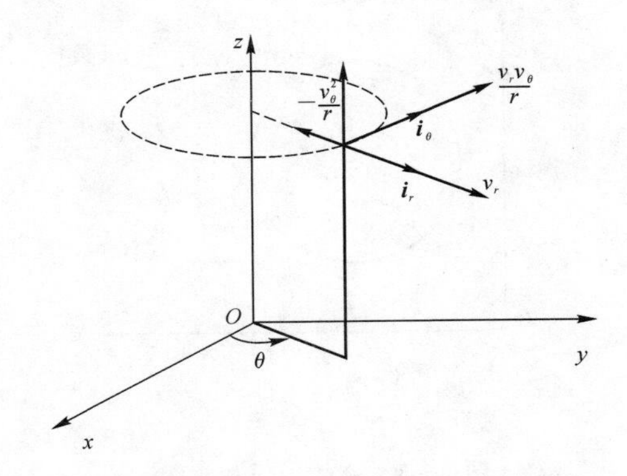

图 2-7　加速度在圆柱坐标系中的附加项

经过类似的推导，可得流体加速度在球坐标系中的表达式为

$$\begin{aligned}\frac{\mathrm{D}\boldsymbol{v}}{\mathrm{D}t}=&\left(\frac{\partial v_r}{\partial t}+v_r\frac{\partial v_r}{\partial r}+\frac{v_\theta}{r}\frac{\partial v_r}{\partial \theta}+\frac{v_\varphi}{r\sin\theta}\frac{\partial v_r}{\partial \varphi}-\frac{v_\theta^2}{r}-\frac{v_\varphi^2}{r}\right)\boldsymbol{i}_r+\\&\left(\frac{\partial v_\theta}{\partial t}+v_r\frac{\partial v_\theta}{\partial r}+\frac{v_\theta}{r}\frac{\partial v_\theta}{\partial \theta}+\frac{v_\varphi}{r\sin\theta}\frac{\partial v_\varphi}{\partial \varphi}+\frac{v_r v_\theta}{r}-\frac{{v_\varphi}^2\cot\theta}{r}\right)\boldsymbol{i}_\theta+\\&\left(\frac{\partial v_\varphi}{\partial t}+v_r\frac{\partial v_\varphi}{\partial r}+\frac{v_\theta}{r}\frac{\partial v_\varphi}{\partial \theta}+v_\varphi\frac{\partial v_\varphi}{\partial \varphi}+\frac{v_r v_\varphi}{r}-\frac{v_\theta v_\varphi\cot\theta}{r}\right)\boldsymbol{i}_\varphi\end{aligned} \tag{2.4.12}$$

其中：$\boldsymbol{i}_r$、$\boldsymbol{i}_\theta$、$\boldsymbol{i}_\varphi$ 分别为球坐标系中坐标 r、θ、φ 上的单位切矢量，v_r、v_θ、v_φ 分别为 $\boldsymbol{v}$ 在坐标 r、θ、φ 上的分量。可以看出，式(2.4.12)中存在比圆柱坐标系中更加复杂的附加加速度。

2.5　流体微团运动的分解定理

2.5.1　直角坐标系中的流体微团运动的分解定理

一般情况下，刚体运动可分解为移动和绕某一瞬时轴的转动。对流体而言，除了移动和转动外，还有变形运动。研究流体微团的运动对理解流体流动的物理本质非常有帮助。

取一流体微团，如图 2-8 所示。

设微团中心的速度为

$$\boldsymbol{v}=v_x\boldsymbol{i}+v_y\boldsymbol{j}+v_z\boldsymbol{k} \tag{2.5.1}$$

M_1 的速度为

$$\boldsymbol{v}_1=v_{x_1}\boldsymbol{i}+v_{y_1}\boldsymbol{j}+v_{z_1}\boldsymbol{k} \tag{2.5.2}$$

以点 M 的速度来表示点 M_1 的速度，用泰勒级数展开并略去二次以上的微量，有

$$\left.\begin{aligned}v_{x_1}&=v_x+\frac{\partial v_x}{\partial x}\delta x+\frac{\partial v_x}{\partial y}\delta y+\frac{\partial v_x}{\partial z}\delta z\\v_{y_1}&=v_y+\frac{\partial v_y}{\partial x}\delta x+\frac{\partial v_y}{\partial y}\delta y+\frac{\partial v_y}{\partial z}\delta z\\v_{z_1}&=v_z+\frac{\partial v_z}{\partial x}\delta x+\frac{\partial v_z}{\partial y}\delta y+\frac{\partial v_z}{\partial z}\delta z\end{aligned}\right\}\tag{2.5.3}$$

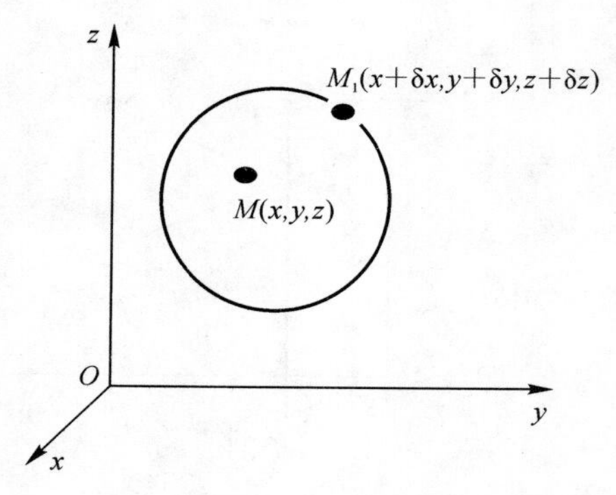

图 2-8　流体微团示意图

式(2.5.3)也可写成矢量形式,为

$$\boldsymbol{v}_1=\boldsymbol{v}+(\delta\boldsymbol{r}\cdot\boldsymbol{\nabla})\boldsymbol{v}\tag{2.5.4}$$

其中

$$\delta\boldsymbol{r}=\delta x\boldsymbol{i}+\delta y\boldsymbol{j}+\delta z\boldsymbol{k}\tag{2.5.5}$$

式(2.5.3)说明,在某一点邻域上(即点 M_1 对点 M)速度的改变量($\boldsymbol{v}_1-\boldsymbol{v}$),决定于点 M 速度分量对坐标轴的 9 个偏导数,其中 3 个是同名偏导数,分别为

$$\frac{\partial v_x}{\partial x},\frac{\partial v_y}{\partial y},\frac{\partial v_z}{\partial z}$$

6 个是异名偏导数,分别为

$$\frac{\partial v_x}{\partial y},\frac{\partial v_x}{\partial z},\frac{\partial v_y}{\partial x},\frac{\partial v_y}{\partial z},\frac{\partial v_z}{\partial x},\frac{\partial v_z}{\partial y}$$

现在分析这些偏导数的物理意义。

为简便起见,取某瞬时 t 时一个无限小的矩形六面体微团为研究对象,它在 xOy 平面上的投影为矩形 $ABCD$,设 A 点的速度为 v_x、v_y,则其余各角点的速度如图 2-9 所示。

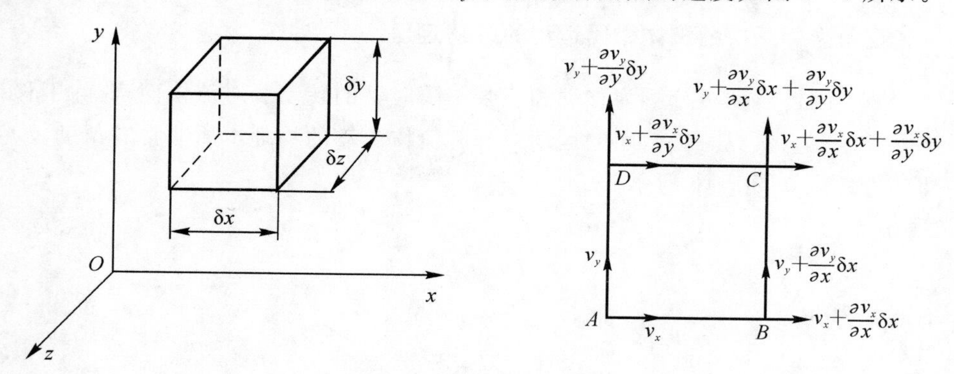

图 2-9　流体微团速度示意图

如图 2-9 所示，在 $ABCD$ 各角点的的速度中，出现了 4 个偏导数，2 个同名偏导数$\dfrac{\partial v_x}{\partial x}$、$\dfrac{\partial v_y}{\partial y}$，2 个异名偏导数$\dfrac{\partial v_x}{\partial y}$、$\dfrac{\partial v_y}{\partial x}$。为了研究它们单独的影响，分别假设它们中的一种为零。

设异名偏导数都等于零，而同名偏导数不等于零，则流体微团的投影 $ABCD$ 将产生单纯的膨胀或压缩变形。如图 2-10 所示，仅看 x 方向，δt 时间，AD 边移动量为 $\delta x\delta t$，BC 边移动量为$\left(\delta x+\dfrac{\partial v_x}{\partial x}\delta x\right)\delta t$，$ABCD$ 沿 x 方向变形量为$\dfrac{\partial v_x}{\partial x}\delta x\delta t$，微元体的单位时间变形为$\dfrac{\partial v_x}{\partial x}$。伸长或压缩变形的速度（单位时间的变形）为$\dfrac{\partial v_x}{\partial x}\delta x$，而相对的变形速度（单位时间和变形单位长度）称之为线变形率或线应变速度，为

$$\varepsilon_{xx}=\frac{\partial v_x}{\partial x}\delta x\Big/\delta x=\frac{\partial v_x}{\partial x}$$

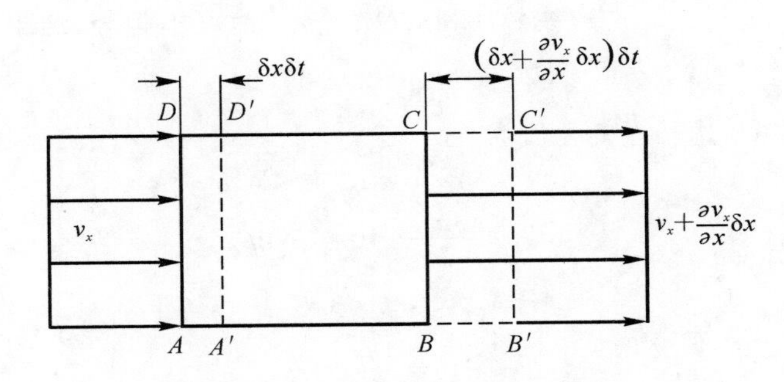

图 2-10　线变形率示意图

由此可得，流体微团沿 x 方向速度分量对 x 的偏导数为微团沿 x 方向的线变形率。同理，也可得其他两个同名偏导数为微团分别沿 y 和 z 方向发生的线变形率。有

$$\varepsilon_{xx}=\frac{\partial v_x}{\partial x},\varepsilon_{yy}=\frac{\partial v_y}{\partial y},\varepsilon_{zz}=\frac{\partial v_z}{\partial z} \tag{2.5.6}$$

下面分析一下流体微团体积的变化。流体微团三个方向有线变形，微团体积也会发生变化。设 t 时刻微团体积为 $\delta V_c=\delta x\delta y\delta z$，$t+\Delta t$ 时刻微团体积为 $\delta V_c{}'=\left(\delta x+\dfrac{\partial v_x}{\partial x}\delta t\delta x\right)\left(\delta y+\dfrac{\partial v_y}{\partial y}\delta t\delta y\right)\left(\delta z+\dfrac{\partial v_z}{\partial z}\delta t\delta z\right)=\delta x\delta y\delta z+\dfrac{\partial v_x}{\partial x}\delta x\delta y\delta z\delta t+\dfrac{\partial v_y}{\partial y}\delta x\delta y\delta z\delta t+\dfrac{\partial v_z}{\partial z}\delta x\delta y\delta z\delta t$。两式相减得 δt 时间内微元体体积变形为 $\mathrm{d}(\delta V_c)=\delta V_c{}'-\delta V_c=\left(\dfrac{\partial v_x}{\partial x}+\dfrac{\partial v_y}{\partial y}+\dfrac{\partial v_z}{\partial z}\right)\delta t\delta x\delta y\delta z$，这是三个方向的线变形率的代数和，就是流体微团在单位时间内体积的相对变化率，其值正好是散度，即

$$\frac{\mathrm{d}(\delta V_c)}{\mathrm{d}V_c\mathrm{d}t}=\frac{\partial v_x}{\partial x}+\frac{\partial v_y}{\partial y}+\frac{\partial v_z}{\partial z}=\mathrm{div}\boldsymbol{v} \tag{2.5.7}$$

由此可得出结论：速度分量的同名偏导数分别表示微团在各方向的线变形率。它们的和，即散度，表示微团单位时间的相对体积变化率，也就是体积流率，即源的强度。

假设同名偏导数都等于零，而异名偏导数不等于零，则流体微团在 xOy 平面中的投影 $ABCD$ 的边线 AB 和 AD 将产生转动，如图 2-11 所示。

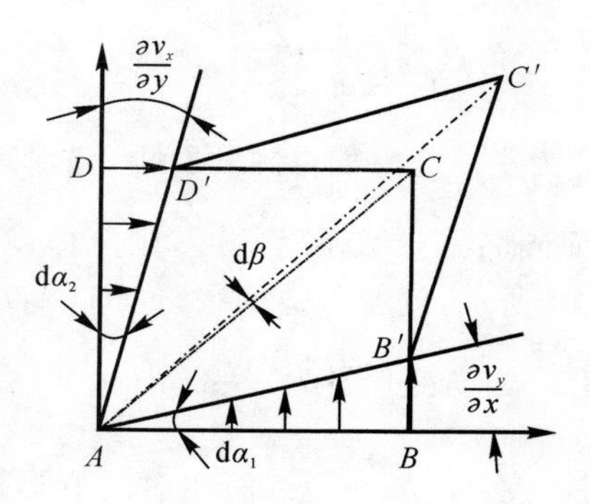

图 2-11　剪切变形与转动示意图

由图 2-11 可见，在单位时间内，点 B 相对于点 A 的转动量为$\frac{\partial v_y}{\partial x}\delta x$，点 D 相对于点 A 的转动量为$\frac{\partial v_x}{\partial y}\delta y$。在一般情况下，边线 AB 和 AD 的转动速度不相等，结果使微团同时产生剪切变形和转动。

经过 $\mathrm{d}t$ 时间后，AB 边转过的角度为

$$\mathrm{d}\alpha_1=\frac{\frac{\partial v_y}{\partial x}\delta x}{\delta x}\mathrm{d}t=\frac{\partial v_y}{\partial x}\mathrm{d}t$$

AD 边转过的角度为

$$\mathrm{d}\alpha_2=\frac{\partial v_x}{\partial y}\mathrm{d}t$$

在 $\mathrm{d}t$ 时间内顶角 A 的变化量 $\mathrm{d}\alpha=\mathrm{d}\alpha_1+\mathrm{d}\alpha_2$，其表征了流体微团在该时间内的剪切变形量，即

$$\mathrm{d}\alpha=\left(\frac{\partial v_y}{\partial x}+\frac{\partial v_x}{\partial y}\right)\mathrm{d}t$$

定义$\frac{1}{2}\frac{\mathrm{d}\alpha}{\mathrm{d}t}$为 xOy 平面中流体微团的剪切角变形率(与材料力学中角应变相当)，并用 ε_{xy} 表示，则有

$$\varepsilon_{xy}=\frac{1}{2}\frac{\mathrm{d}\alpha}{\mathrm{d}t}=\frac{1}{2}\left(\frac{\partial v_y}{\partial x}+\frac{\partial v_x}{\partial y}\right)$$

同理，也可得其他两个坐标轴上的剪切角变形率，则有

$$\left.\begin{aligned}\varepsilon_{xy}&=\frac{1}{2}\left(\frac{\partial v_y}{\partial x}+\frac{\partial v_x}{\partial y}\right)\\\varepsilon_{yz}&=\frac{1}{2}\left(\frac{\partial v_z}{\partial y}+\frac{\partial v_y}{\partial z}\right)\\\varepsilon_{zx}&=\frac{1}{2}\left(\frac{\partial v_x}{\partial z}+\frac{\partial v_z}{\partial x}\right)\end{aligned}\right\}\tag{2.5.8}$$

由此可以得出结论：微团速度分量的两个异名偏导数平均值表示微团在对应坐标面中的剪切角变形率。

通常，流体微团在 xOy 平面上发生变形时，AB 和 AD 在 δt 时间内转动角度不相同，即 $\delta\alpha_1\neq\delta\alpha_2$，这时流体微团在产生剪切变形的同时，还会伴随转动。以顶角 A 的平分线的旋转角

速度表征微团的转动。由图 2－11 可见，$d\beta$ 表征了 dt 时间内流体微团的转动角度，规定以逆时针方向为正，有

$$d\beta=\frac{1}{2}(d\alpha_1-d\alpha_2)$$

上式除以时间 dt 后得单位时间流体微团顶角平分线转动角度，即

$$\omega_z=\frac{1}{2}\left(\frac{d\alpha_1}{dt}-\frac{d\alpha_2}{dt}\right)=\frac{1}{2}\left(\frac{\partial v_y}{\partial x}-\frac{\partial v_x}{\partial y}\right)$$

同理可得流体微团绕 x 轴和 y 轴的转动角速度分量。这样便有

$$\left.\begin{aligned}\omega_x&=\frac{1}{2}\left(\frac{\partial v_z}{\partial y}-\frac{\partial v_y}{\partial z}\right)\\\omega_y&=\frac{1}{2}\left(\frac{\partial v_x}{\partial z}-\frac{\partial v_z}{\partial x}\right)\\\omega_z&=\frac{1}{2}\left(\frac{\partial v_y}{\partial x}-\frac{\partial v_x}{\partial y}\right)\end{aligned}\right\}\tag{2.5.9}$$

将转动角速度进行矢量求和，得

$$\boldsymbol{\omega}=\omega_x\boldsymbol{i}+\omega_y\boldsymbol{j}+\omega_z\boldsymbol{k}=\frac{1}{2}\begin{vmatrix}\boldsymbol{i}&\boldsymbol{j}&\boldsymbol{k}\\\frac{\partial}{\partial x}&\frac{\partial}{\partial y}&\frac{\partial}{\partial z}\\v_x&v_y&v_z\end{vmatrix}=\frac{1}{2}\mathbf{rot}\boldsymbol{v}\tag{2.5.10}$$

由此可以得出结论：微团两个不同速度分量的异名偏导数之差的一半表示微团在对应坐标面中的旋转角速度；流体微团的旋转角速度等于速度矢量旋度的一半。

现在回到式(2.5.3)，研究流体微团的分解定理。为此，将式(2.5.3)的第一分式等号右边加减$\frac{1}{2}\left(\frac{\partial v_y}{\partial x}\right)\delta y$，加减$\frac{1}{2}\left(\frac{\partial v_z}{\partial x}\right)\delta z$，经整理得

$$v_{x_1}=v_x+\left(\frac{\partial v_x}{\partial x}\right)\delta x+\frac{1}{2}\left(\frac{\partial v_x}{\partial y}+\frac{\partial v_y}{\partial x}\right)\delta y+\frac{1}{2}\left(\frac{\partial v_z}{\partial x}+\frac{\partial v_x}{\partial z}\right)\delta z+\frac{1}{2}\left(\frac{\partial v_x}{\partial z}-\frac{\partial v_z}{\partial x}\right)\delta z-\frac{1}{2}\left(\frac{\partial v_y}{\partial x}-\frac{\partial v_x}{\partial y}\right)\delta y$$

同理得

$$\begin{aligned}v_{y_1}=&v_y+\left(\frac{\partial v_y}{\partial y}\right)\delta y+\frac{1}{2}\left(\frac{\partial v_y}{\partial x}+\frac{\partial v_x}{\partial y}\right)\delta x+\frac{1}{2}\left(\frac{\partial v_z}{\partial y}+\frac{\partial v_y}{\partial z}\right)\delta z+\\&\frac{1}{2}\left(\frac{\partial v_y}{\partial x}-\frac{\partial v_x}{\partial y}\right)\delta x-\frac{1}{2}\left(\frac{\partial v_z}{\partial y}-\frac{\partial v_y}{\partial z}\right)\delta z\\v_{z_1}=&v_z+\left(\frac{\partial v_z}{\partial z}\right)\delta z+\frac{1}{2}\left(\frac{\partial v_z}{\partial y}+\frac{\partial v_y}{\partial z}\right)\delta y+\frac{1}{2}\left(\frac{\partial v_x}{\partial z}+\frac{\partial v_z}{\partial x}\right)\delta x+\\&\frac{1}{2}\left(\frac{\partial v_z}{\partial y}-\frac{\partial v_y}{\partial z}\right)\delta y-\frac{1}{2}\left(\frac{\partial v_x}{\partial z}-\frac{\partial v_z}{\partial x}\right)\delta x\end{aligned}$$

将线变形率式(2.5.6)、剪切角变形率式(2.5.8)和转动角速度式(2.5.9)的符号引入后，可得

$$\left.\begin{aligned}v_{x_1}&=v_x+(\varepsilon_{xx}\delta x+\varepsilon_{xy}\delta y+\varepsilon_{zx}\delta z)+(\omega_y\delta z-\omega_z\delta y)\\v_{y_1}&=v_y+(\varepsilon_{yy}\delta y+\varepsilon_{yz}\delta z+\varepsilon_{yx}\delta x)+(\omega_z\delta x-\omega_x\delta z)\\v_{z_1}&=v_z+(\varepsilon_{zz}\delta z+\varepsilon_{zx}\delta x+\varepsilon_{zy}\delta y)+(\omega_x\delta y-\omega_y\delta x)\end{aligned}\right\}\tag{2.5.11}$$

式(2.5.11)等号右边的第 1 列代表微团中心的平移运动；第 2～4 列表示微团的变形运

动，其中第 2 列是只改变体积的线变形运动，而第 3、4 列表示只改变形状的剪切变形运动；第 5、6 列表示微团的转动运动。因此，得到微团运动的分解定理（或称柯西-海姆霍茨定理）。微团运动的分解定理说明流体微团的运动可以分解为三个组成部分：

(1)随流体微团中心一起前进的平移运动；

(2)变形运动，包括只改变体积的线变形运动和只改变形状的剪切变形运动；

(3)绕流体微团瞬心的旋转运动。

与刚体运动相比，流体微团运动的不同之处在于：①流体微团存在变形；②一般说来，流场中所包含不同流体微团的运动参数是各不相同的。

以上在直角坐标系中讨论了流体微团运动的分解。在圆柱坐标系和球坐标系中，可通过类似的分析，得出类似的公式和相同的结论。不过，也可以不通过以上繁复的讨论和推导，而采用散度、旋度公式得到相应的变形和旋转公式。

2.5.2 圆柱坐标系中的流体微团运动的分解定理

在圆柱坐标系中，散度，即源的强度，体积变形率为

$$\nabla \cdot \boldsymbol{v} = \mathrm{div}\boldsymbol{v} = \frac{1}{r}\frac{\partial (r v_r)}{\partial r} + \frac{1}{r}\frac{\partial v_\theta}{\partial \theta} + \frac{\partial v_z}{\partial z} \tag{2.5.12}$$

线变形率为

$$\varepsilon_{rr} = \frac{1}{r}\frac{\partial (r v_r)}{\partial r},\ \varepsilon_{\theta\theta} = \frac{1}{r}\frac{\partial v_\theta}{\partial \theta},\ \varepsilon_{zz} = \frac{\partial v_z}{\partial z} \tag{2.5.13}$$

$$\nabla \times \boldsymbol{v} = \mathbf{curl}\boldsymbol{v} = \begin{vmatrix} \frac{\boldsymbol{i}_r}{r} & \boldsymbol{i}_\theta & \frac{\boldsymbol{i}_z}{r} \\ \frac{\partial}{\partial r} & \frac{\partial}{\partial \theta} & \frac{\partial}{\partial z} \\ v_r & r v_\theta & v_z \end{vmatrix} =$$

$$\left(\frac{1}{r}\frac{\partial v_z}{\partial \theta} - \frac{\partial v_\theta}{\partial z}\right)\boldsymbol{i}_r + \left(\frac{\partial v_r}{\partial z} - \frac{\partial v_z}{\partial r}\right)\boldsymbol{i}_\theta + \left(\frac{\partial v_\theta}{\partial r} - \frac{1}{r}\frac{\partial v_r}{\partial \theta} + \frac{v_\theta}{r}\right)\boldsymbol{i}_z \tag{2.5.14}$$

转动角速度为

$$\left.\begin{aligned} \omega_r &= \frac{1}{2}\left(\frac{1}{r}\frac{\partial v_z}{\partial \theta} - \frac{\partial v_\theta}{\partial z}\right) \\ \omega_\theta &= \frac{1}{2}\left(\frac{\partial v_r}{\partial z} - \frac{\partial v_z}{\partial r}\right) \\ \omega_z &= \frac{1}{2}\left(\frac{\partial v_\theta}{\partial r} - \frac{1}{r}\frac{\partial v_r}{\partial \theta} + \frac{v_\theta}{r}\right) \end{aligned}\right\} \tag{2.5.15}$$

只改变形状的剪切角变形率，是 6 个异名偏导数相加的平均值，只要将式(2.5.15)适当改变，可得

$$\left.\begin{aligned} \varepsilon_{r\theta} &= \frac{1}{2}\left(\frac{\partial v_\theta}{\partial r} + \frac{1}{r}\frac{\partial v_r}{\partial \theta} - \frac{v_\theta}{r}\right) \\ \varepsilon_{\theta z} &= \frac{1}{2}\left(\frac{1}{r}\frac{\partial v_z}{\partial \theta} + \frac{\partial v_\theta}{\partial z}\right) \\ \varepsilon_{zr} &= \frac{1}{2}\left(\frac{\partial v_r}{\partial z} + \frac{\partial v_z}{\partial r}\right) \end{aligned}\right\} \tag{2.5.16}$$

2.5.3 球坐标系中的流体微团运动的分解定理

在球坐标系中，散度，即源的强度，体积变形率为

$$\mathrm{div}\boldsymbol{v}=\frac{1}{r^2}\frac{\partial(r^2 v_r)}{\partial r}+\frac{1}{r\sin\theta}\frac{\partial(\sin\theta v_\theta)}{\partial\theta}+\frac{1}{r\sin\theta}\frac{\partial v_\varphi}{\partial\varphi}$$

线变形率为

$$\varepsilon_{rr}=\frac{1}{r^2}\frac{\partial(r^2 v_r)}{\partial r},\varepsilon_{\theta\theta}=\frac{1}{r\sin\theta}\frac{\partial(\sin\theta v_\theta)}{\partial\theta},\varepsilon_{\varphi\varphi}=\frac{1}{r\sin\theta}\frac{\partial v_\varphi}{\partial\varphi}$$

转动角速度为

$$\mathbf{curl}\boldsymbol{v}=\begin{vmatrix}\dfrac{\boldsymbol{i}_r}{r^2\sin\varphi} & \dfrac{\boldsymbol{i}_\theta}{r\sin\varphi} & \dfrac{\boldsymbol{i}_\varphi}{r}\\ \dfrac{\partial}{\partial r} & \dfrac{\partial}{\partial\theta} & \dfrac{\partial}{\partial\varphi}\\ v_r & rv_\theta & r\sin\varphi\cdot v_\varphi\end{vmatrix}.$$

2.6 系统和控制体之间的关系

自然界质量守恒、动量定律、能量守恒和热力学第二定律均对确定的流体微团，即“系统”而言，和拉格朗日观点相对应；而流体流动通常通过场来描述，场和欧拉观点相对应。为了通过场概念来描述流体流动，需要建立系统和控制体之间的关系。通过下述内容可以看出，流体流动几大方程的建立均应用了系统和控制体之间的关系。

在这一节讨论中，将解决如何将系统任意外延参数 N 随时间的变化率(即 N 的实质导数)表达为对控制体的表达式。

图 2-12 所示为直角坐标系中的任意速度场 $\boldsymbol{v}(x,y,z,t)$。V_c 表示控制体，A 表示包围控制体的表面积，即控制面。图中给出有限系统在 t 和$(t+\Delta t)$时刻的位置。

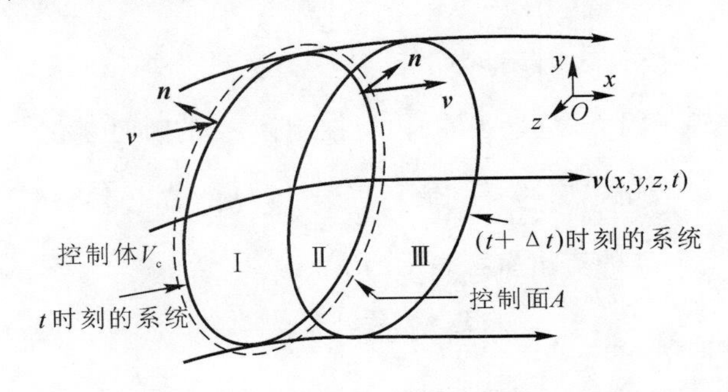

图 2-12　系统和控制体之间的关系

假设控制体在 x,y,z 空间中固定。系统在时刻 t 占据与控制体相同的空间，用Ⅰ和Ⅱ两个区间表示；在时刻$(t+\Delta t)$，系统占据Ⅱ和Ⅲ区间。

对系统，外延参数 N 对时间的变化率可以用极限确定，即

$$\left(\frac{\mathrm{d}N}{\mathrm{d}t}\right)_{系统}=\lim_{\Delta t\to 0}\left(\frac{\Delta N}{\Delta t}\right)_{系统}\tag{2.6.1}$$

其表示系统在时刻 t 所具有的外延参数 N 对时间的变化率。

式(2.6.1)表示的导数是流动中流体微团的总导数,即流体微团具有的外延参数 N 的实质导数,引入实质导数的算符 $\frac{\mathrm{D}(\,)}{\mathrm{D}t}$,得

$$\left(\frac{\mathrm{d}N}{\mathrm{d}t}\right)_{\text{系统}}=\frac{\mathrm{D}N}{\mathrm{D}t} \tag{2.6.2}$$

对图 2-12 所示的流体微团,式(2.6.2)为

$$\left(\frac{\mathrm{d}N}{\mathrm{d}t}\right)_{\text{系统}}=\frac{\mathrm{D}N}{\mathrm{D}t}=\lim_{\Delta t\to 0}\left(\frac{N_{t+\Delta t}-N_t}{\Delta t}\right)_{\text{系统}} \tag{2.6.3}$$

因为

$$N=\int_{V_c}n\rho\,\mathrm{d}V_c$$

所以

$$(N_{t+\Delta t})_{\text{系统}}=(N_{\mathrm{II}}+N_{\mathrm{III}})_{t+\Delta t}=\left(\int_{\mathrm{II}}n\rho\,\mathrm{d}V_c+\int_{\mathrm{III}}n\rho\,\mathrm{d}V_c\right)_{t+\Delta t} \tag{2.6.4}$$

$$(N_t)_{\text{系统}}=(N_{\mathrm{I}}+N_{\mathrm{II}})_t=\left(\int_{\mathrm{I}}n\rho\,\mathrm{d}V_c+\int_{\mathrm{II}}n\rho\,\mathrm{d}V_c\right)_t \tag{2.6.5}$$

将式(2.6.4)及式(2.6.5)代入式(2.6.3),并注意和的极限等于极限的和,得表达式为

$$\frac{\mathrm{D}N}{\mathrm{D}t}=\lim_{\Delta t\to 0}\frac{\left[\left(\int_{\mathrm{II}}n\rho\,\mathrm{d}V_c\right)_{t+\Delta t}-\left(\int_{\mathrm{II}}n\rho\,\mathrm{d}V_c\right)_t\right]}{\Delta t}+\lim_{\Delta t\to 0}\frac{\left(\int_{\mathrm{III}}n\rho\,\mathrm{d}V_c\right)_{t+\Delta t}}{\Delta t}-\lim_{\Delta t\to 0}\frac{\left(\int_{\mathrm{I}}n\rho\,\mathrm{d}V_c\right)_t}{\Delta t} \tag{2.6.6}$$

对于式(2.6.6)右边的第一项,当取 Δt 趋近于零的极限时,Ⅱ区与控制体 V_c 相同,其变为

$$\frac{\partial}{\partial t}\int_{V_c}n\rho\,\mathrm{d}V_c \tag{2.6.7}$$

对于式(2.6.6)右边的第二项,其中 $\left(\int_{\mathrm{III}}n\rho\,\mathrm{d}V_c\right)_{t+\Delta t}$ 是外延参数 N 经过时间 Δt 离开控制体进入Ⅲ区的数值,即

$$\left(\int_{\mathrm{III}}n\rho\,\mathrm{d}V_c\right)_{t+\Delta t}=(\Delta N_{\mathrm{III}})_{t+\Delta t} \tag{2.6.8}$$

以 Δt 相除,并取极限,当 Δt 趋近于零时,得控制体 N 的瞬时变化率

$$\lim_{\Delta t\to 0}\frac{(\Delta N_{\mathrm{III}})_{t+\Delta t}}{\Delta t}=\left(\frac{\mathrm{d}N}{\mathrm{d}t}\right)_{\text{out}}=N\text{ 的流出率} \tag{2.6.9}$$

因为 $\mathrm{d}N=n\mathrm{d}m$,所以 N 的流出率可表示为

$$\left(\frac{\mathrm{d}N}{\mathrm{d}t}\right)_{\text{out}}=n\mathrm{d}\,\dot{m}_{\text{out}} \tag{2.6.10}$$

其表示流出控制体的质量流率 $\mathrm{d}\,\dot{m}_{\text{out}}$ 和通用外延参数 N 的单位值 n 的乘积。

对控制体 V_c 而言,流体的质量流出率可用 ρ、$\boldsymbol{v}$ 和微元面积 $\mathrm{d}A$ 表示。对由图 2-13 所示的微元控制面积 $\mathrm{d}A$,通过 $\mathrm{d}A$ 的质量流率为

$$\mathrm{d}\dot{m}=\rho v\cos\alpha\,\mathrm{d}A \tag{2.6.11}$$

用 $\mathrm{d}\boldsymbol{A}$ 表示面积矢量,大小为面积,方向沿微元面外法向,利用数量积的概念,得

$$\mathrm{d}\dot{m}=\rho\boldsymbol{v}\cdot\mathrm{d}\boldsymbol{A}$$

代入式(2.6.10),得

$$\left(\frac{\mathrm{d}N}{\mathrm{d}t}\right)_{\mathrm{out}}=n\rho\boldsymbol{v}\cdot\mathrm{d}\boldsymbol{A}_{\mathrm{out}} \tag{2.6.12}$$

因为任意外延参数 N 离开控制体进入Ⅲ区的 N 流出量是通过控制面 A_{out} 进行的，所以将式(2.6.12)对 A_{out} 积分，其与式(2.6.6)的第二项相等，得

$$\lim_{\Delta t\to 0}\frac{\left(\int_{\mathrm{III}} n\rho\,\mathrm{d}V_{\mathrm{c}}\right)_{t+\Delta t}}{\Delta t}=\int_{A_{\mathrm{out}}}\left(\frac{\mathrm{d}N}{\mathrm{d}t}\right)_{\mathrm{out}}=n\rho\boldsymbol{v}\cdot\mathrm{d}\boldsymbol{A}_{\mathrm{out}} \tag{2.6.13}$$

式(2.6.13)把原来流体在区间Ⅲ上的体积分转换成该流体流出控制体的那一部分控制面上的面积分。

式(2.6.6)右边第三项可由计算第二项所用的方法类推，其中，被积函数是经过时间 Δt 进入控制体的 N 值。

图 2-13 和图 2-14 分别表示控制体的流体质量流出率和进入控制体的质量流入率。注意，对于进入控制体的流体，角度 α 总是大于 90°而小于 270°，因此，$\cos\alpha$ 总是负的(当然，质量流率总是正值)。于是，穿过微元面积 $\mathrm{d}A$ 的质量流率为

$$\mathrm{d}\dot{m}=-\rho v\cos\alpha\,\mathrm{d}A=-\rho\boldsymbol{v}\cdot\mathrm{d}\boldsymbol{A} \tag{2.6.14}$$

这样，式(2.6.6)等号右边的第三项变为

$$-\lim_{\Delta t\to 0}\frac{\left(\int_{\mathrm{I}} n\rho\,\mathrm{d}V_{\mathrm{c}}\right)_{t}}{\Delta t}=-\lim_{\Delta t\to 0}\frac{\left(\int_{\mathrm{I}} n\,\mathrm{d}\,\dot{m}_{\mathrm{in}}\right)_{t}}{\Delta t}=-\int_{A_{\mathrm{in}}}\left(\frac{\mathrm{d}N}{\mathrm{d}t}\right)_{\mathrm{in}}=\int_{A_{\mathrm{in}}}n\rho\boldsymbol{v}\cdot\mathrm{d}\boldsymbol{A}_{\mathrm{in}} \tag{2.6.15}$$

注意，式(2.6.15)已考虑了式(2.6.6)等号右边第三项前的负号以及式(2.6.14)的负号。这样，可把原来在区间Ⅰ上的体积分转换为流体流入控制体的那一部分控制面上的面积分。

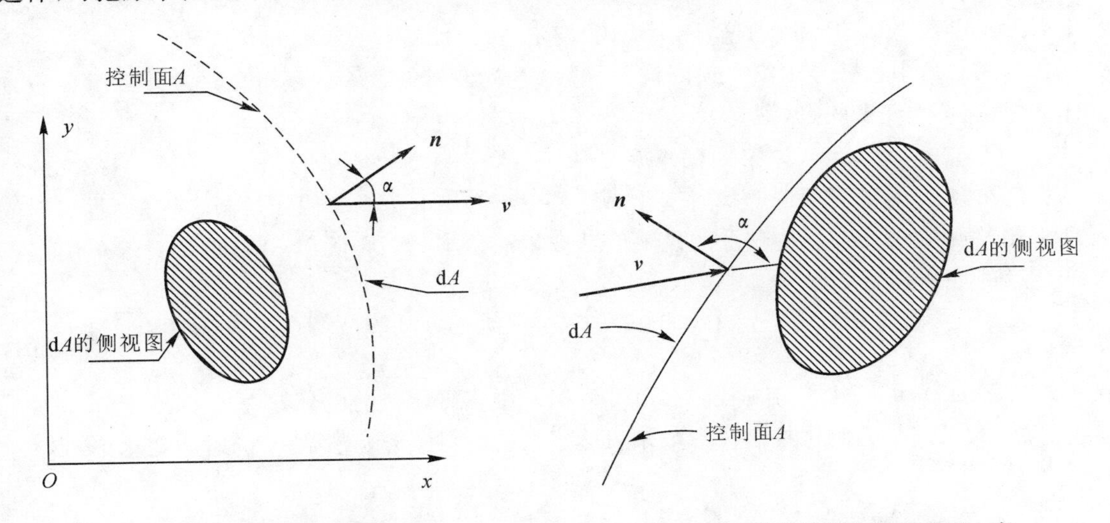

图 2-13　控制体的质量流出率　　图 2-14　进入控制体的质量流入率

在整个控制面 A 上，将式(2.6.13)与式(2.6.15)相加可得

$$\int_{A_{\mathrm{out}}}\left(\frac{\mathrm{d}N}{\mathrm{d}t}\right)_{\mathrm{out}}-\int_{A_{\mathrm{in}}}\left(\frac{\mathrm{d}N}{\mathrm{d}t}\right)_{\mathrm{in}}=\int_{A}n\rho\boldsymbol{v}\cdot\mathrm{d}\boldsymbol{A} \tag{2.6.16}$$

在式(2.6.16)中，对于质量流出率，标量积 $\boldsymbol{v}\cdot\mathrm{d}\boldsymbol{A}$ 对 $\mathrm{D}N/\mathrm{D}t$ 产生正作用；对于质量流入率，标量积 $\boldsymbol{v}\cdot\mathrm{d}\boldsymbol{A}$ 对 $\mathrm{D}N/\mathrm{D}t$ 产生负作用。这与式(2.6.6)中等号右边第二项和第三项的符号是一致的。

将式(2.6.7)及式(2.6.16)所取极限的结果代入式(2.6.6),得

$$\frac{\mathrm{D}N}{\mathrm{D}t}=\frac{\partial}{\partial t}\int_{V_c} n\rho \mathrm{d}V_c+\int_{A} n\rho \boldsymbol{v}\cdot \mathrm{d}\boldsymbol{A} \tag{2.6.17}$$

这样,对一个系统而言,其在时刻 t 所具有的任何外延参数 N 的瞬时变化率,可用两项来表达:一项是相对于控制体的,另一项是相当于控制面的。前一项表示由于非稳态流动引起的控制体内 N 的变化率,而后一项表示相同时刻由于流动引起的通过控制面 A 的 N 的纯变化率。

式(2.6.17)就是关于流动问题,系统法和控制体法(拉格朗日法和欧拉法)之间的关系。

对于固定形状的惯性控制体,将对时间的导数放入积分号内,可得

$$\frac{\mathrm{D}N}{\mathrm{D}t}=\int_{V_c}\frac{\partial(n\rho)}{\partial t}\mathrm{d}V_c+\int_{A} n\rho \boldsymbol{v}\cdot \mathrm{d}\boldsymbol{A} \tag{2.6.18}$$

通过矢量关系,可将式(2.6.17)变换成其他有用形式。采用散度定理,对任何矢量 $\boldsymbol{B}$,有

$$\int_{A}\boldsymbol{B}\cdot \mathrm{d}\boldsymbol{A}=\int_{V_c}\nabla\cdot \boldsymbol{B}\mathrm{d}V_c \tag{2.6.19}$$

$\boldsymbol{B}$ 取为 $n\rho\boldsymbol{v}$,则

$$\int_{A}(n\rho\boldsymbol{v})\cdot \mathrm{d}\boldsymbol{A}=\int_{V_c}\nabla\cdot (n\rho\boldsymbol{v})\mathrm{d}V_c \tag{2.6.20}$$

将式(2.6.20)代入式(2.6.18),就可将流体所具有的外延参数 N 的实质导数表示为控制体的体积分:

$$\frac{\mathrm{D}N}{\mathrm{D}t}=\int_{V_c}\left[\frac{\partial(n\rho)}{\partial t}+\nabla\cdot (n\rho\boldsymbol{v})\right]\mathrm{d}V_c \tag{2.6.21}$$

当外延参数 N(即质量、动量、能量或熵)确定时,内涵参数 n 就已确定。

式(2.6.21)中积分号内第二项的被积函数,通过下列矢量等式还可以进一步展开。设 Φ 是任意标量,$\boldsymbol{A}$ 为任意矢量,则有

$$\nabla\cdot(\Phi\boldsymbol{A})=\Phi(\nabla\cdot\boldsymbol{A})+\boldsymbol{A}\cdot(\nabla\Phi) \tag{2.6.22}$$

外延参数 N 对微元系统的瞬时变化率也是一个有用的概念。假如控制容积 V_c 收缩到微元尺寸 $\mathrm{d}V_c$,则式(2.6.21)中积分的极限值是被积函数本身。再除以 $\mathrm{d}V_c$,得到对于单位容积 N 变化率的表达式为

$$\frac{\mathrm{D}N/\mathrm{D}t}{\mathrm{d}V_c}=\frac{\partial(n\rho)}{\partial t}+\nabla\cdot(n\rho\boldsymbol{v}) \tag{2.6.23}$$

应用式(2.6.23),可以从积分方程[如式(2.6.21)]中获得相应的微分方程。

总之,式(2.6.18)利用控制体参数来表达了系统的任意外延参数 N 的时间变化率。

2.7 连续方程

自然界无数事实证明,质量是不灭的。无论经过什么形式的运动,物质质量将保持不变,这一普遍规律被称为“质量守恒定律”。

连续方程的建立基础是质量守恒定律,建立思路是将质量守恒定律应用于占据控制体的流体。

现在从“质量守恒定律”出发推导连续方程。

有许多种建立连续方程的方法，这些方法和研究流体流动的两种方法（系统法和控制体法）相对应，现在用不同的方法建立连续方程，目的是一方面理解研究流体流动的两种方法的区别，另一方面理解连续方程的物理本质。需要说明的是，这些方法最后结果都是相同的，各种方法起到相互印证作用。

1.（流体微团的）拉格朗日法

拉格朗日法研究对象为流体微团，该流体微团称为系统，在此采用的方法称为针对流体微团的拉格朗日法。

对系统，在不考虑核子和相对论影响时，质量守恒定律可理解为系统质量为常数。

$$(\text{质量})_{\text{系统}}=\text{常数} \tag{2.7.1}$$

也可以表达为

$$(m)_{\text{sys}}=C$$

如图2-15所示，在空间取一流体微团，该流体微团的体积为V_c，该体积外表面为A，该流体微团质量为m。

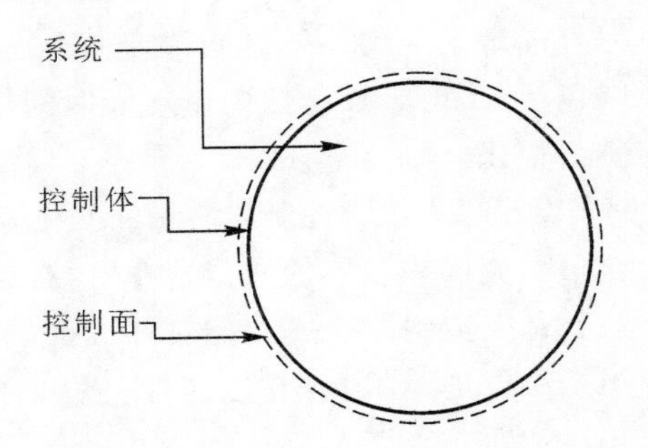

图2-15　系统、控制体与控制面概念

此时，在拉格朗日观点中，质量为m流体微团为"系统"；在欧拉观点中，体积V_c即为"控制体"，外表面A为控制面。

用外延参数N表示系统的质量，这时$N=m$，因此式(2.7.1)为

$$\frac{\mathrm{D}N}{\mathrm{D}t}=\frac{\mathrm{D}(\text{质量})}{\mathrm{D}t}=0 \tag{2.7.2}$$

对于控制体V_c内的气体质量，$N=m=\int_{V_c}\rho \mathrm{d}V_c$，相应的内涵参数为$n=1$。由式(2.6.18)，当$\frac{\mathrm{D}N}{\mathrm{D}t}=0$和$n=1$时，有

$$\int_{V_c}\frac{\partial\rho}{\partial t}\mathrm{d}V_c+\int_A\rho\boldsymbol{v}\cdot\mathrm{d}\boldsymbol{A}=0 \tag{2.7.3}$$

式(2.7.3)是质量守恒定律的积分形式。它应用于控制体，称为积分形式连续方程。该式要求满足流体连续介质假设，以及没有核子和相对论影响。对于定常流动，式(2.7.3)等号左边第一项为零。

式(2.7.3)表述的基本原理是在固定尺寸的惯性控制体V_c内单位时间积累的（流体）质量，等于单位时间穿过包围V_c的控制面A进入和离开V_c质量之差。

多维流动中，经常用到连续方程的微分形式，下面推导连续方程的微分形式。

采用散度定理[见式(2.6.19)],式(2.7.3)等号左边第二项为

$$\int_A \rho \boldsymbol{v} \cdot \mathrm{d}\boldsymbol{A} = \int_{V_c} \boldsymbol{\nabla} \cdot (\rho \boldsymbol{v}) \mathrm{d}V_c$$

将上式代入式(2.7.3),当 V_c 趋近于零时,有

$$\left.\begin{aligned} \int_{V_c} \frac{\partial \rho}{\partial t} \mathrm{d}V_c + \int_{V_c} \boldsymbol{\nabla} \cdot (\rho \boldsymbol{v}) \mathrm{d}V_c = 0 \\ \frac{\partial \rho}{\partial t} + \boldsymbol{\nabla} \cdot (\rho \boldsymbol{v}) = 0 \end{aligned}\right\} \tag{2.7.4}$$

式(2.7.4)就是流体流动连续方程的微分形式。应用某坐标系的$\boldsymbol{\nabla}$算符,就可获得该坐标系下的方程。对于常流,$\rho_t=0$。

2.(有限体积的)控制体法

所谓(有限体积)控制体法包含两方面:①控制体为在任意几何形状的有限体积;②研究方法为控制体法。

下面从欧拉观点出发来推导连续方程。在空间中取一以面 A 为界的有限体积 V_c 为控制体,该有限体积由空间点组成,其固定于空间不随时间改变。

控制体内质量变化的原因包括:①由于控制体内密度随时间变化而引起的质量变化;②由于流体通过边界流入引起的质量变化。

对占据控制体的流体质量守恒定律表示为控制体质量的变化等于表面流入的流体质量,即

流出控制体的质量速率－流入控制体的质量速率＝控制体内质量的积聚率

图 2－16 所示为流场内一个有限控制体。通过控制体表面的面积微元 d$\boldsymbol{A}$ 上流出的质量速率为$(\rho v)(\mathrm{d}A\cos\theta)$。其中$(\mathrm{d}A\cos\theta)$是面积 d$\boldsymbol{A}$ 在以速度矢量 $\boldsymbol{v}$ 为法线平面上的投影,θ 是速度矢量 $\boldsymbol{v}$ 和 d$\boldsymbol{A}$ 之间的夹角。

通过面积微元 dA 的质量速率为

$$\mathrm{d}m = \rho \boldsymbol{v} \cdot \mathrm{d}\boldsymbol{A} = \rho v \mathrm{d}A\cos\theta$$

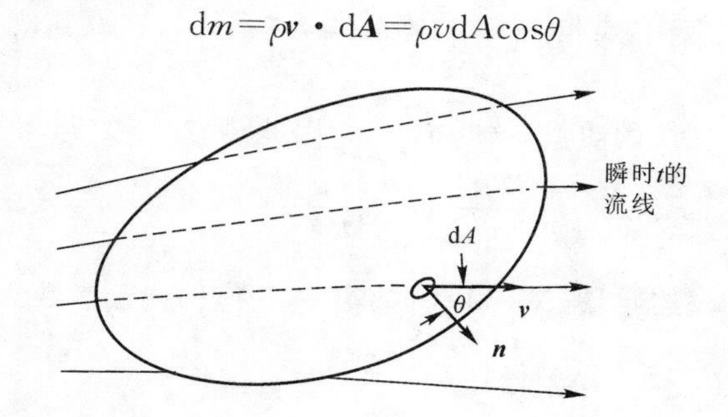

图 2－16　通过控制体的流动

对整个控制表面进行面积分,得到整个外表面质量流率为

$$\int_A \rho \boldsymbol{v} \cdot \mathrm{d}\boldsymbol{A}$$

它是从控制体流出的净质量率。

如果质量是流入控制体,那么乘积 $\boldsymbol{v} \cdot \mathrm{d}\boldsymbol{A}$ 是负的。因此,如果积分值是正的就表示质量净流出,如果是负的就表示质量净流入,如果为 0 就表示控制体内的质量为常数。

控制体内的质量积聚率可表示为

$$\int_{V_c} \frac{\partial \rho}{\partial t} \mathrm{d}V_c$$

因为整个控制体内质量是平衡的，所以积分表达式为

$$\int_{V_c} \frac{\partial \rho}{\partial t} \mathrm{d}V_c + \int_A \rho \boldsymbol{v} \cdot \mathrm{d}\boldsymbol{A} = 0$$

将上面方程中的面积分通过散度定律变为体积分，得

$$\int_{V_c} \frac{\partial \rho}{\partial t} \mathrm{d}V_c + \int_{V_c} \nabla \cdot (\rho \boldsymbol{v}) \mathrm{d}V_c = 0$$

取 $V_c \to 0$，可得

$$\frac{\partial \rho}{\partial t} + \nabla \cdot (\rho \boldsymbol{v}) = 0$$

3.（微元）控制体法

所谓（微元）控制体法包含两方面：①控制体为空间中微元体积；②研究方法为控制体法。

微元控制体法建立连续方程的思想是对微元控制体应用积分方程。在欧拉观点中，在笛卡儿坐标系中，对微元控制体应用质量守恒定律。质量守恒定律对控制体可表达为：控制体内流体质量的集聚来自于控制体表面流体质量的流入。

图 2-17 所示为在笛卡儿坐标系中的微元控制体，设该微元控制体的中心坐标为 $\left(\frac{\mathrm{d}x}{2}, \frac{\mathrm{d}y}{2}, \frac{\mathrm{d}z}{2}\right)$。

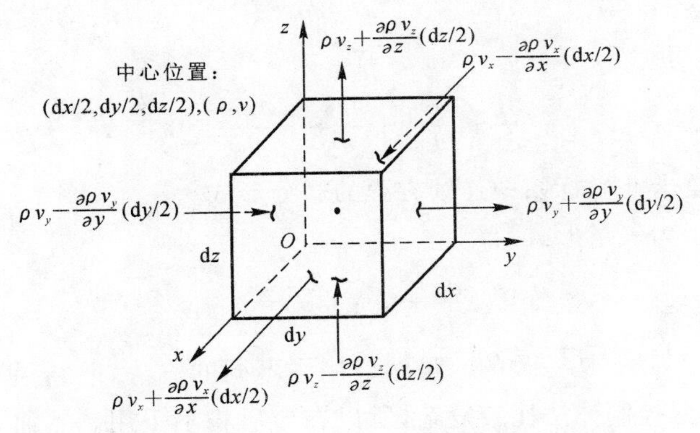

图 2-17　微元控制体

对微元控制体可以假设，在其 6 个面的任意一个面上流体参数是常数（一阶近似）。在微元控制体的背面，即面向 x 负方向的面，密度为 $\rho - \frac{\partial \rho}{\partial x}\left(\frac{\mathrm{d}x}{2}\right)$，而在正面上，为 $\rho + \frac{\partial \rho}{\partial x}\left(\frac{\mathrm{d}x}{2}\right)$。对乘积 (ρv_x)、(ρv_y) 和 (ρv_z)，即单位面积上质量流率，可写出类似的表达式，这里 v_x、v_y 和 v_z 是速度 $\boldsymbol{v}$ 的笛卡儿分量。因此，在背面 (ρv_x) 值为 $(\rho v_x) - \frac{\partial \rho v_x}{\partial x}\left(\frac{\mathrm{d}x}{2}\right)$，而在正面，它为 $(\rho v_x) + \frac{\partial \rho v_x}{\partial x}\left(\frac{\mathrm{d}x}{2}\right)$。对其余 4 个面，可写出相似的表达式。流入背面的质量为

$$\left[(\rho v_x) - \frac{\partial \rho v_x}{\partial x}\left(\frac{\mathrm{d}x}{2}\right)\right] \mathrm{d}y \mathrm{d}z \tag{2.7.5}$$

流出正面的质量为

$$\left[(\rho v_x)+\frac{\partial \rho v_x}{\partial x}\left(\frac{\mathrm{d}x}{2}\right)\right]\mathrm{d}y\mathrm{d}z$$

在微元控制体中沿 x 方向积累的质量为

$$\left[(\rho v_x)+\frac{\partial \rho v_x}{\partial x}\left(\frac{\mathrm{d}x}{2}\right)\right]\mathrm{d}y\mathrm{d}z-\left[(\rho v_x)-\frac{\partial \rho v_x}{\partial x}\left(\frac{\mathrm{d}x}{2}\right)\right]\mathrm{d}y\mathrm{d}z=\frac{\partial \rho v_x}{\partial x}\mathrm{d}x\mathrm{d}y\mathrm{d}z$$

同理，沿 y 及沿 z 方向积累的质量分别为$\frac{\partial \rho v_y}{\partial y}\mathrm{d}x\mathrm{d}y\mathrm{d}z$ 及$\frac{\partial \rho v_z}{\partial z}\mathrm{d}x\mathrm{d}y\mathrm{d}z$。这样，由控制体外表面流出的质量

$$\int_A \rho \boldsymbol{v}\cdot\mathrm{d}\boldsymbol{A}=\frac{\partial \rho v_x}{\partial x}\mathrm{d}x\mathrm{d}y\mathrm{d}z+\frac{\partial \rho v_y}{\partial y}\mathrm{d}x\mathrm{d}y\mathrm{d}z+\frac{\partial \rho v_z}{\partial z}\mathrm{d}x\mathrm{d}y\mathrm{d}z$$

控制体内由于密度变化集聚的质量为

$$\int_{V_c}\frac{\partial \rho}{\partial t}\mathrm{d}V_c=\frac{\partial \rho}{\partial t}\mathrm{d}x\mathrm{d}y\mathrm{d}z$$

对于控制体来讲，由质量守恒定律得，控制体内集聚的质量来自由控制体外表面注入的质量，即

$$\int_A \rho \boldsymbol{v}\cdot\mathrm{d}\boldsymbol{A}=\int_{V_c}\frac{\partial \rho}{\partial t}\mathrm{d}V_c$$

这样可得

$$\frac{\partial \rho}{\partial t}\mathrm{d}x\mathrm{d}y\mathrm{d}z=\frac{\partial \rho v_x}{\partial x}\mathrm{d}x\mathrm{d}y\mathrm{d}z+\frac{\partial \rho v_y}{\partial y}\mathrm{d}x\mathrm{d}y\mathrm{d}z+\frac{\partial \rho v_z}{\partial z}\mathrm{d}x\mathrm{d}y\mathrm{d}z$$

两边除以 $\mathrm{d}x\mathrm{d}y\mathrm{d}z$，可得

$$\frac{\partial \rho}{\partial t}+\frac{\partial \rho v_x}{\partial x}+\frac{\partial \rho v_y}{\partial y}+\frac{\partial \rho v_z}{\partial z}=0 \tag{2.7.6}$$

式(2.7.6)就是笛卡儿坐标系中连续方程的微分形式。

将式(2.7.6)表示为矢量形式，得

$$\frac{\partial \rho}{\partial t}+\nabla\cdot(\rho \boldsymbol{v})=0 \tag{2.7.7}$$

式(2.7.7)与式(2.7.4)是一致的。虽然应用了不同的方法，但结果与用拉格朗日法所获得结果相同。因为微元控制体法比较复杂，所以在今后将不采用。然而，应当指出，在研究传输现象(如黏性、传导以及扩散等)时，微元控制体法显得更加直接。

4. 各坐标系中连续方程的表达形式

上面在笛卡儿坐标系推导了连续方程的微分形式，对于其他坐标系的结果可用类似的方法导得。下面将总结连续方程在不同坐标系的表达式，以方便应用。需要指出的是，只要掌握散度在不同坐标系的表达式，利用散度在不同坐标系的表达式很容易写出连续方程在各种坐标系的表达式。

(1)矢量形式连续方程。

$$\frac{\partial \rho}{\partial t}+\nabla\cdot(\rho \boldsymbol{v})=0$$

(2)散度在正交曲线坐标系中表达式。

散度为标量，表示单位体积通量的极限，表征源或汇的强度，计算公式为

$$\mathrm{div}\boldsymbol{a}=\boldsymbol{\nabla}\cdot\boldsymbol{a}=\frac{1}{H_1H_2H_3}\left[\frac{\partial(a_1H_2H_3)}{\partial q_1}+\frac{\partial(a_2H_1H_3)}{\partial q_2}+\frac{\partial(a_3H_1H_2)}{\partial q_3}\right]$$

(3)各坐标系连续方程表达式。

正交曲线坐标系：$\dfrac{\partial\rho}{\partial t}+\dfrac{1}{H_1H_2H_3}\left[\dfrac{\partial(\rho v_1H_2H_3)}{\partial q_1}+\dfrac{\partial(\rho v_2H_1H_3)}{\partial q_2}+\dfrac{\partial(\rho v_3H_1H_2)}{\partial q_3}\right]=0$；

直角坐标系：$\dfrac{\partial\rho}{\partial t}+\dfrac{\partial(\rho u)}{\partial x}+\dfrac{\partial(\rho v)}{\partial y}+\dfrac{\partial(\rho\omega)}{\partial z}=0$；

圆柱坐标系：$\dfrac{\partial\rho}{\partial t}+\dfrac{1}{r}\dfrac{\partial(r\rho v_r)}{\partial x}+\dfrac{1}{r}\dfrac{\partial(\rho v_\theta)}{\partial\theta}+\dfrac{\partial(\rho v_z)}{\partial z}=0$；

球坐标系：$\dfrac{\partial\rho}{\partial t}+\dfrac{1}{r^2\sin\theta}\left[\dfrac{\partial}{\partial r}(\rho v_r r^2\sin\theta)+\dfrac{\partial}{\partial\theta}(\rho v_\theta r\sin\theta)+\dfrac{\partial}{\partial\varphi}(\rho v_\varphi r)\right]=0$。

例 2-3　空气通过矩形出口管流出贮箱。如图 2-18 所示。贮箱和出口的总容积以 V_c 表示。如果出口管的高度 Y 比宽度 W 小，则在出口截面处速度分布为

$$v_x(y)=\left(\frac{4U}{Y^2}\right)(yY-y^2)$$

其中：U 是最大速度。假设流动率足够小，以致整个贮箱和出口管的空气密度可以认为是均匀的（即 $\rho=C$）。

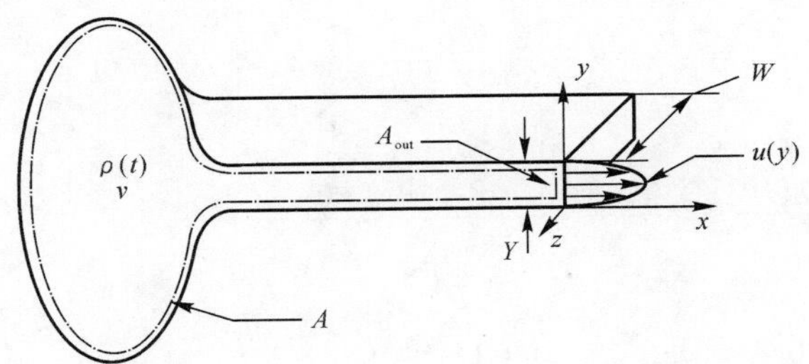

图 2-18　例 2-3 示意图

(a)试推导出口处瞬时质量流率，以及贮箱和出口管中空气密度时间变化率的表达式。

(b)某一具体的贮箱和出口管有总容积 0.283 m^3，出口管高度 $Y=0.002\ 54$ m，以及出口管宽度 $W=0.304\ 8$ m。试计算在压力 $p=1.379\times10^5$ N/m^2，温度 $T=277.8$ K，以及最大出口速度 $U=30.48$ m/s 的瞬间，$\dot{m}_{out}$ 和 $\dfrac{\partial\rho}{\partial t}$ 之值。空气的气体常数为 287.04 J/(kg·K)。

解：(a)定义贮箱和出口管的内壁，以及出口面积为控制面 A。控制容积 V_c 由贮箱容积和出口管容积组成。对这样的控制体，连续方程为式(2.7.3)。则有

$$\int_{V_c}\frac{\partial\rho}{\partial t}\mathrm{d}V_c+\int_{A_{out}}\rho\boldsymbol{v}\cdot\mathrm{d}\boldsymbol{A}=0 \tag{a}$$

其中：A_{out} 表示有质量流动的那部分控制面的总面积。

控制体 V_c 的瞬时质量流出率，由式(a)等号左边的第二项得到

$$\dot{m}_{out}=\int_{A_{out}}\rho\boldsymbol{v}\cdot\mathrm{d}\boldsymbol{A}=\int_{A_{out}}\mathrm{d}\,\dot{m}_{out} \tag{b}$$

在贮箱中空气密度的时间变化率由式(a)等号左边的第一项得到。由于密度在控制体内均匀，则 $\partial\rho/\partial t$ 不是 x、y、z 的函数，式(a)等号左边的第一项变成

$$\int_{V_c}\frac{\partial\rho}{\partial t}\mathrm{d}V_c=\frac{\partial\rho}{\partial t}V_c \tag{c}$$

将式(b)和式(c)代入式(a),可得

$$\frac{\partial \rho}{\partial t}V_c+\dot{m}_{out}=0 \tag{d}$$

为了确定$\dot{m}_{out}$,注意

$$\boldsymbol{v}=\boldsymbol{i}\left(\frac{4U}{Y^2}\right)(yY-y^2) \tag{e}$$

$$\mathrm{d}\boldsymbol{A}=\boldsymbol{i}(\mathrm{d}z\mathrm{d}y) \tag{f}$$

结果式(b)变为

$$\dot{m}_{out}=\rho\int_0^Y\int_0^W\left(\frac{4U}{Y^2}\right)(yY-y^2)\mathrm{d}z\mathrm{d}y \tag{g}$$

$$\dot{m}_{out}=\rho W\left(\frac{4U}{Y^2}\right)\left(\frac{Yy^2}{2}-\frac{y^3}{3}\right)\Bigg|_0^Y=\frac{2}{3}\rho WUY \tag{h}$$

将式(h)代入式(d),可得

$$\frac{\partial \rho}{\partial t}=-\frac{2\rho UWY}{3V_c} \tag{i}$$

(b)在控制体内空气的瞬时密度通过应用对完全气体的热力学状态方程,可得

$$\rho=\frac{p}{RT}=\frac{1.379\times10^5}{287.04\times277.8}=1.729(\mathrm{kg/m^3})$$

由式(h),有

$$\dot{m}_{out}=\frac{2\rho UWY}{3}=\frac{2\times1.729\times30.48\times0.002\ 54}{3}=0.027\ 2(\mathrm{kg/s})$$

由式(d),有

$$\frac{\partial \rho}{\partial t}=-\frac{\dot{m}_{out}}{V_c}=-\frac{0.027\ 2}{0.283}=-0.096\ 1(\mathrm{kg/m^3\cdot s})$$

2.8 动量方程

动量方程建立的基础是动量定律,即牛顿第二定律,动量方程建立的思路是将动量定律应用于通过控制体流体得到动量方程。

现在从“动量定律”出发推导动量方程。

与连续方程类似,有多种方法来建立动量方程,现在用不同的方法建立动量方程,不同方法所得的结果均相同,可以起到相互印证作用。

1.(流体微团的)拉格朗日法

与推导连续方程类似,如图 2-19 所示,在空间取一微元体,体积为 V_c,该体积外表面为 A,某时刻占据该微元体的流体微团质量为 m。

以占据该微元体的流体微团为研究对象,牛顿运动第二定律为

$$\boldsymbol{F}_{外}=\frac{\mathrm{d}\boldsymbol{M}}{\mathrm{d}t} \tag{2.8.1}$$

式(2.8.1)表示:流动中,流体微元所受到的力等于流体微团所具有的动量随时间的变化率。

式(2.8.1)中的导数是跟踪流体微团的导数,因此是实质导数,于是式(2.8.1)可写成

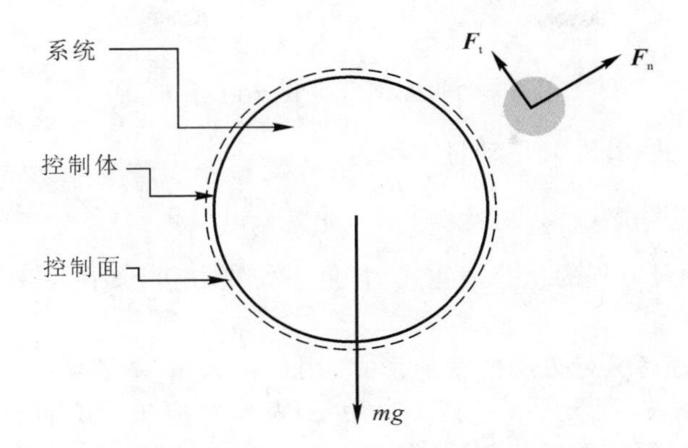

图 2-19　系统、控制体与控制面

$$F_{外}=\frac{D\boldsymbol{M}}{Dt} \tag{2.8.2}$$

利用 N 和 n 的性质，对动量而言，$N=\boldsymbol{M}=\int_{V_c}\boldsymbol{v}\mathrm{d}V_c$，以及 $n=\boldsymbol{v}$[见式(2.3.5)]。将这些结果代入式(2.6.18)，得

$$\boldsymbol{F}_{外}=\int_{V_c}\frac{\partial\rho\boldsymbol{v}}{\partial t}\mathrm{d}V_c+\int_A\boldsymbol{v}(\rho\boldsymbol{v}\cdot\mathrm{d}\boldsymbol{A}) \tag{2.8.3}$$

为了完成从系统法到控制体法的转变，必须把作用于系统上的外力表达为作用于控制体上的外力，即把 $\boldsymbol{F}_{外}$ 用控制体的面积分和体积分表示。

(1)作用于流体上的纯外力。作用于流体上的外力可分为体积力 $\boldsymbol{F}_B$ 和表面力 $\boldsymbol{F}_S$

$$\boldsymbol{F}_{外}=\boldsymbol{F}_B+\boldsymbol{F}_S \tag{2.8.4}$$

体积力是作用在整个流体质量上的力。最普通的体积力是万有引力，其他重要的例子是带电流体上的电磁力。通常 $\boldsymbol{F}_B$ 可写为

$$\boldsymbol{F}_B=\int_{V_c}\boldsymbol{B}\rho\mathrm{d}V_c \tag{2.8.5}$$

其中：$\boldsymbol{B}$ 表示单位流体质量的体积力。

表面力是作用于与环境接触的流体表面上的力，以 $\boldsymbol{F}_S$ 表示。表面力又可分为法向力 $\boldsymbol{F}_n$ 和切向力 $\boldsymbol{F}_t$。表面力是法向力和切向力的矢量和，即

$$\boldsymbol{F}_S=\boldsymbol{F}_n+\boldsymbol{F}_t$$

在无黏流体流动的情况下，法向力由压力引起，即

$$\boldsymbol{F}_n=-\int_A p\,\mathrm{d}\boldsymbol{A} \tag{2.8.6}$$

在式(2.8.6)中出现负号，是因为压力作用于外表面上，且方向指向外表面的内侧，而微元面积 $\mathrm{d}\boldsymbol{A}$ 的正法向是向外方向。对于无黏流动，因为没有剪切力，$\boldsymbol{F}_t=0$。对于黏性流动，表面力中有黏性剪应力。关于作用于黏性流体上法向和切向力的详细表达式，有兴趣的读者可以参考处理黏性流体流动的许多优秀著作。为了表示切向力的来源，可用 $\boldsymbol{F}_{剪}$ 表示 $\boldsymbol{F}_t$，如同在分析一维流动时保持的那样的一般形式一样。

(2)对于控制体的动量方程。综合以上讨论的所有力，作用在系统上的纯外力 $\boldsymbol{F}_{外}$ 可表

示为

$$\boldsymbol{F}_{外} = \int_{V_c} \boldsymbol{B}\rho \mathrm{d}V_c - \int_A p\,\mathrm{d}\boldsymbol{A} + \boldsymbol{F}_{剪} \tag{2.8.7}$$

将式(2.8.7)代入式(2.8.3)得动量方程为

$$\int_{V_c} \boldsymbol{B}\rho \mathrm{d}V_c - \int_A p\,\mathrm{d}\boldsymbol{A} + \boldsymbol{F}_{剪} = \int_{V_c} \frac{\partial \rho \boldsymbol{v}}{\partial t}\mathrm{d}V_c + \int_A \boldsymbol{v}(\rho\boldsymbol{v}\cdot \mathrm{d}\boldsymbol{A}) \tag{2.8.8}$$

式(2.8.8)即为动量方程的积分表达式,它是一矢量方程,其在每一个座标方向上的分量都保持独立性。

为了获得动量方程各分量方程的普遍形式,用单位矢量 $\boldsymbol{n}_i$ 表示 x_i 方向(例如,在笛卡儿座标系中,$x_i=x$,、y 或 z,而 $\boldsymbol{n}_i=\boldsymbol{i}$、$\boldsymbol{j}$ 或 $\boldsymbol{k}$),用 v_i 表示对应坐标方向的速度分量。用 $\boldsymbol{n}_i$ 和式(2.8.8)进行数量积,便获得式(2.8.8)在 x_i 方向的分量方程。

$$\int_{V_c} B_i\rho \mathrm{d}V_c - \int_A p\,\boldsymbol{n}_i\cdot \mathrm{d}\boldsymbol{A} + \boldsymbol{F}_{剪}\cdot\boldsymbol{n}_i = \int_{V_c} \frac{\partial \rho v_i}{\partial t}\mathrm{d}V_c + \int_A v_i(\rho\boldsymbol{v}\cdot \mathrm{d}\boldsymbol{A}) \tag{2.8.9}$$

对定常流动,式(2.8.9)右边第一项为0。

在许多应用中,不必要也不可能详细确定由于压力和剪切力产生的表面外力,感兴趣的仅是表面力的合力。例如,喷气推进发动机(火箭、涡轮喷气或者冲压发动机)产生的合力,作用在没入流动流体物体上的总力,以及为了保持有流体流过的管道固定在应有位置上所需要的外力等。在这样的情况下,保持表面力为一般形式$\boldsymbol{F}_{表}$更为方便,$F_{表}$ 是作用在控制体表面上所有外力的总和。这时,便得到动量方程的表达式为

$$F_{表} + \int_{V_c} \boldsymbol{B}\rho \mathrm{d}V_c = \int_{V_c} \frac{\partial \rho \boldsymbol{v}}{\partial t}\mathrm{d}V_c + \int_A \boldsymbol{v}(\rho\boldsymbol{v}\cdot \mathrm{d}\boldsymbol{A}) \tag{2.8.10}$$

假设在控制体内的动量变化和通过控制面的动量流通量可以求得,式(2.8.10)便可用来计算作用在控制体表面上纯表面力的合力,而不需要详细知道压力或剪应力的分布。

(3)动量方程的微分形式。在推导动量方程的微分形式之前,必须确定剪切应力。如果保留剪应力,则它们与流场参数之间的关系是重要的。这样产生的微分方程称为纳维-斯托克斯方程。对于无黏流体,$\boldsymbol{F}_{剪}=0$。

通过应用散度定理[见式(2.6.19)],式(2.8.9)中的面积分可能转换为体积分。压力项变为

$$-\int_A p\,\boldsymbol{n}_i\cdot \mathrm{d}\boldsymbol{A} = -\int_{V_c} \frac{\partial p}{\partial x_i}\mathrm{d}V_c \tag{2.8.11}$$

动量通量项变为

$$\int_A v_i(\rho\boldsymbol{v}\cdot \mathrm{d}\boldsymbol{A}) = \int_{V_c} \boldsymbol{\nabla}\cdot(\rho v_i\boldsymbol{v})\mathrm{d}V_c \tag{2.8.12}$$

设$\boldsymbol{F}_{剪}=0$,并将以上结果代入式(2.8.9),得

$$\int_{V_c} B_i\rho \mathrm{d}V_c - \int_{V_c} \frac{\partial p}{\partial x_i}\mathrm{d}V_c = \int_{V_c} \frac{\partial \rho v_i}{\partial t}\mathrm{d}V_c + \int_{V_c} \boldsymbol{\nabla}\cdot(\rho v_i\boldsymbol{v})\mathrm{d}V_c$$

当控制体 V_c 缩小到微元容积 $\mathrm{d}V_c$ 时,积分值的极限就是被积函数本身,因此得

$$\rho B_i - \frac{\partial p}{\partial x_i} = \frac{\partial \rho v_i}{\partial t} + \boldsymbol{\nabla}\cdot(\rho v_i\boldsymbol{v}) \tag{2.8.13}$$

展开式(2.8.13)的右边(RHS),得

$$(\mathrm{RHS}) = \rho\frac{\partial v_i}{\partial t} + v_i\left[\frac{\partial \rho}{\partial t} + \boldsymbol{\nabla}\cdot(\rho\boldsymbol{v})\right] + \rho(\boldsymbol{v}\cdot\boldsymbol{\nabla})v_i \tag{2.8.14}$$

方括号中的表达式为质量守恒定律的表达式[式(2.7.7)]，它恒等于 0。因此，式(2.8.14)简化为

$$(\mathrm{RHS})=\rho\left[\frac{\partial v_i}{\partial t}+(\boldsymbol{v}\cdot\boldsymbol{\nabla})v_i\right]=\rho\frac{\mathrm{D}v_i}{\mathrm{D}t} \tag{2.8.15}$$

将式(2.8.15)代入式(2.8.13)，得

$$\rho\frac{\mathrm{D}v_i}{\mathrm{D}t}+\frac{\partial p}{\partial x_i}-\rho B_i=0 \tag{2.8.16}$$

式(2.8.16)为微分形式动量方程的分量形式。

通过对分量方程求矢量和，可得动量微分方程的矢量形式：

$$\rho\frac{\mathrm{D}\boldsymbol{v}}{\mathrm{D}t}+\boldsymbol{\nabla}p-\rho\boldsymbol{B}=0 \tag{2.8.17}$$

式(2.8.17)即为著名的欧拉运动方程，其用于无黏流动。对于定常流，式(2.8.15)中 $\frac{\partial v_i}{\partial t}=0$，则式(2.8.17)等号左边的第一项变为

$$\rho\frac{\mathrm{D}\boldsymbol{v}}{\mathrm{D}t}=\rho(\boldsymbol{v}\cdot\boldsymbol{\nabla})\boldsymbol{v}$$

对于定常流，欧拉运动方程为

$$\rho(\boldsymbol{v}\cdot\boldsymbol{\nabla})\boldsymbol{v}+\boldsymbol{\nabla}p-\rho\boldsymbol{B}=0 \tag{2.8.18}$$

2.(微元)控制体法

控制体形式的动量方程是最常用的基本方程之一。其优点在于，只要知道控制体进、出口的流动情况，就可以得出作用在控制体上的力，而无须知道控制体内部的流动细节。

选取一个边长为 $\mathrm{d}x$、$\mathrm{d}y$、$\mathrm{d}z$ 的控制体，如图 2－20 所示，将动量守恒定律应用于控制体，即可建立动量方程。下面，首先建立 x 方向的动量方程。

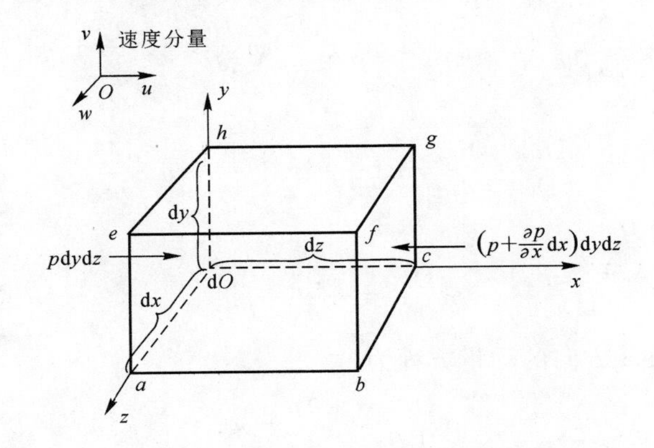

图 2－20　运动的无穷小微团模型

(图中只画出了 x 方向的力，用于推导 x 方向的动量方程)

控制体受力包括体积力和表面力。体积力是控制体内流体微团所受的体积力，最简单的是质量力，用 $\rho g_x\mathrm{d}x\mathrm{d}y\mathrm{d}z$ 表示。表面力是控制体周围流体微团对控制体内流体微团的作用力，作用于控制体左面上的力为 $p\mathrm{d}y\mathrm{d}z$；作用于控制体右面上的力为 $p+\frac{\partial p}{\partial x}\mathrm{d}x\mathrm{d}y\mathrm{d}z$；作用于控制体上 x 方向合力为$\frac{\partial p}{\partial x}\mathrm{d}x\mathrm{d}y\mathrm{d}z$。

单位时间内通过控制左表面流入的质量为$\rho v_x \mathrm{d}y\mathrm{d}z$，这部分质量带入的动量为$\rho v_x{}^2 \mathrm{d}y\mathrm{d}z$；单位时间内通过控制右表面流出的质量为$\rho v_x \mathrm{d}y\mathrm{d}z+\frac{\partial(\rho v_x)}{\partial x}\mathrm{d}x\mathrm{d}y\mathrm{d}z$，这部分质量带入$x$方向的动量为$\rho v_x{}^2 \mathrm{d}y\mathrm{d}z+\frac{\partial(\rho v_x{}^2)}{\partial x}\mathrm{d}x\mathrm{d}y\mathrm{d}z$。这样，可得通过控制体左、右两个面$x$方向的动量净流出为$\frac{\partial(\rho v_x{}^2)}{\partial x}\mathrm{d}x\mathrm{d}y\mathrm{d}z$。单位时间内通过控制体下表面流入的质量为$\rho v_z \mathrm{d}x\mathrm{d}y$，这部分质量带入$x$方向的动量为$\rho v_x v_z \mathrm{d}x\mathrm{d}y$；单位时间内通过控制体上表面流出$x$方向的质量为$\rho v_z \mathrm{d}x\mathrm{d}y+\frac{\partial(\rho v_z)}{\partial x}\mathrm{d}x\mathrm{d}y\mathrm{d}z$，这部分质量带入$x$方向的动量为$\rho v_x v_z \mathrm{d}x\mathrm{d}y+\frac{\partial(\rho v_x v_z)}{\partial z}\mathrm{d}x\mathrm{d}y\mathrm{d}z$。这样，可得通过控制体上、下两个面$x$方向的动量净流出为$\frac{\partial(\rho v_x v_z)}{\partial z}\mathrm{d}x\mathrm{d}y\mathrm{d}z$。同样，经分析可得通过控制体前、后两个面$x$方向的动量净流出为$\frac{\partial(\rho v_x v_y)}{\partial y}\mathrm{d}x\mathrm{d}y\mathrm{d}z$。非稳态流动引起的控制体内流体$x$方向动量的变化为$\frac{\partial}{\partial t}(\rho v_x)\mathrm{d}x\mathrm{d}y\mathrm{d}z$。

由力与动量之间的平衡而得出x方向动量为

$$\frac{\partial}{\partial x}(\rho v_x{}^2)+\frac{\partial}{\partial y}(\rho v_x v_y)+\frac{\partial}{\partial z}(\rho v_x v_z)+\frac{\partial}{\partial t}(\rho v_x)=-\frac{\partial p}{\partial x}+\rho g_x \tag{2.8.19}$$

将式(2.8.19)左边的各项进行偏微分，可得

$$\rho v_x \frac{\partial v_x}{\partial x}+\rho v_y \frac{\partial v_x}{\partial y}+\rho v_z \frac{\partial v_x}{\partial z}+\rho \frac{\partial v_x}{\partial t}+v_x \frac{\partial(\rho v_x)}{\partial x}+v_x \frac{\partial(\rho v_y)}{\partial y}+v_x \frac{\partial(\rho v_z)}{\partial z}+v_x \frac{\partial \rho}{\partial t}=-\frac{\partial p}{\partial x}+\rho g_x \tag{2.8.20}$$

考虑到质量守恒，则有

$$\rho v_x \frac{\partial v_x}{\partial x}+\rho v_y \frac{\partial v_x}{\partial y}+\rho v_z \frac{\partial v_x}{\partial z}+\rho \frac{\partial v_x}{\partial t}=-\frac{\partial p}{\partial x}+\rho g_x \tag{2.8.21}$$

引入物质微商：

$$\frac{\mathrm{D}v_x}{\mathrm{D}t}=\frac{\partial v_x}{\partial t}+v_x \frac{\partial v_x}{\partial x}+v_y \frac{\partial v_x}{\partial y}+v_z \frac{\partial v_x}{\partial z} \tag{2.8.22}$$

x方向的动量方程为

$$\rho \frac{\mathrm{D}v_x}{\mathrm{D}t}=-\frac{\partial p}{\partial x}+\rho g_x \tag{2.8.23}$$

同理可得y方向及z方向的动量方程为

$$\rho \frac{\mathrm{D}v_y}{\mathrm{D}t}=-\frac{\partial p}{\partial y}+\rho g_y \tag{2.8.24}$$

$$\rho \frac{\mathrm{D}v_z}{\mathrm{D}t}=-\frac{\partial p}{\partial z}+\rho g_z \tag{2.8.25}$$

3.系统法

将牛顿第二定律应用在图2-20所示占据(微元)控制体的运动流体微团，就是作用于微团上力的总和等于微团的质量与微团运动时加速度的乘积。这是一个矢量关系式，可以沿x、y、z轴分解成三个标量的关系式。下面分别建立x、y、z轴的动量方程。

(1)x方向动量方程的建立。

微团运动纵观分析：

先仅考虑 x 方向的动量分量，牛顿第二定律具有以下形式：

$$F_x = ma_x \tag{2.8.26}$$

其中：F_x 和 a_x 分别是微团所受力(分力)和加速度在 x 方向的分量。

由于是无黏流动，微团受力包括直接作用于流体微团整个体积上的体积力和作用于微团表面的压力。

(2)体积力表达式。将作用在单位质量流体微团上的体积力记作 f，其 x 方向分量记作 f_x。流体微团的体积为 $\mathrm{d}x\mathrm{d}y\mathrm{d}z$，因此

$$\text{作用在流体微团上的体积力的 } x \text{ 方向分量} = \rho f_x(\mathrm{d}x\mathrm{d}y\mathrm{d}z) \tag{2.8.27}$$

(3)表面力表达式。仅考虑表现为表面压力的正应力，不考虑表现为由黏性引起的黏性力。

面 $adhe$ 上的力：存在沿 x 轴正向的压力 $p\mathrm{d}y\mathrm{d}z$。

面 $bcgf$ 上的力：存在压力$[p+(\partial p/\partial x)\mathrm{d}x]\mathrm{d}y\mathrm{d}z$，方向沿 x 轴负方向。。

合力：综上所述，对运动的流体微团，x 方向总的表面力为

$$\left[p-\left(p+\frac{\partial p}{\partial x}\right)\right]\mathrm{d}x\mathrm{d}y\mathrm{d}z \tag{2.8.28}$$

x 方向总的力 F_x 为

$$F_x = -\frac{\partial p}{\partial x}\mathrm{d}x\mathrm{d}y\mathrm{d}z + \rho f_x \mathrm{d}x\mathrm{d}y\mathrm{d}z \tag{2.8.29}$$

式(2.8.29)给出了式(2.8.26)的左边。

现在考虑式(2.8.26)的右边。运动的流体微团，其质量是固定不变的，即

$$m = \rho \mathrm{d}x\mathrm{d}y\mathrm{d}z \tag{2.8.30}$$

另外，流体微团的加速度就是速度变化的时间变化率。因此，加速度的 x 方向分量，记作 a_x，直接就等于 u 的时间变化率。但由于考虑运动的流体微团，所以这个时间变化率是由物质导数给出的，即

$$a_x = \frac{\mathrm{D}v_x}{\mathrm{D}t} \tag{2.8.31}$$

将式(2.8.26)与式(2.8.29)～式(2.8.31)综合起来，得到

$$\rho\frac{\mathrm{D}v_x}{\mathrm{D}t} = -\frac{\partial p}{\partial x} + \rho f_x \tag{2.8.32a}$$

这就是无黏流动 x 方向的动量方程。

用同样的办法，可得 y 方向和 z 方向的动量方程：

$$\rho\frac{\mathrm{D}v_y}{\mathrm{D}t} = -\frac{\partial p}{\partial y} + \rho f_y \tag{2.8.32b}$$

$$\rho\frac{\mathrm{D}v_z}{\mathrm{D}t} = -\frac{\partial p}{\partial z} + \rho f_z \tag{2.8.32c}$$

式(2.8.32a)～式(2.8.32c)分别是 x、y、z 方向的动量方程。注意到，它们都是偏微分方程，是通过将基本的物理学原理应用于无穷小流体微团直接得到的。

按照下面的方法，可以得到动量方程的守恒形式。流体力学中，把方程分为两种形式，一种是原始变量型方程，另一种是守恒型方程。把微分算符以外存在未知量的方程叫作原始变量型方程，把微分算符以外不存在未知量的方程叫作守恒型方程。

根据物质导数的定义，可将式(2.8.32a)的左边写为

$$\rho \frac{\mathrm{D}v_x}{\mathrm{D}t}=\rho \frac{\partial v_x}{\partial t}+\rho \boldsymbol{v} \cdot \nabla v_x \tag{2.8.33}$$

另外，展开下面的导数

$$\frac{\partial(\rho v_x)}{\partial t}=\rho \frac{\partial v_x}{\partial t}+v_x \frac{\partial \rho}{\partial t}$$

整理，得

$$\rho \frac{\partial v_x}{\partial t}=\frac{\partial(\rho v_x)}{\partial t}-v_x \frac{\partial \rho}{\partial t} \tag{2.8.34}$$

利用标量与向量乘积的散度的向量恒等式，有

$$\nabla \cdot (\rho v_x \boldsymbol{v})=v_x \nabla \cdot (\rho \boldsymbol{v})+(\rho \boldsymbol{v}) \cdot \nabla v_x$$

改写为

$$(\rho \boldsymbol{v}) \cdot \nabla v_x=\nabla \cdot (\rho v_x \boldsymbol{v})-v_x \nabla \cdot (\rho \boldsymbol{v}) \tag{2.8.35}$$

将式(2.8.34)和式(2.8.35)代入式(2.8.33)，得

$$\rho \frac{\mathrm{D}v_x}{\mathrm{D}t}=\frac{\partial(\rho v_x)}{\partial t}-v_x \frac{\partial \rho}{\partial t}+\nabla \cdot (\rho v_x \boldsymbol{v})-v_x \nabla \cdot (\rho \boldsymbol{v})=\frac{\partial(\rho v_x)}{\partial t}-v_x\left[\frac{\partial \rho}{\partial t}+\nabla \cdot (\rho \boldsymbol{v})\right]+\nabla \cdot (\rho v_x \boldsymbol{v}) \tag{2.8.36}$$

式(2.8.36)右边方括号里的表达式就是连续性方程，因此方括号中的项等于零，于是式(2.8.36)可以简化为

$$\rho \frac{\mathrm{D}v_x}{\mathrm{D}t}=\frac{\partial(\rho v_x)}{\partial t}+\nabla \cdot (\rho v_x \boldsymbol{v}) \tag{2.8.37}$$

再将式(2.8.37)代入式(2.8.32a)，得

$$\frac{\partial(\rho v_x)}{\partial t}+\nabla \cdot (\rho v_x \boldsymbol{v})=-\frac{\partial p}{\partial x}+\rho f_x \tag{2.8.38a}$$

同样，式(2.8.32b)和式(2.8.32c)可以写为

$$\frac{\partial(\rho v_y)}{\partial t}+\nabla \cdot (\rho v_y \boldsymbol{v})=-\frac{\partial p}{\partial y}+\rho f_y \tag{2.8.38b}$$

$$\frac{\partial(\rho v_z)}{\partial t}+\nabla \cdot (\rho v_z \boldsymbol{v})=-\frac{\partial p}{\partial z}+\rho f_z \tag{2.8.38c}$$

式(2.8.38a)～式(2.8.38c)就是纳维-斯托克斯方程的守恒形式。

4.不同坐标系中动量方程的表达式

上述在笛卡儿坐标系推导了动量方程，接下来将总结动量方程在不同坐标系下的表达式，以方便应用。对于无黏流体，动量方程为

$$\rho \frac{\mathrm{D}\boldsymbol{v}}{\mathrm{D}t}+\nabla p-\rho \boldsymbol{B}=0$$

不考虑体积力的情况下，$\boldsymbol{B}=0$，则上式可以简化为

$$\frac{\mathrm{D}\boldsymbol{v}}{\mathrm{D}t}+\frac{\nabla p}{\rho}=0$$

不同坐标系下的动量方程表达方式如下：

(1)直角坐标系。

x 方向：$\frac{\partial v_x}{\partial t}+v_x\frac{\partial v_x}{\partial x}+v_y\frac{\partial v_x}{\partial y}+v_z\frac{\partial v_x}{\partial z}+\frac{1}{\rho}\frac{\partial p}{\partial x}=0$；

y 方向：$\frac{\partial v_y}{\partial t}+v_x\frac{\partial v_y}{\partial x}+v_y\frac{\partial v_y}{\partial y}+v_z\frac{\partial v_y}{\partial z}+\frac{1}{\rho}\frac{\partial p}{\partial y}=0$；

z 方向：$\frac{\partial v_z}{\partial t}+v_x\frac{\partial v_z}{\partial x}+v_y\frac{\partial v_z}{\partial y}+v_z\frac{\partial v_z}{\partial z}+\frac{1}{\rho}\frac{\partial p}{\partial z}=0$。

(2)圆柱坐标系。

r 方向：$\frac{\partial v_r}{\partial t}+v_r\frac{\partial v_r}{\partial r}+\frac{v_\theta}{r}\frac{\partial v_r}{\partial \theta}+v_z\frac{\partial v_r}{\partial z}+\frac{1}{\rho}\frac{\partial p}{\partial r}-\frac{{v_\theta}^2}{r}=0$；

θ 方向：$\frac{\partial v_\theta}{\partial t}+v_r\frac{\partial v_\theta}{\partial r}+\frac{v_\theta}{r}\frac{\partial v_\theta}{\partial \theta}+v_z\frac{\partial v_\theta}{\partial z}+\frac{1}{\rho}\frac{\partial p}{r\partial \theta}+\frac{v_r v_\theta}{r}=0$；

z 方向：$\frac{\partial v_z}{\partial t}+v_r\frac{\partial v_z}{\partial r}+\frac{v_\theta}{r}\frac{\partial v_z}{\partial \theta}+v_z\frac{\partial v_z}{\partial z}+\frac{1}{\rho}\frac{\partial p}{\partial z}=0$。

(3)球坐标系。

r 方向：$\frac{\partial v_r}{\partial t}+v_r\frac{\partial v_r}{\partial r}+\frac{v_\theta}{r}\frac{\partial v_r}{\partial \theta}+\frac{v_\varphi}{r\sin\theta}\frac{\partial v_r}{\partial \varphi}+\frac{1}{\rho}\frac{\partial p}{\partial r}-\frac{{v_\theta}^2+{v_\varphi}^2}{r}=0$；

θ 方向：$\frac{\partial v_\theta}{\partial t}+v_r\frac{\partial v_\theta}{\partial r}+\frac{v_\theta}{r}\frac{\partial v_\theta}{\partial \theta}+\frac{v_\varphi}{r\sin\theta}\frac{\partial v_\theta}{\partial \varphi}+\frac{1}{\rho r}\frac{\partial p}{\partial \theta}-\frac{v_r v_\theta+{v_\varphi}^2\cot\theta}{r}=0$；

φ 方向：$\frac{\partial v_\varphi}{\partial t}+v_r\frac{\partial v_\varphi}{\partial r}+\frac{v_\theta}{r}\frac{\partial v_\varphi}{\partial \theta}+\frac{v_\varphi}{r\sin\theta}\frac{\partial v_\varphi}{\partial \varphi}+\frac{1}{\rho r\sin\theta}\frac{\partial p}{\partial \varphi}+\frac{v_r v_\varphi+v_\theta v_\varphi\cot\theta}{r}=0$。

例 2-4　图 2-21 表示一个模型火箭。该火箭通过火箭内压缩空气膨胀，推动活塞运动，进而使得水从尾部喷射推进。火箭内水面移动速度为 $v=v_0-kt$。水室内横截面积为 A，而收缩喷管的出口面积为 $A_e=A/2$。火箭的初始质量为 M，而水的密度 ρ 是常数。试求为了固定火箭所需要的约束力 R。注意：火箭推力在数值上等于 R，而作用方向相反。

解：在解题前必须做某些简化假设。假设忽略压缩空气、无摩擦活塞和容器的质量，速度 v 和 v_e 在它们各自的截面上均匀，以及在喷管出口截面上喷射压力 p_e 均匀并且等于大气压力。

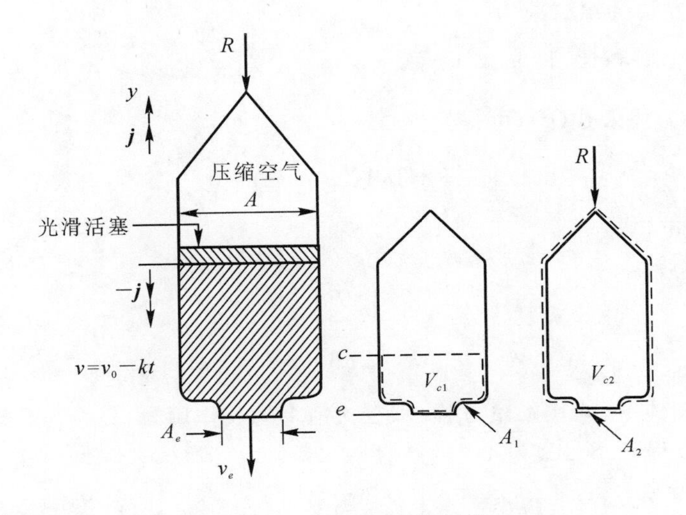

图 2-21　例 2-4 示意图

(a)首先必须求 $v_e(t)$。因此，定义控制容积 V_{c1}，如图 2-21 所示。对 V_{c1} 应用连续方程[式(2.7.3)]，产生

$$\int_{V_{c1}}\left(\frac{\partial\rho}{\partial t}\right)\mathrm{d}V_{c1}+\int_{A_1}\rho\boldsymbol{v}\cdot\mathrm{d}\boldsymbol{A}=0 \tag{a}$$

因为密度是常数，故式(a)为

$$\int_{A_1}\boldsymbol{v}\cdot\mathrm{d}\boldsymbol{A}=0 \tag{b}$$

式(b)在所有表面展开，有

$$\int_{A_c}\boldsymbol{v}\cdot\mathrm{d}\boldsymbol{A}+\int_{A_e}\boldsymbol{v}\cdot\mathrm{d}\boldsymbol{A}+\int_{A_{侧面}}\boldsymbol{v}\cdot\mathrm{d}\boldsymbol{A}=0$$

下表面：

$$\boldsymbol{v}_e=-\boldsymbol{j}v_e \qquad \mathrm{d}\boldsymbol{A}_e=-\boldsymbol{j}\mathrm{d}A_e \tag{c}$$

上表面：

$$\boldsymbol{v}_c=-\boldsymbol{j}v \qquad \mathrm{d}\boldsymbol{A}=\boldsymbol{j}\mathrm{d}A \tag{d}$$

其余表面，速度矢量和面积矢量垂直，无质量流出。

将式(c)和式(d)代入式(b)，并简化，有

$$A_ev_e-Av=0 \tag{e}$$

$$v_e=\frac{Av}{A_e}=2(v_0-kt) \tag{f}$$

(b)其次，从控制容积 V_{c2}，如图 2-21 所示，求火箭瞬时质量。

对这种情况，连续方程(2.7.3)变为

$$\int_{V_{c2}}\frac{\partial\rho}{\partial t}\mathrm{d}V_c+\int_{A_2}\rho\boldsymbol{v}\cdot\mathrm{d}\boldsymbol{A}=0 \tag{g}$$

式(g)中等号左边的第一项可写为

$$\int_{V_{c2}}\frac{\partial\rho}{\partial t}\mathrm{d}V_c=\frac{\partial M(t)}{\partial t} \tag{h}$$

其中：$M(t)$是控制体 V_{c2} 内水、空气和火箭元件的总质量。

式(g)中等号左边的第二项为

$$\int_{A_2}\rho\boldsymbol{v}\cdot\mathrm{d}\boldsymbol{A}=\int_{A_e}\rho(-\boldsymbol{j}v_e)\cdot(-\boldsymbol{j}\mathrm{d}A_e)=\rho v_eA_e=2\rho A_e(v_0-kt) \tag{i}$$

将式(h)和式(i)代入式(g)，可得

$$\frac{\partial M}{\partial t}+2\rho A_e(v_0-kt)=0 \tag{j}$$

对式(j)积分，可得

$$\int_{M_0}^{M}\mathrm{d}M=-\int_0^t 2\rho A_e(v_0-kt)\mathrm{d}t \tag{k}$$

$$M(t)=M_0-2\rho A_e\left(v_0t-\frac{1}{2}kt^2\right) \tag{l}$$

(c)现在对控制体 V_{c2} 应用动量方程，求在火箭上的反作用力。

V_{c2} 应用动量方程(2.8.10)为

$$\boldsymbol{F}_{表}+\int_{V_{c2}}\boldsymbol{B}\rho\mathrm{d}V_c=\int_{V_{c2}}\frac{\partial\rho\boldsymbol{v}}{\partial t}\mathrm{d}V_c+\int_{A_2}\boldsymbol{v}(\rho\boldsymbol{v}\cdot\mathrm{d}\boldsymbol{A})=0 \tag{m}$$

接下来将逐项研究式(m)中的各项。

事实上,对式(m)只要在 $\boldsymbol{j}$ 方向上的应用。$\boldsymbol{F}_{表}$ 为作用在控制面 A_2 上的表面力。作用在 A_2 上的所有的压力等于外界大气压力 p_e(包括火箭喷管出口截面上的水压力 p_e),所以表面力中没有压力项。作用在 A_2 上的唯一的表面力是使火箭保持固定所需要的约束力($-\boldsymbol{j}R$)。

$\int_{V_c}\boldsymbol{B}\rho\mathrm{d}V_c$ 为体积力,由重力引起的体积力为($-\boldsymbol{j}Mg$)。

$\int_{V_{c2}}\frac{\partial\rho\boldsymbol{v}}{\partial t}\mathrm{d}V_c$ 为控制体 V_{c2} 内的惯性力变化。因为在控制体内水的速度为($-\boldsymbol{j}v$),所以

$$\int_{V_{c2}}\frac{\partial\rho\boldsymbol{v}}{\partial t}\mathrm{d}V_c=\int_{V_{c2}}\frac{\partial(\rho\boldsymbol{v})}{\partial t}\mathrm{d}V_c=\int_{V_{c2}}\frac{\partial(-\boldsymbol{j}\rho v)}{\partial t}\mathrm{d}V_c=\frac{\partial}{\partial t}\int_{V_{c2}}\mathrm{d}(-\boldsymbol{j}\rho vV_c)=$$

$$\frac{\partial}{\partial t}(-\boldsymbol{j}\rho vV_c)=\boldsymbol{j}\frac{\partial}{\partial t}(-vM)$$

$\int_{A_2}\boldsymbol{v}(\rho\boldsymbol{v}\cdot\mathrm{d}\boldsymbol{A})$ 为控制面上的动量流通量:

$$\int_{A_2}\boldsymbol{v}(\rho\boldsymbol{v}\cdot\mathrm{d}\boldsymbol{A})=\int_{A_2}(-\boldsymbol{j}v_e)\rho(-\boldsymbol{j}v_e)(-\boldsymbol{j}A_e)=\int_{A_2}-\boldsymbol{j}\rho v_e^2\mathrm{d}A_e=-\boldsymbol{j}\rho A_ev_e^2$$

代入式(m),并消去 $\boldsymbol{j}$ 得

$$-R-Mg=\frac{\partial}{\partial t}(-vM)-\rho A_ev_e^2 \tag{n}$$

式(n)中的右边第一项可写成

$$\frac{\partial}{\partial t}(-vM)=-M\frac{\partial v}{\partial t}-v\frac{\partial M}{\partial t} \tag{o}$$

将式(m)及 $v=v_0-kt$ 代入式(o)右边可得

$$\frac{\partial}{\partial t}(-vM)=kM+2\rho A_e(v_0-kt)^2 \tag{p}$$

将式(p)代入式(n)并解出 R 为

$$R=-(g+k)M-2\rho A_e(v_0-kt)^2+\rho A_ev_e^2$$

将式(l)及式(f)代入上式,最后得

$$R=-(g+k)\left[M_0-2\rho A_e\left(v_0t-\frac{kt^2}{2}\right)\right]+2\rho A_e(v_0-kt)^2 \tag{q}$$

上述例子是应用动量方程求解非定常流动问题很好的说明。它生动地表明,为了获得问题的解,需要对所研究的进行必要假设和近似。

2.9　能量方程

在推导能量方程之前,有必要明晰能量、功和热力学第一定律等概念。

1. 能量概念

系统能量是系统在某一状态下所具有的全部能量。本书仅考虑系统涉及物理变化和化学变化时各种能量,而不考虑电能和原子能。至于化学能,在有化学反应的气体流动中予以考虑。

(1)无化学反应的物理过程包括的能量。对于无化学反应的物理过程,能量包括三种:一

是系统作整体宏观运动时所具有的宏观动能 E_K；二是在重力场中，系统位于某一高度 Z 所具有的势能 E_P；三是与系统整体运动和重力场无关，系统内部气体分子作无规则运动所具有的内部能量 U(简称内能)，因此，系统的总能量为

$$E=E_K+E_P+U$$

若系统只有 1 kg 工质，则总能量为

$$e=e_K+e_P+u$$

其中：$e_K=\frac{v^2}{2}$ J/kg；

$e_P=gz$ J/kg；

u——内能，J/kg；

v——系统作整体运动的速度，m/s；

z——系统距海平面的高度，m。

气体分子作无规则运动所具有的内部能量由四部分组成：①气体分子作无规则的平移运动所具有的平移动能；②多原子组成的分子作旋转运动所具有的旋转动能；③分子内部的原子作振动所具有的振动动能，这三种能量均为温度的函数；④此外，还有由于分子间作用力所形成的势能，这种能量随分子间距离的变化而变化，亦即决定于比容。综上所述，可得气体的内能取决于气体的温度和比容，将它们写成数学关系，即

$$U=f(T,v)$$

由于温度和比容是状态参数，所以内能也是一个状态参数，其具有全微分性质，将它们写成数学关系，即

$$\int_1^2 \mathrm{d}U = U_2 - U_1 = \Delta U$$

对完全气体，因为分子之间无作用力，所以内能中无势能，而仅有三种动能，因此，完全气体的内能仅是温度的函数，即

$$U=f(T)$$

可见，只要起始和终了温度相同，不论变化过程的途径如何，完全气体的内能变化也都相等。

(2)具有化学反应的过程包括的能量。对具有化学反应的过程，物质内能包括两大部分内容：一部分是物理内能，用符号 U_{ph} 表示，它就是前面介绍的“物质内部的热量”，本质是分子热运动的动能和分子之间相互作用力所形成的势能，对完全气体来说，它仅取决于气体温度；另一部分是化学(内)能，用符号 U_{ch} 表示，它取决于物质内部结构，而与物质所处的物理状态无关。一般是对 1 mol 或对 1 kmol 物质而言。设 1 kmol 物质的内能用符号(μu)表示，单位为kJ/kmol，则

$$(\mu u)=(\mu u)_{ph}+(\mu u)_{ch}$$

或

$$U=(U)_{ph}+(U)_{ch}$$

显然，对具有化学反应的过程来讲，物质内能的概念比无化学反应的过程有所扩大，它包括了物理内能和化学内能。对只是讨论工质成分不改变的物理过程，过程前后的化学成分不变，所有化学能也不改变，所有化学能可以不予考虑。

在燃烧反应中，系统向外界放出能量，系统内能下降。系统和外界交换的热量叫作反应热。反应热可以为正，也可以为负。在热化学中，规定系统向外界放热为正，外界向系统加热

为负。反应热用 $\bar{Q}$ 表示，以与前面所用相区别。

2. 容积功概念

如图 2－22 所示，当气缸内的气体处于与外界压力相等的条件下，活塞静止不动。假设由于某种原因，气缸内的气体进行可逆的膨胀过程。假设此时气缸内气体压强为 p，活塞面积为 A，则气体作用在活塞上的总作用力为 pA，当活塞向右移动一微小距离 $\mathrm{d}x$ 时，气体对活塞所做的功为

$$\mathrm{d}W = pA\mathrm{d}x = p\mathrm{d}V$$

上式称为容积功。当 $\mathrm{d}V>0$，即气体膨胀，容积功为正，又称为膨胀功；反之，$\mathrm{d}V<0$，气体被压缩，容积功为负，又称为压缩功。由于功和容积为广延量，所以 $\mathrm{d}W = m\mathrm{d}w$，$\mathrm{d}V = m\mathrm{d}v$，所以 1 kg气体所做的容积功为

$$\mathrm{d}w = p\mathrm{d}v$$

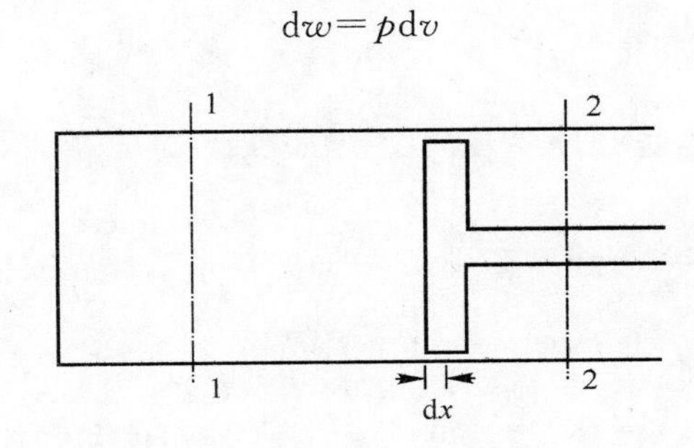

图 2－22　容积功示意图

活塞从位置 1 移动到位置 2，气体所做的容积功为

$$w_{12} = \int_1^2 p\mathrm{d}v$$

其中：v——比体积。

注意：

(1)容积功是过程量，而不是状态量，$\int_1^2 p\mathrm{d}v$ 不能写成$(w_2 - w_1)$，而只能写成w_{12}。

(2)只有可逆过程才能用上述各式来计算气体对外做的容积功。

3. 焓的概念

在一些热力学方程式中，u 和 pv 同时出现，因此用状态参数焓来代替 u 和 pv 两项，不仅可以简化方程，而且有助于热力计算。

焓的定义为

$$H = U + pV$$

其中：H——焓，J；

U——内能，J；

V——体积，m^3。

对于 1 kg 工质，则比焓

$$h = u + pv$$

其中：h——焓，J/kg；

u——内能，J/kg；

v——比容，$\frac{m^3}{kg}$。

由于内能 u、压力 p 和比容 v 都是状态参数，所以 h 也是一个状态参数。因此，两状态之间焓的变化为

$$\Delta h = h_2 - h_1 = \int_1^2 dh$$

4. 热力学第一定律

无化学反应的热力学第一定律。对于无化学反应的热力系统，热力学第一定律表达为，外界对系统的加热量等于系统内能的增加与系统对外做功之和，表达式为

$$Q = dE + W$$

对于微元过程，上式可写为

$$\delta Q = dE + \delta W$$

其中：Q——热力学过程中体系与外界之间交换的热量，对体系加热取正，反之，体系向外散热，取负；

W——热力学过程中体系与外界之间交换的功，体系对外界做功，取正，反之，外界对体系做功，取负；

dE——体系内能的增加。

不论对于完全气体或真实气体，过程可逆或者不可逆，流动气体或静止气体，热力学第一定律都是适用的。对于 1 kg 工质，热力学第一定律解析式为

$$q = de + w$$

$$\delta q = de + \delta w$$

5. 能量方程的建立

能量方程建立的基础是能量守恒，与连续和动量方程的建立思路类似，能量方程的建立思路是将能量方程应用于占据控制体的流体得到能量方程。

建立能量方程的微元控制体如图 2-23 所示，δQ 为系统和外界的换热，W 为系统对外界做功。

对于单位质量的连续介质系统，热力学第一定律可以写为

$$Q = de + W$$

或

$$de = Q - W \tag{2.9.1}$$

其中：de 由与流体相联系的各种形式的贮能组成。对我们所研究的问题，单位质量所具有的贮能假设仅限于热能、动能和位能。因此，单位质量流体的贮能为

$$e = u + \frac{v^2}{2} + gz \tag{2.9.2}$$

对于质量为 m 的流体，总能量是 $E = me$，式(2.9.1)变为

$$dE = Q - W \tag{2.9.3}$$

其中：Q 和 W 应用于整个系统。

在这里，Q 和 W 没有遵循外延参数大写，内涵参数小写的规定，而遵循了能量方程中所采用术语的习惯，即大写字母 Q 和 W 表示热和功。这里规定，当采用 e 时，Q 和 W 是以单位质

量为基础，当采用 E 时，Q 和 W 应用于整个系统的质量；当采用 $\mathrm{d}e$ 时，Q 和 W 表示对每单位质量；而当采用 $\mathrm{d}E$ 时，Q 和 W 表示对整个系统的质量。

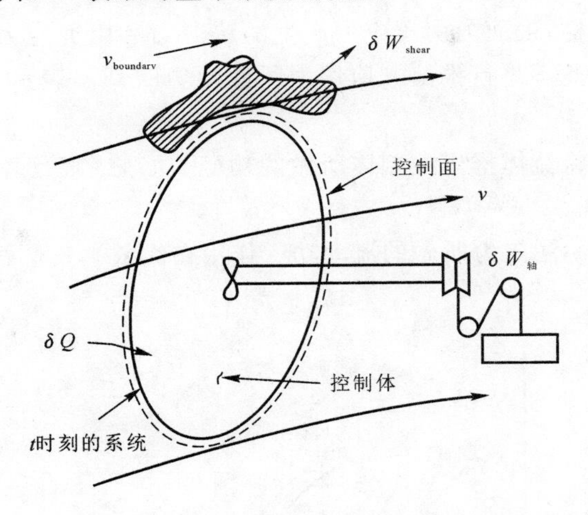

图 2－23　控制体示意图

为了推导关于控制体的热力学第一定律表达式，采用如图 2－23 所表示的控制体为物理模型。图中示意地指出轴功、剪切功、热交换以及穿过控制体边界的质量流量。

式(2.9.3)是对于流体微团的，但通过以 $\mathrm{d}t$ 相除，它可转化为系统总能量对时间的变化率，于是

$$\frac{\mathrm{d}E}{\mathrm{d}t}=\dot{Q}-\dot{W} \tag{2.9.4}$$

其中：$\dot{Q}$ 和 $\dot{W}$ 是单位时间系统吸收热和对外做功。式(2.9.4)表示系统具有的总能量 E 对时间的变化率，即跟踪流体质点的系统总能量时间变化率，是实质导数。则有

$$\frac{\mathrm{D}E}{\mathrm{D}t}=\dot{Q}-\dot{W} \tag{2.9.5}$$

在这种情况下，$N=E=\int_V\left(u+\dfrac{v^2}{2}+gz\right)\rho\mathrm{d}V_c$，以及 $n=e=u+\dfrac{v^2}{2}+gz$。将 N 和 n 代入式(2.6.18)，则有

$$\frac{\mathrm{D}E}{\mathrm{D}t}=\int_V\frac{\partial}{\partial t}\left[\rho\left(u+\frac{v^2}{2}+gz\right)\right]\mathrm{d}V_c+\int_A\left(u+\frac{v^2}{2}+gz\right)(\rho\boldsymbol{v}\cdot\mathrm{d}\boldsymbol{A}) \tag{2.9.6}$$

为了把对系统的热力学第一定律[式(2.9.4)]转换成对控制体的，热和功必须用关于控制体的流动参数表示。

(1)系统的热交换。外界对系统的热交换总数(以 Q 表示)是外界对瞬时占据控制体的流体质量的热交换总数。外界传向系统的热交换为正，反之系统传向外界的热交换为负。通常热交换可由传导、对流及辐射引起。则有

$$Q=传导+对流+辐射 \tag{2.9.7}$$

为了用控制体的流动参数表示 Q，必须确定不同的热交换过程(传导、对流及辐射)和流动参数之间相互的关系。在本书，热交换过程的细节是不研究的，这样热交换的作用将保留其普遍形式 Q。这样做，在控制方程中就包含了热交换的一般影响项，并且可以研究一维问题。

(2)系统所做的功。系统对环境所做功定义为正功，这种功具有两种主要类型：第一种为轴功，以 $W_{轴}$ 表示，指流体通过穿过系统边界的旋转轴对外界所做的功，如运行压气机、起重

机及别的机械所做的都是轴功。第二种是表面力所做的功，这种功通过流体穿过控制体表面，或者通过控制体表面的运动产生。

如早先所指出的那样，表面力由压应力产生的法向力和由剪应力产生的切向力组成。剪应力所做功的表达式在此不进行推演。剪切力所做的功以 $W_{剪}$ 表示，并在方程中保留其一般形式。

压应力所做的功是将流体推出控制体所做的功(正功)，或者是环境把流体推入控制体时所接受的功(负功)。

图 2-24 用于确定由法向力所做的流动功。作用在无限小矢量面积 d$\boldsymbol{A}$ 上的法向力为

$$\mathrm{d}\boldsymbol{F}_{\mathrm{n}}=p\mathrm{d}\boldsymbol{A} \tag{2.9.8}$$

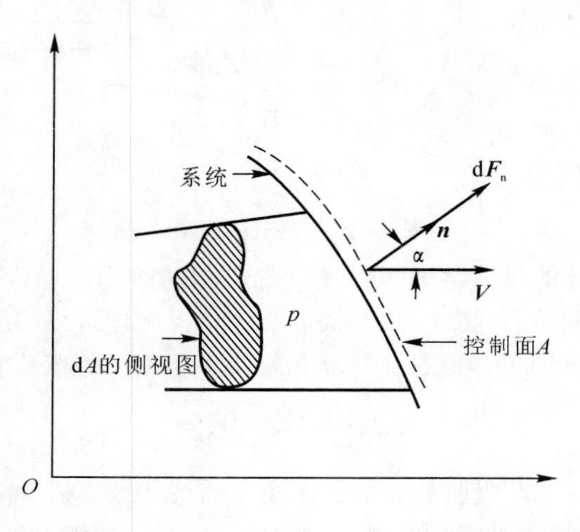

图 2-24　法向力所作的流动功示意图

由式(2.9.8)给出的微元力 d$\boldsymbol{F}_{\mathrm{n}}$ 是控制体内的流体作用在环境上的力，因此是正值。通过以 $\boldsymbol{v}$ 的数值乘在 $\boldsymbol{v}$ 方向的 d$\boldsymbol{F}_{\mathrm{n}}$ 分量，得到所做功的变化率，可得

$$\mathrm{d}\dot{W}_{\mathrm{n}}=\mathrm{d}F_{\mathrm{n}}\cdot v\cdot\cos\alpha=\mathrm{d}\boldsymbol{F}_{\mathrm{n}}\cdot\boldsymbol{v} \tag{2.9.9}$$

$$\mathrm{d}\dot{W}_{\mathrm{n}}=p\boldsymbol{v}\cdot\mathrm{d}\boldsymbol{A}=pv(\rho\boldsymbol{v}\cdot\mathrm{d}\boldsymbol{A}) \tag{2.9.10}$$

这里规定，当系统把质量推出控制体时，系统做正功，反之亦然。

由法向力做的总功，通过 $\delta\dot{W}_{\mathrm{n}}$ 在整个控制面上积分得到，即

$$\dot{W}_{\mathrm{n}}=\int_{A}\mathrm{d}\dot{W}_{\mathrm{n}}=\int_{A}pv(\rho\boldsymbol{v}\cdot\mathrm{d}\boldsymbol{A}) \tag{2.9.11}$$

式(2.9.11)既包括正功，又包括负功，功的符号由标量积 $\boldsymbol{v}\cdot\mathrm{d}\boldsymbol{A}$ 的符号确定。

这样，瞬时占据控制体的流体对外界所做总功变化率为

$$\dot{W}=\dot{W}_{轴}+\dot{W}_{剪}+\int_{A}pv(\rho\boldsymbol{v}\cdot\mathrm{d}\boldsymbol{A}) \tag{2.9.12}$$

(3)对控制体的能量方程。当把式(2.9.5)～式(2.9.7)和式(2.9.12)联立起来可得到由控制体参数表示的热力学第一定律方程，它称为能量方程，为

$$\dot{W}_{轴}+\dot{W}_{剪}-\dot{Q}+\int_{V}\frac{\partial}{\partial t}\left[\rho\left(u+\frac{v^{2}}{2}+gz\right)\right]\mathrm{d}V_{\mathrm{c}}+\int_{A}\left(u+\frac{v^{2}}{2}+gz\right)(\rho\boldsymbol{v}\cdot\mathrm{d}\boldsymbol{A})+\int_{A}pv(\rho\boldsymbol{v}\cdot\mathrm{d}\boldsymbol{A})=0$$

合并面积分项，得

$$\dot{W}_{轴}+\dot{W}_{剪}-\dot{Q}+\int_V \frac{\partial}{\partial t}\left[\rho\left(u+\frac{v^2}{2}+gz\right)\right]\mathrm{d}V_c+\int_A\left(h+\frac{v^2}{2}+gz\right)(\rho\boldsymbol{v}\cdot\mathrm{d}\boldsymbol{A})=0 \tag{2.9.13}$$

注意，由压应力引起的功 $\int_A pv(\rho\boldsymbol{v}\cdot\mathrm{d}\boldsymbol{A})$ 已并入式(2.9.6)贮能项的比内能，产生表达式 $(u+pv)$。根据定义，$u+pv=h$，h 为比焓。由于内能 u 和流动功 pv 总是在表面积分中一起发生，可以采用流体比焓来表述，正如在式(2.9.13)中表示的那样，采用比焓是方便的。然而，应当记住，第一个积分表示了非定常贮能，因为它不包含流动功，在这个积分中显示为内能 u。

(4)能量方程的微分形式。根据散度定理，把积分形式的能量方程(2.9.13)中的面积分项转换为体积分，式(2.9.13)中的

$$\int_A\left(h+\frac{v^2}{2}+gz\right)(\rho\boldsymbol{v}\cdot\mathrm{d}\boldsymbol{A})=\int_V\nabla\cdot\left[\left(h+\frac{v^2}{2}+gz\right)\rho\boldsymbol{v}\right]\mathrm{d}V_c$$

这样，式(2.9.13)变为

$$\dot{W}_{轴}+\dot{W}_{剪}-\dot{Q}+\int_V \frac{\partial}{\partial t}\left[\rho\left(u+\frac{v^2}{2}+gz\right)\right]\mathrm{d}V_c+\int_V\nabla\cdot\left[\left(h+\frac{v^2}{2}+gz\right)\rho\boldsymbol{v}\right]\mathrm{d}V_c=0$$

令控制体缩小到微元控制体 $\mathrm{d}V_c$，这时积分值就是被积函数本身，上式变为

$$\delta\dot{W}_{轴}+\delta\dot{W}_{剪}-\delta\dot{Q}+\frac{\partial}{\partial t}\left[\rho\left(u+\frac{v^2}{2}+gz\right)\right]+\nabla\cdot\left[\left(h+\frac{v^2}{2}+gz\right)\rho\boldsymbol{v}\right]=0 \tag{2.9.14}$$

通过对式(2.9.14)中的非定常流动项加减，$[\rho(pv)]_t$，非定常流动项变为

$$\frac{\partial}{\partial t}\left[\rho\left(h+\frac{v^2}{2}+gz\right)\right]-\frac{\partial p}{\partial t} \tag{2.9.15}$$

展开式(2.9.14)中的非定常流动项和能量流通项，像推导微分形式的动量方程中一样[见式(2.8.14)]，并使用连续方程，能量方程[式(2.9.14)]的最后形式为

$$\delta\dot{W}_{轴}+\delta\dot{W}_{剪}-\delta\dot{Q}+\rho\frac{\mathrm{D}}{\mathrm{D}t}\left(h+\frac{v^2}{2}+gz\right)-\frac{\partial p}{\partial t}=0 \tag{2.9.16}$$

对于定常流动，$\frac{\mathrm{D}}{\mathrm{D}t}=(\boldsymbol{v}\cdot\nabla)$，且 $\frac{\partial p}{\partial t}=0$。

式(2.9.16)中的轴功、剪切功和热交换项仅表示这些过程会出现。对于它们的具体计算，需要推导出与其相适应的利用流动参数和梯度表示的功和与热交换方程。

6. 不同坐标系中能量方程的表达式

上面在笛卡儿坐标系推导了能量方程，接下来将总结能量方程在不同坐标系下的表达式，以方便应用。

对于无黏、绝热且无轴功的流动情况，能量方程为

$$\delta\dot{W}_{轴}+\delta\dot{W}_{剪}-\delta\dot{Q}+\rho\frac{\mathrm{D}}{\mathrm{D}t}\left(h+\frac{v^2}{2}+gz\right)-\frac{\partial p}{\partial t}=0$$

简化为

$$\rho\frac{\mathrm{D}}{\mathrm{D}t}\left(h+\frac{v^2}{2}+gz\right)-\frac{\partial p}{\partial t}=0$$

不同坐标系下的能量表达方式如下：

(1)直角坐标系：

$$\frac{\partial}{\partial t}\left(h+\frac{v^2}{2}+gz\right)+v_x\frac{\partial}{\partial x}\left(h+\frac{v^2}{2}+gz\right)+v_y\frac{\partial}{\partial y}\left(h+\frac{v^2}{2}+gz\right)+v_z\frac{\partial}{\partial z}\left(h+\frac{v^2}{2}+gz\right)-\frac{1}{\rho}\frac{\partial p}{\partial t}=0$$

(2)圆柱坐标系：

$$\frac{\partial}{\partial t}\left(h+\frac{v^2}{2}+gz\right)+v_r\frac{\partial}{\partial r}\left(h+\frac{v^2}{2}+gz\right)+\frac{v_\theta}{r}\frac{\partial}{\partial \theta}\left(h+\frac{v^2}{2}+gz\right)+v_z\frac{\partial}{\partial z}\left(h+\frac{v^2}{2}+gz\right)-\frac{1}{\rho}\frac{\partial p}{\partial t}=0$$

(3)球坐标系：

$$\frac{\partial}{\partial t}\left(h+\frac{v^2}{2}+gz\right)+v_r\frac{\partial}{\partial r}\left(h+\frac{v^2}{2}+gz\right)+\frac{v_\theta}{r}\frac{\partial}{\partial \theta}\left(h+\frac{v^2}{2}+gz\right)+\frac{v_\varphi}{r\sin\theta}\frac{\partial}{\partial \varphi}\left(h+\frac{v^2}{2}+gz\right)-\frac{1}{\rho}\frac{\partial p}{\partial t}=0$$

例 2-5 考察 2.7 节中例 2-3 描述的贮箱和出口管。假设空气质量流出率足够的小，以至于贮箱和出口管内的一切参数都可以认为是均匀的(即不是 x、y、z 的函数)，并假设空气对贮箱的热交换率为 1 055 J/s。对于该例中给定的条件，试确定贮箱中空气内能的瞬时变化率(即$\partial u/\partial t$)。

解：取贮箱和出口管共同作为控制体 V_c。假设没有轴功和剪切功，忽略体积力的影响。对于所包含的低速度，动能也可忽略。这样，式(2.9.13)变为

$$-Q+\int_V\frac{\partial}{\partial t}(u\rho)\mathrm{d}V_c+\int_{A_{out}}h(\rho\boldsymbol{v}\cdot\mathrm{d}\boldsymbol{A})=0 \tag{a}$$

式(a)中的非定常项可写为

$$\frac{\partial E}{\partial t}=\int_{V_c}\frac{\partial}{\partial t}(u\rho)\mathrm{d}V_c=\frac{\partial}{\partial t}\int_{V_c}u\rho\mathrm{d}V_c=\frac{\partial}{\partial t}(u\rho V_c) \tag{b}$$

$$\frac{\partial E}{\partial t}=uV_c\frac{\partial \rho}{\partial t}+\rho V_c\frac{\partial u}{\partial t} \tag{c}$$

其中：$\frac{\partial \rho}{\partial t}=-\dot{m}_{out}/V_c$[见前例的式(d)]。可得

$$\frac{\partial E}{\partial t}=-u\dot{m}_{out}+\rho V_c\frac{\partial u}{\partial t} \tag{d}$$

式(a)中能量流通量项可写为

$$E_{out}=\int_{A_{out}}h(\rho\boldsymbol{v}\cdot\mathrm{d}\boldsymbol{A})=h\int_{A_{out}}\mathrm{d}\dot{m}_{out}=h\dot{m}_{out} \tag{e}$$

将式(d)、式(e)代入式(a)，得

$$-Q-u\dot{m}_{out}+\rho V_c\frac{\partial u}{\partial t}+h\dot{m}_{out}=0 \tag{f}$$

对完全气体，$u=C_vT$ 以及 $h=C_pT$。从式(f)解出$\partial u/\partial t$，有

$$\rho V_c\frac{\partial u}{\partial t}=Q-\dot{m}_{out}(h-n)=Q-\dot{m}_{out}T(C_p-C_v) \tag{g}$$

$$\frac{\partial u}{\partial t}=\frac{Q-\dot{m}_{out}RT}{\rho V_c} \tag{h}$$

这里，对完全气体，$C_p-C_v=R$。

式(h)即是所要求的$\partial u/\partial t$ 与其他流动参数间的关系。

由该例，$V=0.283\ \mathrm{m^3}$，$\dot{m}_{out}=0.027\ 2\ \mathrm{kg/s}$，$\rho=1.729\ \mathrm{kg/m^3}$ 以及 $T=277.8\ \mathrm{K}$，将这些数值代入式(h)，可得

$$\partial u/\partial t=\frac{1\ 055-0.027\ 2\times 287.04\times 277.8}{1.729\times 0.283}\ (\text{J/kg})=-2\ 277\ (\text{J/kg})$$

2.10　熵　方　程

通过工程热力学知识可知，热力过程可以通过压容图表示，但压容图不能表示系统温度变化，也不能表示系统与外界换热，这样就需要引入熵的概念，以表述系统温度和系统与外界的换热。

熵是状态参数，无法测量，仅可通过使用其他状态参数来进行计算。

对可逆过程，熵定义为系统与外界交换的热量除以当时气体热力学温度，用公式表示为

$$\mathrm{d}S=\frac{\mathrm{d}Q}{T}$$

对于不可逆热力过程，有

$$\mathrm{d}S>\frac{\mathrm{d}Q}{T}$$

这就是热力学第二定律。

流体力学中，熵方程建立基础是热力学第二定律，与前面几大方程的建立思路类似，熵方程的建立思路是将热力学第二定律应用于占据控制体的流体，如图 2-25 所示。

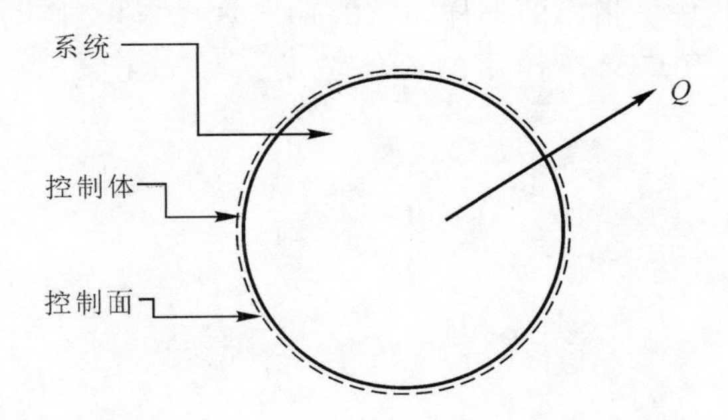

图 2-25　系统、控制体与控制面

对系统而言，热力学第二定律（即熵方程）为

$$\mathrm{d}S\geqslant\frac{\delta Q}{T}$$

式中等号用于可逆过程，不等号用于不可逆过程。

像推导能量方程一样，符号 Q 表达具有普遍意义的热交换，而不考虑热交换的机理。对于质量为 m 的系统，系统的总熵 $S=ms$，上面的方程变为

$$\mathrm{d}S\geqslant\frac{\delta Q}{T} \tag{2.10.1}$$

因为式(2.10.1)对于流体微团有效，系统熵 S 的时间变化率就是 S 的实质导数，可得

$$\frac{\mathrm{D}S}{\mathrm{D}T}\geqslant\frac{\delta\dot{Q}}{T} \tag{2.10.2}$$

利用参数 N 和 n，$N=S=\int_{V_c}s\rho\mathrm{d}V_c$，以及 $n=s$。将 $n=s$ 代入式(2.6.18)得

$$\int_V \frac{\partial(s\rho)}{\partial t}\mathrm{d}V_c + \int_A s(\rho\boldsymbol{v}\cdot\mathrm{d}\boldsymbol{A}) \geqslant \frac{\dot{Q}}{T} \tag{2.10.3}$$

其中：$\dot{Q}=\int_V \delta\dot{Q}$。

式(2.10.3)称为积分形式的熵方程。

熵方程的微分形式建立，可通过使用散度定理[式(2.6.19)]，将面积分转换为体积分，并将控制体收缩到微元控制体，积分值等于被积函数本身，式(2.10.3)为

$$\int_V \frac{\partial(s\rho)}{\partial t}\mathrm{d}V_c + \int_V \boldsymbol{\nabla}\cdot(s\rho\boldsymbol{v})\mathrm{d}V_c \geqslant \frac{\dot{Q}}{T}$$

$$\frac{\partial(s\rho)}{\partial t}+\boldsymbol{\nabla}\cdot(s\rho\boldsymbol{v})\geqslant\frac{\delta\dot{Q}}{T} \tag{2.10.4}$$

展开式(2.10.4)，并舍弃包含连续方程的项，得

$$\rho\frac{\mathrm{D}s}{\mathrm{D}t}\geqslant\frac{\delta\dot{Q}}{T} \tag{2.10.5}$$

对定常流动，式(2.10.5)为

$$\rho(\boldsymbol{v}\cdot\boldsymbol{\nabla})s\geqslant\frac{\delta\dot{Q}}{T} \tag{2.10.6}$$

正如在推导能量方程中所指出的那样，式(2.10.5)中的热交换 $\dot{Q}$ 必须用流动参数表达。式(2.10.5)适应于一切有热交换作用的流体流动。对于无摩擦的绝热过程，即等熵，式(2.10.6)为

$$\frac{\mathrm{D}s}{\mathrm{D}t}=0$$

在笛卡儿坐标系中，表达式为

$$\frac{\partial s}{\partial t}+v_x\frac{\partial s}{\partial x}+v_y\frac{\partial s}{\partial y}+v_z\frac{\partial s}{\partial z}=0$$

1. 不同坐标系中熵方程的表达式

上面在笛卡儿坐标系推导了熵方程，接下来将总结熵方程在不同坐标系下的表达式，以方便应用。

(1)直角坐标系：$\frac{\partial s}{\partial t}+v_x\frac{\partial s}{\partial x}+v_y\frac{\partial s}{\partial y}+v_z\frac{\partial s}{\partial z}=0$；

(2)圆柱坐标系：$\frac{\partial s}{\partial t}+v_r\frac{\partial s}{\partial r}+\frac{v_\theta}{r}\frac{\partial s}{\partial \theta}+v_z\frac{\partial s}{\partial z}=0$；

(3)球坐标系：$\frac{\partial s}{\partial t}+v_r\frac{\partial s}{\partial r}+\frac{v_\theta}{r}\frac{\partial s}{\partial \theta}+\frac{v_\varphi}{r\sin\theta}\frac{\partial s}{\partial \varphi}=0$。

2.11 小　结

本章主要推导建立了描述流体流动的控制方程，这些方程主要包括积分和微分形式。为参考方便，这些方程总结分别见表 2-1 和表 2-2。

控制方程的积分形式在研究一维流动时采用。

表 2-1　控制方程的积分形式

控制方程类型	积分形式
连续方程	$\int_{V_c}\frac{\partial\rho}{\partial t}\mathrm{d}V_c+\int_A\rho\boldsymbol{v}\cdot\mathrm{d}\boldsymbol{A}=0$
动量方程	$\int_{V_c}\boldsymbol{B}\rho\mathrm{d}V_c-\int_A p\,\mathrm{d}\boldsymbol{A}+\boldsymbol{F}_{剪}=\int_{V_c}\frac{\partial\rho\boldsymbol{v}}{\partial t}\mathrm{d}V_c+\int_A\boldsymbol{v}(\rho\boldsymbol{v}\cdot\mathrm{d}\boldsymbol{A})$
能量方程	$\dot{W}_{轴}+\dot{W}_{剪}-\dot{Q}+\int_V\frac{\partial}{\partial t}\left[\rho\left(u+\frac{v^2}{2}+gz\right)\right]\mathrm{d}V_c+\int_A\left(h+\frac{v^2}{2}+gz\right)(\rho\boldsymbol{v}\cdot\mathrm{d}\boldsymbol{A})=0$
熵方程	$\int_V\frac{\partial s\rho}{\partial t}\mathrm{d}V_c+\int_A s(\rho\boldsymbol{v}\cdot\mathrm{d}\boldsymbol{A})\geqslant\frac{\dot{Q}}{T}$

控制方程的微分形式以保留为函数形式的 $\boldsymbol{F}_{剪}$、$W_{剪}$、$W_{轴}$ 进行推导。因此,这些过程的影响仅作定性的考虑,其在解微分方程前或者省略,或者用流动参数及其梯度表示。控制方程的微分形式在研究多维流动中采用,见表 2-2。

表 2-2　对流体流动控制方程的微分形式

控制方程类型	微分形式
连续方程	$\frac{\partial\rho}{\partial t}+\nabla\cdot(\rho\boldsymbol{v})=0$
动量方程	$\rho\frac{\mathrm{D}\boldsymbol{v}}{\mathrm{D}t}+\nabla p-\rho\boldsymbol{B}-\mathrm{d}\boldsymbol{F}_{剪}=0$
能量方程	$\delta\dot{W}_{轴}+\delta\dot{W}_{剪}-\delta\dot{Q}+\rho\frac{\mathrm{D}}{\mathrm{D}t}\left(h+\frac{v^2}{2}+gz\right)-p_t=0$
熵方程	$\rho\frac{\mathrm{D}s}{\mathrm{D}t}\geqslant\frac{\delta\dot{Q}}{T}$

习　题

1. 有一不可压缩流体的流动,x 方向的速度分量为 $v_x=ax^2+by$,z 方向的速度分量为零,求 y 方向的速度分量 v_y,其中 a 和 b 为常数。已知 $y=0$ 时,$v_y=0$。

2. 设某一流体流动为 $v_x=2y+3z$,$v_y=3z+x$,$v_z=2x+4y$,该流体的黏性系数 $\mu=0.008\ \mathrm{N\cdot s/m^2}$,求其切应力。

3. 已知流体质点在坐标系原点上的速度为 0,且速度分量为 $v_x=5x$,$v_y=-3y$,请问:可以构成不可压缩流体运动的第三个分量 v_z 应该是什么?

4. 在二维流动中,速度分量 $v_x=y^2-x^2$,$v_y=2xy$。试计算在点(2,2)处:

(1)速度 $\boldsymbol{v}$ 的大小;(2)$\boldsymbol{v}$ 与 x 轴的夹角;(3)当流体微团通过该点时的加速度。

5. 试证明下述不可压缩流体的运动不可能存在:

$$v_x=x,v_y=y,v_z=z$$

6. 已知 $\boldsymbol{v}=\{ax^2,ay^2,-az^2\}$,式中 a 为常数,试求(1,1,1)处:

(1)相对线变形率;(2)单位时间的相对体积变化率;(3)剪切角变化率;(4)转动角速度,并对整个流场和该点的流动做简要分析。

7.设有二维、定常、不可压流动,其 x 方向的速度分量为 $v_x = e^{-x}\cosh y + 1$,试求 y 方向的速度分量 v_y(当 $y=0$ 时,$v_y=0$)。

8.假定流管形状不随时间变化,设 A 为流管的横断面积,且在 A 断面上的流动物理量是均匀的,试证明连续方程具有下述形式:

$$\frac{\partial}{\partial t}(\rho A) + \frac{\partial}{\partial s}(\rho A v) = 0$$

第3章　无黏可压缩定常多维绝热流动的一般特征

3.1 运算符号

δ:不精确的微分

∇ :微分算子$=\dfrac{\partial f}{\partial x}\boldsymbol{i}+\dfrac{\partial f}{\partial y}\boldsymbol{j}+\dfrac{\partial f}{\partial z}\boldsymbol{k}$

$\nabla \cdot \boldsymbol{v}$:$\boldsymbol{v}$的散度$=\dfrac{\partial v_x}{\partial x}+\dfrac{\partial v_y}{\partial y}+\dfrac{\partial v_z}{\partial z}$

$\nabla \times \boldsymbol{v}$:$\boldsymbol{v}$的旋度$=\left(\dfrac{\partial v_z}{\partial y}-\dfrac{\partial v_y}{\partial z}\right)\boldsymbol{i}+\left(\dfrac{\partial v_x}{\partial z}-\dfrac{\partial v_z}{\partial x}\right)\boldsymbol{j}+\left(\dfrac{\partial v_y}{\partial x}-\dfrac{\partial v_x}{\partial y}\right)\boldsymbol{k}$

$\dfrac{\mathrm{D}()}{\mathrm{D}t}$:实质导数,即跟踪流体微团运动的导数

$\dfrac{\partial()}{\partial}$:对()的偏微分

$(\boldsymbol{v}\cdot\nabla)\boldsymbol{v}=\nabla\left(\dfrac{v^2}{2}\right)-\boldsymbol{v}\times(\nabla\times\boldsymbol{v})$

$\nabla\cdot(\rho\boldsymbol{v})=(\boldsymbol{v}\cdot\nabla)\rho+\rho\nabla\cdot\boldsymbol{v}$

x、y、z :笛卡儿坐标

r、θ、z :圆柱坐标

3.2 引　　言

第2章在刚性无加速控制体概念的基础上推导了流体流动的控制方程,这些方程包括积分和微分两种形式。

本章介绍可压缩定常多维绝热无黏流动的一般特征。首先,采用微分形式的(矢量)控制方程推导对应于笛卡儿、圆柱和轴对称坐标系中的方程。然后,为了研究多维流动中流体的运动形态,讨论了一些重要概念,如环量、旋转、旋度等,进一步引入几个重要的定理,如开尔文定理、克罗科定理及亥姆霍兹定理,这三大定理构成了研究多维旋转流动的基本理论。最后,引入速度势及流函数的概念,用于描述定常二维流动。

3.3 关于可压缩定常多维绝热无黏流动的控制微分方程

针对刚性无加速控制体，由表 2-2 得出了可压缩流体流动控制方程的微分形式。现将这些方程总结如下。

连续方程：

$$\frac{\partial \rho}{\partial t}+\nabla \cdot (\rho \boldsymbol{v})=0 \tag{3.3.1}$$

动量方程：

$$\rho \frac{\mathrm{D}\boldsymbol{v}}{\mathrm{D}t}+\nabla p-\rho \boldsymbol{B}-\mathrm{d}\boldsymbol{F}_{剪}=0 \tag{3.3.2}$$

能量方程：

$$\delta \dot{W}_{轴}+\delta \dot{W}_{剪}-\delta \dot{Q}+\rho \frac{\mathrm{D}}{\mathrm{D}t}\left(h+\frac{v^2}{2}+gz\right)-p_t=0 \tag{3.3.3}$$

熵方程：

$$\rho \frac{\mathrm{D}s}{\mathrm{D}t}\geqslant \frac{\delta \dot{Q}}{T} \tag{3.3.4}$$

若流体流动过程是化学平衡的（即化学反应速度为无限大）或者化学成份为冻结的（即化学反应速度为 0），则流动过程是可逆的。

在无体积力、无外功的情况下，对可压缩流体的定常绝热无黏流动，应用下列数学条件：

$$\boldsymbol{B}=g\mathrm{d}z=\mathrm{d}\boldsymbol{F}_{剪}=\delta \dot{Q}=\delta \dot{W}_{剪}=\delta \dot{W}_{轴}=0 \tag{3.3.5}$$

对于定常流动，有

$$\frac{\mathrm{D}()}{\mathrm{D}t}=(\boldsymbol{v}\cdot \nabla)() \tag{3.3.6}$$

将式(3.3.5)列出的条件代入式(3.3.1)～式(3.3.4)，上述方程组变换为下列方程组：

$$\frac{\partial \rho}{\partial t}+\nabla \cdot (\rho \boldsymbol{v})=0 \tag{3.3.7}$$

$$\rho \frac{\mathrm{D}\boldsymbol{v}}{\mathrm{D}t}+\nabla p=0 \tag{3.3.8}$$

$$\rho \frac{\mathrm{D}}{\mathrm{D}t}\left(h+\frac{v^2}{2}\right)=0 \tag{3.3.9}$$

$$\rho \frac{\mathrm{D}s}{\mathrm{D}t}=0 \tag{3.3.10}$$

为了描述可压缩流体的流场，还须用到关于这种流体的状态方程。对于可压缩流体，这些状态方程的一般形式如下：

$$T=T(p,\rho) \tag{3.3.11}$$

$$h=h(p,\rho) \tag{3.3.12}$$

3.3.1 笛卡儿坐标系

式(3.3.7)～式(3.3.10)是无体积力、无外功情况下可压缩定常绝热无黏流动的矢量控制方程。为了更详细地研究流场，需要在合适的坐标系下定义流动变量。最常采用的是笛卡儿坐标系，下面首先对笛卡儿坐标系展开讨论。

图3-1(a)说明在笛卡儿坐标系中的一个速度矢量。设 $P(x,y,z)$ 点表示流场中任意的选择点。在 $P(x,y,z)$ 点处流体速度矢量为 $\boldsymbol{v}(x,y,z)$，它分别有平行于 x、y、z 轴的速度分量 v_x、v_y、v_z。平行于 x、y、z 轴的单位矢量以 $\boldsymbol{i}$、$\boldsymbol{j}$、$\boldsymbol{k}$ 表示。

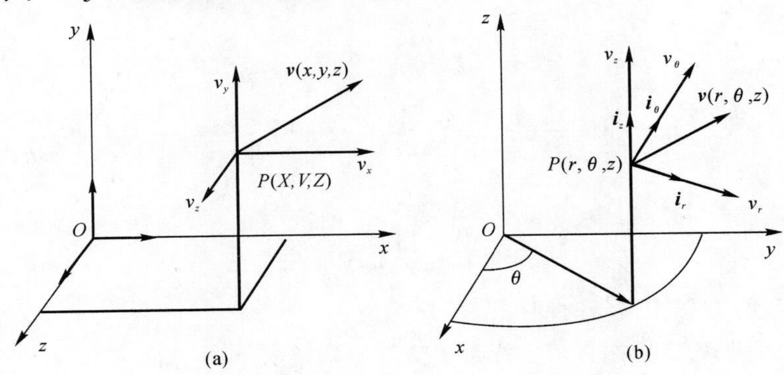

图3-1　不同坐标系下的速度矢量
(a)笛卡儿坐标系；(b)圆柱坐标系

对式(3.3.7)～式(3.3.10)，用笛卡儿坐标表示时，变为

$$\frac{\partial \rho}{\partial t}+\frac{\partial(\rho v_x)}{\partial x}+\frac{\partial(\rho v_y)}{\partial y}+\frac{\partial(\rho v_z)}{\partial z}=0 \tag{3.3.13}$$

$$\frac{\partial v_x}{\partial t}+v_x\frac{\partial v_x}{\partial x}+v_y\frac{\partial v_x}{\partial y}+v_z\frac{\partial v_x}{\partial z}+\frac{1}{\rho}\frac{\partial p}{\partial x}=0 \tag{3.3.14}$$

$$\frac{\partial v_y}{\partial t}+v_x\frac{\partial v_y}{\partial x}+v_y\frac{\partial v_y}{\partial y}+v_z\frac{\partial v_y}{\partial z}+\frac{1}{\rho}\frac{\partial p}{\partial y}=0 \tag{3.3.15}$$

$$\frac{\partial v_z}{\partial t}+v_x\frac{\partial v_z}{\partial x}+v_y\frac{\partial v_z}{\partial y}+v_z\frac{\partial v_z}{\partial z}+\frac{1}{\rho}\frac{\partial p}{\partial z}=0 \tag{3.3.16}$$

$$\frac{\partial h}{\partial t}+v_x\frac{\partial h}{\partial x}+v_y\frac{\partial h}{\partial y}+v_z\frac{\partial h}{\partial z}+\frac{\partial}{\partial t}\left(\frac{v^2}{2}\right)+v_x\frac{\partial}{\partial x}\left(\frac{v^2}{2}\right)+v_y\frac{\partial}{\partial y}\left(\frac{v^2}{2}\right)+v_z\frac{\partial}{\partial z}\left(\frac{v^2}{2}\right)-\frac{1}{\rho}\frac{\partial p}{\partial t}=0 \tag{3.3.17}$$

$$\frac{\partial s}{\partial t}+v_x\frac{\partial s}{\partial x}+v_y\frac{\partial s}{\partial y}+v_z\frac{\partial s}{\partial z}=0 \tag{3.3.18}$$

对于定常流动，关于对时间的偏微分项为0。

3.3.2　圆柱坐标系

图3-1(b)表示圆柱坐标系，坐标轴是 r、θ 和 z。其中，r 是任意点 $P(x,y,z)$ 在 xy 平面上投影的半径，z 是点 $P(x,y,z)$ 与 xy 平面的距离，而 θ 是在 xy 平面中半径 r 与 x 轴之间的夹角。平行于圆柱坐标 r、θ 和 z 的单位切矢量分别以 $\boldsymbol{i}_r$、$\boldsymbol{i}_\theta$ 和 $\boldsymbol{i}_z$ 表示。流体在 $P(r,\theta,z)$ 点处的速度矢量是 $\boldsymbol{v}(r,\theta,z)$，因此 $\boldsymbol{v}$ 对应于圆柱坐标的分量分别是 v_r、v_θ 和 v_z。通过应用圆柱坐标系的矢量算符，式(3.3.7)～式(3.3.10)可用圆柱坐标系表达。为了避免混淆，在下列方程中，明确写出偏微分，并用下标表示速度分量。矢量方程式(3.3.7)～式(3.3.10)，用圆柱坐标系表示时，变换为

$$\frac{\partial\rho}{\partial t}+\frac{1}{r}\frac{\partial}{\partial r}(r\rho v_r)+\frac{1}{r}\frac{\partial}{\partial\theta}(\rho v_\theta)+\frac{\partial}{\partial z}(\rho v_z)=0 \tag{3.3.19}$$

$$\frac{\partial v_r}{\partial t}+v_r\frac{\partial v_r}{\partial r}+\frac{v_\theta}{r}\frac{\partial v_r}{\partial\theta}-\frac{v_\theta^2}{r}+v_z\frac{\partial v_r}{\partial z}+\frac{1}{\rho}\frac{\partial p}{\partial r}=0 \tag{3.3.20}$$

$$\frac{\partial v_\theta}{\partial t}+v_r\frac{\partial v_\theta}{\partial r}+\frac{v_\theta}{r}\frac{\partial v_\theta}{\partial\theta}+\frac{v_r v_\theta}{r}+v_z\frac{\partial v_\theta}{\partial z}+\frac{1}{\rho r}\frac{\partial p}{\partial\theta}=0 \tag{3.3.21}$$

$$\frac{\partial v_z}{\partial t}+v_r\frac{\partial v_z}{\partial r}+\frac{v_\theta}{r}\frac{\partial v_z}{\partial\theta}+v_z\frac{\partial v_z}{\partial z}+\frac{1}{\rho}\frac{\partial p}{\partial z}=0 \tag{3.3.22}$$

$$\frac{\partial h}{\partial t}+v_r\frac{\partial h}{\partial r}+\frac{v_\theta}{r}\frac{\partial h}{\partial\theta}+v_z\frac{\partial h}{\partial z}+\frac{\partial}{\partial t}\left(\frac{v^2}{2}\right)+v_r\frac{\partial}{\partial r}\left(\frac{v^2}{2}\right)+\frac{v_\theta}{r}\frac{\partial}{\partial\theta}\left(\frac{v^2}{2}\right)+v_z\frac{\partial}{\partial z}\left(\frac{v^2}{2}\right)-\frac{1}{\rho}\frac{\partial p}{\partial t}=0 \tag{3.3.23}$$

$$\frac{\partial s}{\partial t}+v_r\frac{\partial s}{\partial r}+\frac{v_\theta}{r}\frac{\partial s}{\partial\theta}+v_z\frac{\partial s}{\partial z}=0 \tag{3.3.24}$$

对于定常流动，方程中关于时间的偏微分项为 0。

所谓二维平面流动是指在直角坐标系中流动参数沿某一个方向不变，仅沿另外两个方向变化的流动。例如，流动参数沿 z 方向不变，即 $v_z=0$，$\frac{\partial()}{\partial z}=0$，仅存在沿 x、y 两个方向变化的流动。

所谓轴对称流动，是指在轴对称体中具有轴对称性的流动。例如，当火箭发动机的流道具有轴对称性时，其中的流动就是轴对称流动。如图 3-2 所示，流动的特征完全可以由 rOz 平面中的流动来表征，且在任意 θ 角的 rOz 截面中，运动状态和参数变化都相同，因此流动绕 z 轴具有轴对称性。恰当地选择坐标系，对简化轴对称流动方程具有重要意义。对于轴对称流动，如用直角坐标系来描述，则其参数变化是三维的；用圆柱坐标系来描述，则其参数变化是二维的。由于二维流动与三维流动相比简单得多，因此选用圆柱坐标系来描述其流动参数较恰当。对于这种情况，由于流动的轴对称性，流动参数沿 $\boldsymbol{i}_\theta$ 方向不变，即 $v_\theta=0$ 和 $\frac{\partial()}{\partial\theta}=0$。因此，可以用 r、z 两个坐标来描述其流场参数，就成为二维的流动，即称为二维轴对称流动。

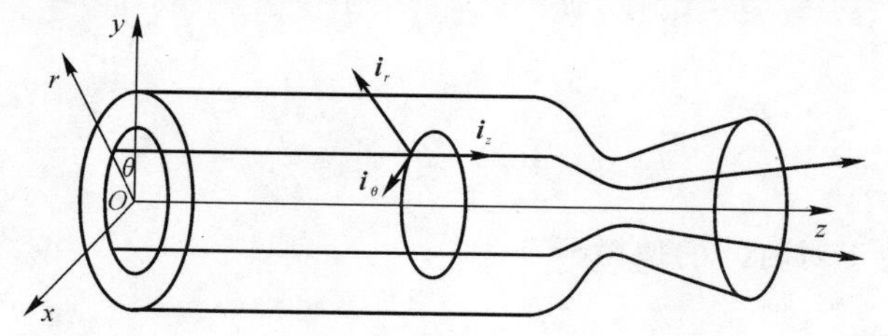

图 3-2　发动机中的流动

可见，轴对称流动是与二维平面流动、三维圆柱坐标系的流动都有区别的流动。轴对称流动的参数随 r、z 变化；二维平面流动的参数随 x、y 变化；三维圆柱坐标系的流动参数随 r、θ、z 变化。从数学概念上来说，轴对称流动是圆柱坐标系中参数仅随 r、z 变化，而 $v_\theta=0$，$\frac{\partial()}{\partial\theta}=0$ 的流动。

比较以 rOz 平面中的轴对称流动和以 xOy 平面中的平面流动可知，它们有共同之处，即都可以在平面直角坐标系中描述流动参数的变化，如图 3-3 所示。

由于比较习惯于使用直角坐标系，因此将轴对称流动中的 r、z 坐标转化为平面流动中的 x、y 坐标，从而得到对平面和轴对称流动统一的流动参数和控制方程表达方式。

由图 3-3 可见，通过下列的转换，有

$$r \to y, z \to x, v_r \to v_y, v_z \to v_x \tag{3.3.25}$$

可得转化后的控制方程。

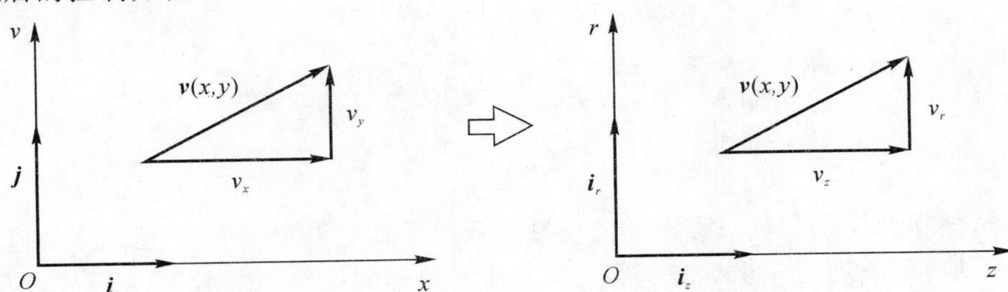

图 3-3　轴对称流动向平面流动的转化

以连续方程为例，定常连续方程的矢量形式由式(3.3.7)可得

$$\nabla \cdot (\rho \boldsymbol{v}) = 0$$

在圆柱坐标系中的展开形式由式(3.3.19)可得

$$\frac{1}{r}\frac{\partial}{\partial r}(r\rho v_r) + \frac{1}{r}\frac{\partial}{\partial \theta}(\rho v_\theta) + \frac{\partial}{\partial z}(\rho v_z) = 0$$

对于轴对称流动有 $v_\theta = 0, \dfrac{\partial()}{\partial \theta} = 0$，代入上面方程可得

$$\frac{1}{r}\frac{\partial}{\partial r}(r\rho v_r) + \frac{\partial}{\partial z}(\rho v_z) = 0$$

展开为

$$\frac{1}{r}\left[r\frac{\partial}{\partial r}(\rho v_r) + \rho v_r\frac{\partial r}{\partial r}\right] + \frac{\partial}{\partial z}(\rho v_z) = 0$$

$$\frac{\partial}{\partial r}(\rho v_r) + \frac{\partial}{\partial z}(\rho v_z) + \frac{\rho v_r}{r} = 0$$

做 $r \to y, z \to x, v_r \to v_y, v_z \to v_x$ 的变换，得

$$\frac{\partial}{\partial y}(\rho v_y) + \frac{\partial}{\partial x}(\rho v_x) + \frac{\rho v_y}{y} = 0$$

与平面流动中的连续方程 $\dfrac{\partial}{\partial x}(\rho v_x) + \dfrac{\partial}{\partial y}(\rho v_y) = 0$ 相比，多了一项 $\dfrac{\rho v_y}{y}$。为了使它们有统一的形式，将平面流动和轴对称流动都写成下列统一形式：

$$\frac{\partial}{\partial x}(\rho v_x) + \frac{\partial}{\partial y}(\rho v_y) + \delta\frac{\rho v_y}{y} = 0$$

其中：δ 为运算因子，对平面流动取 $\delta = 0$，对轴对称流动取 $\delta = 1$。

对于动量、能量和熵方程也可作类似的变换。对平面和轴对称流动变换后的方程的表达形式完全相同。

下列一组用笛卡儿坐标符号表示的控制方程，既能应用于二维平面流动，又能应用于二维轴对称流动。

连续方程：
$$\frac{\partial \rho v_x}{\partial x}+\frac{\partial \rho v_y}{\partial y}+\delta \frac{\rho v_y}{y}=0 \tag{3.3.26}$$

这里，对平面流动 $\delta=0$，对轴对称流动 $\delta=1$。

动量方程：
$$v_x \frac{\partial v_x}{\partial x}+v_y \frac{\partial v_x}{\partial y}+\frac{1}{\rho}\frac{\partial p}{\partial x}=0 \tag{3.3.27}$$

$$v_x \frac{\partial v_y}{\partial x}+v_y \frac{\partial v_y}{\partial y}+\frac{1}{\rho}\frac{\partial p}{\partial y}=0 \tag{3.3.28}$$

能量方程：
$$v_x \frac{\partial h}{\partial x}+v_y \frac{\partial h}{\partial y}+v_x \frac{\partial}{\partial x}\left(\frac{v^2}{2}\right)+v_y \frac{\partial}{\partial y}\left(\frac{v^2}{2}\right)=0 \tag{3.3.29}$$

熵方程：
$$v_x \frac{\partial s}{\partial x}+v_y \frac{\partial s}{\partial y}=0 \tag{3.3.30}$$

注意，虽然平面流动和轴对称流动的控制方程在形式上得到了统一，但二者的流动性质还是不同的。轴对称流动的 y 坐标具有圆柱坐标中 r 坐标的性质。由图 3-4 可见，圆柱坐标系连续方程中的 $\rho v_r/r$ 项反映了 r 方向分量 ρv_r 随 r 成反比变化。式(3.3.26)中的 $\rho v/y$ 项，正是反映这种性质产生的附加项。

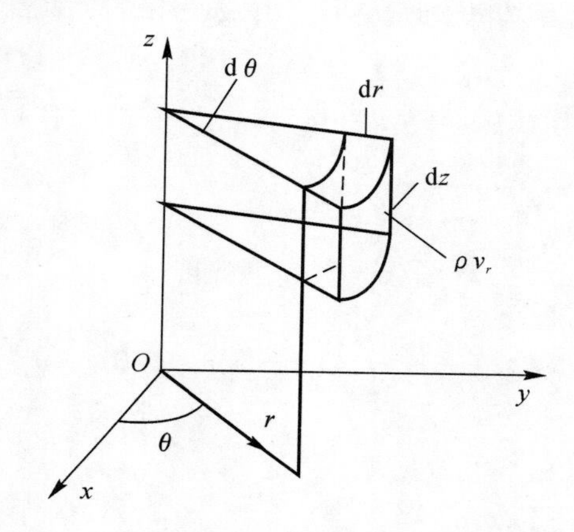

图 3-4 圆柱坐标系

例 3-1 下面提出了一些表示二元平面速度场的方程，试确定哪一个方程是不可压流场。

(a) $\boldsymbol{v}=-\Omega y\boldsymbol{i}+\Omega x\boldsymbol{j}$；

(b) $\boldsymbol{v}=-\dfrac{\Gamma y}{x^2+y^2}\boldsymbol{i}+\dfrac{\Gamma x}{x^2+y^2}\boldsymbol{j}$

式中：Γ 表示环量，假设它是常数(见 3.5.1 节)；

(c) $\boldsymbol{v}=x\mathrm{e}^x\boldsymbol{i}+y\mathrm{e}^y\boldsymbol{j}$。

解：对于不可压流动，整个流场 $\rho=$ 常数。因此，对二维平面不可压流动连续方程简化为

$$\nabla \cdot \boldsymbol{v}=\frac{\partial v_x}{\partial x}+\frac{\partial v_y}{\partial y}=0$$

式中：v_x 和 v_y 分别表示 $\boldsymbol{v}$ 的 x 和 y 分量。若所设速度场满足不可压连续方程，则该速度场便是不可压流动。

(a) 对于这种情况，$v_x=-\Omega y$，$v_y=\Omega x$。则有

$$\nabla \cdot \boldsymbol{v}=\frac{\partial v_x}{\partial x}+\frac{\partial v_y}{\partial y}=0+0=0$$

方程(a)为不可压流动。

(b)对于这种情况,有

$$v_x = -\frac{\Gamma y}{x^2+y^2}\boldsymbol{i}, v_y = \frac{\Gamma x}{x^2+y^2}\boldsymbol{j}$$

式中 Γ 为常数,则有

$$\nabla \cdot \boldsymbol{v} = \frac{\partial v_x}{\partial x} + \frac{\partial v_y}{\partial y} = -\frac{2xy\Gamma}{(x+y)^2} + \frac{2xy\Gamma}{(x+y)^2} = 0$$

方程(b)为不可压流动。

(c)对方程(c),$v_x = xe^x, v_y = ye^y$。则有

$$\nabla \cdot \boldsymbol{v} = \frac{\partial v_x}{\partial x} + \frac{\partial v_y}{\partial y} = xe^x + e^x + ye^y + e^y \neq 0$$

方程(c)不是不可压流动。若方程(c)代表一个速度场,它将是可压流的流动。

事实上,方程(a)代表强迫涡的速度场,而方程(b)代表自由涡的速度场,在 3.5.3 节中将详细讨论。

例 3-2　一旋转轴以等角速度 ω 旋转,引起周围液体运动,如图 3-5 所示。设液体内的速度分布为 $\boldsymbol{v} = \frac{\omega R^2}{r}\boldsymbol{i}_\theta$,若要求考虑重力(沿 z 轴负方向),试确定自由液面的压力梯度及其法线对 z 轴的倾角 γ(不计流体黏性)。

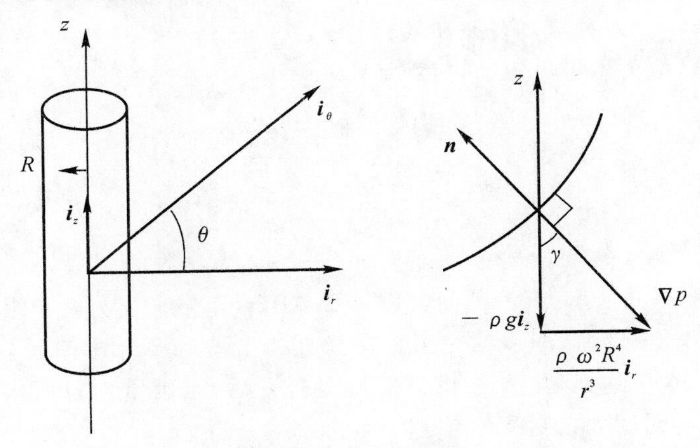

图 3-5　例 3-2 示意图

解:采用动量方程:

$$(\boldsymbol{v} \cdot \nabla)\boldsymbol{v} + \frac{1}{\rho}\nabla p - \boldsymbol{B} = 0$$

或

$$\nabla p = \rho\boldsymbol{B} - \rho(\boldsymbol{v} \cdot \nabla)\boldsymbol{v}$$

式中 $\rho(\boldsymbol{v} \cdot \nabla)\boldsymbol{v}$ 为惯性力,对于定常匀速转动,惯性力只有向心力,故

$$\rho(\boldsymbol{v} \cdot \nabla)\boldsymbol{v} = -\rho\frac{v_\theta^2}{r}\boldsymbol{i}_r$$

$\rho\boldsymbol{B}$ 为体积力,现在为重力

$$\rho\boldsymbol{B} = -\rho g\boldsymbol{i}_z$$

可得

$$\nabla p=-\rho g\boldsymbol{i}_z+\rho\frac{v_\theta^2}{r}\boldsymbol{i}_r=-\rho g\boldsymbol{i}_z+\frac{\rho\omega^2R^4}{r^3}\boldsymbol{i}_r$$

$$\cos\gamma=\frac{\left|\frac{\partial p}{\partial z}\right|}{|\nabla p|}=\frac{g}{\sqrt{\frac{\omega^4R^8}{r^6}+g^2}}$$

例 3-3 试分析 $\boldsymbol{v}=\{x^2+y^2,2xy,0\}$的流动，可能是什么性质的流场？

解：由已知速度分量可见，该流场是定常、二维平面或轴对称流场。

在平面及轴对称流场中，计算旋度

$$\boldsymbol{\xi}=\left(\frac{\partial v_y}{\partial x}-\frac{\partial v_x}{\partial y}\right)\boldsymbol{i}_z=0$$

为无旋流场。

在平面流场中计算散度$\nabla\cdot\boldsymbol{v}=\frac{\partial v_x}{\partial x}+\frac{\partial v_y}{\partial y}=4x$，可见除 $x=0$ 点外，为可压流。在轴对称流中，有

$$\frac{\partial v_x}{\partial x}+\frac{\partial v_y}{\partial y}+\frac{v_y}{y}=6x$$

可见，若流场为轴对称流，除 $x=0$ 点外，也是可压流。

因此，题设流场是一个二维、定常、无旋(除 $x=0$ 外)、可压流场。

例 3-4 设有一轴对称流动，$\rho=$常数。若 $v_y=y^2-xy$，求 v_x。

解：因 $\rho=$常数，故为不可压流动，应满足$\nabla\cdot\boldsymbol{v}=0$，有

$$\nabla\cdot\boldsymbol{v}=\frac{\partial v_x}{\partial x}+\frac{\partial v_y}{\partial y}+\frac{v_y}{y}=0$$

$$\frac{\partial v_x}{\partial x}=-\frac{\partial v_y}{\partial y}-\frac{v_y}{y}=-3y+2x$$

$$v_x=-3xy+x^2+c\ (c\text{ 为常数})$$

例 3-5 如图 3-6 所示，有等截面竖直小管 AB，在下端分支为两个水平管 BC 及 BD，两个分支的截面积均为 AB 管截面积的一半。在竖直和水平管接合处各有一开关。关闭开关，灌注水于 AB 管内，水位达到高度 a。设开关同时打开后，水因重力自两水平管中流出，试求竖直管内液面高度与时间 t 的关系和流空时间。

解：设开关打开后，在 t 时，液面处于 η 和 ξ 处，且 $\eta+\xi=a$。需求 $y=f(t)$和 $t|_y=0$。

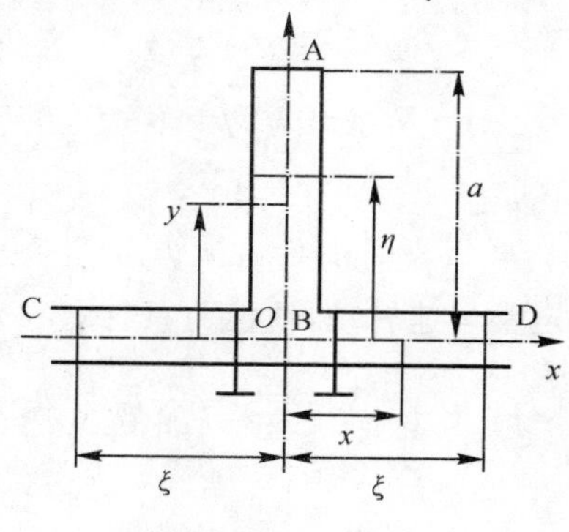

图 3-6 例 3-5示意图

可以用微分方程和积分方程两种方法求解。

(1)用微分方程求解。

假设竖直管中任意点 y 处的压强为 p，速度为 v_y。

由不可压连续方程$\nabla \cdot \boldsymbol{v}=0$ 得$\frac{\partial v_x}{\partial x}+\frac{\partial v_y}{\partial y}=0$。由于在竖直管内$\frac{\partial v_x}{\partial x}=0$，因此得$\frac{\partial v_y}{\partial y}=0$。

在竖直管中动量方程为$\frac{\partial v_y}{\partial t}+v_x\frac{\partial v_y}{\partial x}+v_y\frac{\partial v_y}{\partial y}=-g-\frac{1}{\rho}\frac{\partial p}{\partial y}$。式中$-g$ 为由重力引起的单位质量的体积力。应用连续方程中导出的结果，得在竖直管中的动量方程为

$$\frac{\partial v_y}{\partial t}=-g-\frac{1}{\rho}\frac{\partial p}{\partial y}$$

对 y 积分得

$$y\frac{\partial v_y}{\partial t}=-gy-\frac{p}{\rho}+f_1(t) \tag{a}$$

利用边界条件 $y=\eta$ 时，$p=p_a$，代入式(a)得

$$f_1(t)=g\eta+\frac{p_a}{\rho}+\eta\frac{\partial v_y}{\partial t} \tag{b}$$

将式(b)代入式(a)，得

$$\frac{p-p_a}{\rho}=(\eta-y)\left(g+\frac{\partial v_y}{\partial t}\right) \tag{c}$$

设水平管中任意点 x 处的压力为 p'，速度为 v_x。由水平方向的不可压连续方程$\frac{\partial v_x}{\partial x}+\frac{\partial v_y}{\partial y}=0$，因$\frac{\partial v_y}{\partial y}=0$，得$\frac{\partial v_x}{\partial x}=0$。因此，水平管内的动量方程为

$$\frac{\partial v_x}{\partial t}=-\frac{1}{\rho}\frac{\partial p'}{\partial x}$$

对 x 积分得

$$x\frac{\partial v_x}{\partial t}=-\frac{p'}{\rho}+f_2(t) \tag{d}$$

利用边界条件 $x=\xi$，$p'=p_a$，代入式(d)得

$$f_2(t)=\frac{p_a}{\rho}+\xi\frac{\partial v_x}{\partial t} \tag{e}$$

将式(e)代入式(d)得

$$\frac{p'-p_a}{\rho}=(\xi-x)\frac{\partial v_x}{\partial t} \tag{f}$$

在 O 点，$x=0$，$y=0$，且 $p=p'$，将此条件代入式(c)和式(f)，可得

$$\xi\frac{\partial v_x}{\partial t}=\eta\left(g+\frac{\partial v_y}{\partial t}\right) \tag{g}$$

利用 $\eta+\xi=a$，以及 $v_x=\frac{\mathrm{d}\xi}{\mathrm{d}t}=\dot{\xi}$，$v_y=\frac{\mathrm{d}\eta}{\mathrm{d}t}=\dot{\eta}$，得

$$\xi=a-\eta,\ \frac{\partial v_x}{\partial t}=\ddot{\xi}=-\ddot{\eta},\ \frac{\partial v_y}{\partial t}=\ddot{\eta}$$

代入式(g)得

$$-(a-\eta)\ddot{\eta}=g(g+\ddot{\eta})$$

或

$$\ddot{\eta}+\frac{g}{a}\eta=0 \tag{h}$$

其特征根为

$$r=\pm\sqrt{\frac{g}{a}}i$$

可得式(h)的通解为

$$\eta=c_1\cos\left(\sqrt{\frac{g}{a}}t\right)+c_2\sin\left(\sqrt{\frac{g}{a}}t\right)$$

初始条件 $t=0$ 时，$\eta=a$，$\dot{\eta}=0$，可得 $c_1=a$，$c_2=0$。因此可得流动规律为

$$y=a\cos\left(\sqrt{\frac{g}{a}}t\right) \tag{i}$$

排空时，$\eta=0$，故得

$$t=\frac{\pi}{2}\sqrt{\frac{g}{a}} \tag{j}$$

(2)用积分方程求解。

动量方程的积分形式为

$$\int_{V_c}\boldsymbol{B}\rho\mathrm{d}V_c-\int_A p\,\mathrm{d}\boldsymbol{A}=\int_{V_c}\frac{\partial\rho\boldsymbol{v}}{\partial t}\mathrm{d}V_c+\int_A\boldsymbol{v}(\rho\boldsymbol{v}\cdot\mathrm{d}\boldsymbol{A})$$

如图 3-7 所示，取控制体 V_c，写出竖直管中的动量方程为

$$-\int_{V_c}g\rho\mathrm{d}V_c+\int_{A_1}p\mathrm{d}A=\int_{V_{c1}}\rho\frac{\partial v_y}{\partial t}\mathrm{d}V_{c1}$$

$$-g\int_y^\eta\mathrm{d}y+\frac{p-p_a}{\rho}=\int_y^\eta\frac{\partial v_y}{\partial t}\mathrm{d}y$$

$$\frac{p-p_a}{\rho}=\int_y^\eta\left(g+\frac{\partial v_y}{\partial t}\right)\mathrm{d}y$$

$$\frac{p-p_a}{\rho}=(\eta-y)\left(g+\frac{\partial v_y}{\partial t}\right) \tag{k}$$

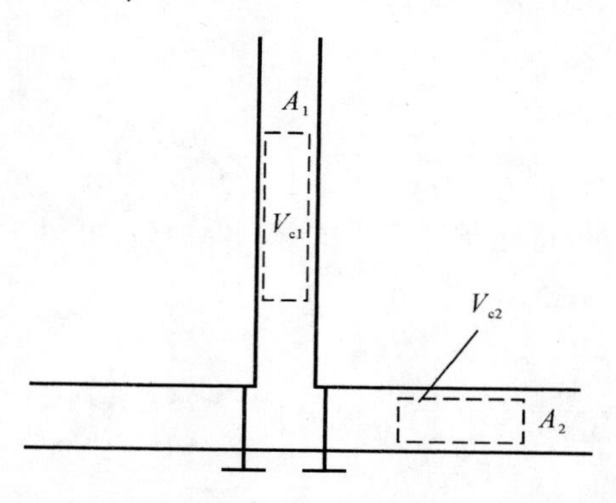

图 3-7　例 3-5 控制体示意图

取控制体 V_{c2}，写出水平管中的动量方程为

$$\int_{A_2} p\mathrm{d}A = \int_{V_{c2}} \rho \frac{\partial v_x}{\partial t}\mathrm{d}V_{c2}$$

$$\frac{p' - p_a}{\rho} = \int_x^{\xi} \frac{\partial v_x}{\partial t}\mathrm{d}x$$

$$\frac{p' - p_a}{\rho} = (\xi - x)\frac{\partial v_x}{\partial t} \tag{1}$$

以下解法同(1)。

例 3-6　设在定常、无黏、绝能、无体积力作用的流场中，$\boldsymbol{v}=(\sqrt{2}xy,\sqrt{2}xy)$。若某微团开始于(0,0)处，试推导该微团在流动中的温度变化规律，并以图形表示。

解：在题设条件下，能量方程为

$$\boldsymbol{v}\cdot\nabla\left(h+\frac{v^2}{2}\right)=0$$

设 $h=C_pT$，C_p 为常数，则有

$$C_p(\boldsymbol{v}\cdot\nabla)T+v(\boldsymbol{v}\cdot\nabla)v=0$$

$$C_p\left(v_x\frac{\partial T}{\partial x}+v_y\frac{\partial T}{\partial y}\right)+v\left(v_x\frac{\partial v}{\partial x}+v_y\frac{\partial v}{\partial y}\right)=0$$

以 $v_x=\sqrt{2}xy$，$v_y=\sqrt{2}xy$，$v=2xy$ 代入，得

$$C_p\left(\frac{\partial T}{\partial x}+\frac{\partial T}{\partial y}\right)+4xy^2+4x^2y=0$$

可看出上式的解为

$$T=T_0-\frac{2x^2y^2}{C_p}$$

式中 T_0 为(0,0)处的温度，也就是 $v=0$ 时的滞止温度 T_0。

为了清楚地表示温度变化规律，可以沿着迹线给出(见图 3-8)。因为是定常流，所以迹线等于流线。流线方程为

$$\frac{\mathrm{d}x}{v_x}=\frac{\mathrm{d}y}{v_y},\frac{\mathrm{d}x}{\sqrt{2}xy}=\frac{\mathrm{d}y}{\sqrt{2}xy},\int(\mathrm{d}x-\mathrm{d}y)=C,x-y=C$$

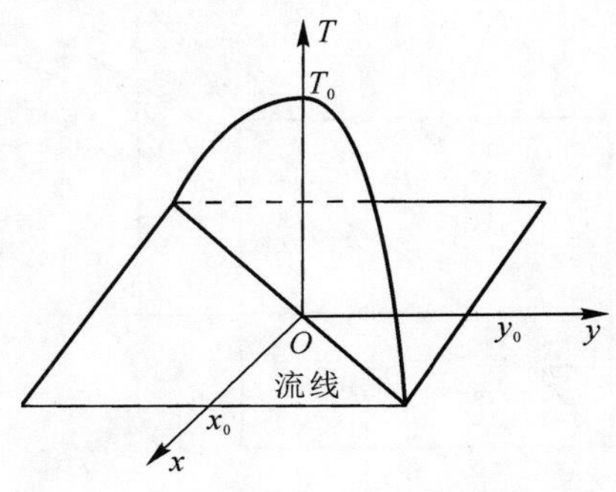

图 3-8　沿流线温度变化图

流线通过(0,0)处，故 $C=0$，因此流线方程为 $x=y$。

沿流线时，温度变化规律为

$$T=T_0-\frac{2x^4}{C_p}$$

由此可求得 $T=0$ 时的坐标为

$$x_0=\sqrt[4]{\frac{C_p T_0}{2}}=y_0$$

因此流动限于 $0\leqslant x\leqslant z, 0\leqslant y\leqslant y_0$。负向的一支流动也是可能的。

3.4 流线、轨迹、流体线和流管

流线是流场中的一系列曲线，位于流线上所有质点的速度向量都与该曲线在相应点的切线重合，如图 3-9 所示；轨迹是指当流体微团在流场中运动时在运动空间划过的曲线。对定常流动，流线和轨迹是统一的。

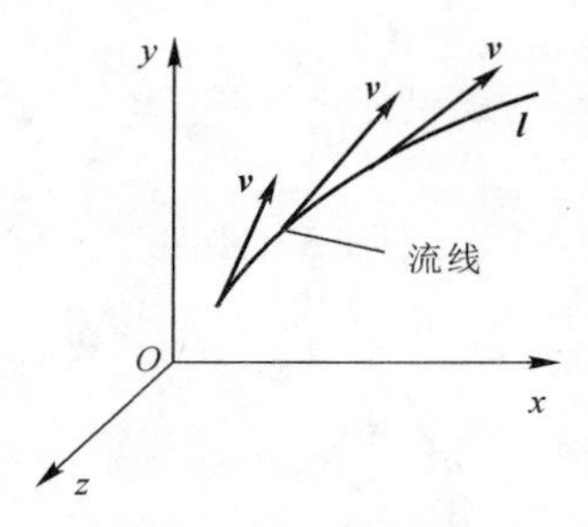

图 3-9 流线的特征

图 3-10 表示在笛卡儿坐标系中通过 P 点的流线。在 P 点，用 $\mathrm{d}\boldsymbol{l}$ 表示的流线微段，为

$$\mathrm{d}\boldsymbol{l}=\boldsymbol{i}\mathrm{d}x+\boldsymbol{j}\mathrm{d}y+\boldsymbol{k}\mathrm{d}z$$

矢量 $\mathrm{d}\boldsymbol{l}$ 在 P 点与速度矢量 $\boldsymbol{v}$ 相切。在平行于 x、y 和 z 坐标轴方向，$\boldsymbol{v}$ 的分量分别为 v_x、v_y 和 v_z。若画一个六面体，以速度 $\boldsymbol{v}$ 为对角线，且它的各面或边平行于笛卡儿坐标平面，如图 3-10 所示，根据二线平行的条件，则有

$$\frac{\mathrm{d}x}{v_x}=\frac{\mathrm{d}y}{v_y}=\frac{\mathrm{d}z}{v_z} \tag{3.4.1}$$

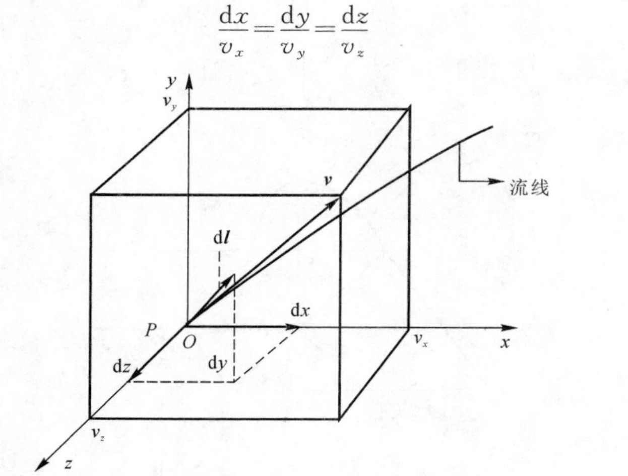

图 3-10 在笛卡儿坐标系中的流线

重新排列式(3.4.1)，则有

$$\frac{\mathrm{d}y}{\mathrm{d}x}=\frac{v_y}{v_x}, \frac{\mathrm{d}y}{\mathrm{d}z}=\frac{v_y}{v_z}, \frac{\mathrm{d}x}{\mathrm{d}z}=\frac{v_x}{v_z} \tag{3.4.2}$$

式(3.4.1)和式(3.4.2)是笛卡儿坐标系中的流线方程。

轨迹定义为流动中流体微团运动时在空间划过的曲线。根据

$$\boldsymbol{v}=\frac{\mathrm{d}\boldsymbol{r}}{\mathrm{d}t}$$

可得轨迹线方程为

$$\frac{\mathrm{d}x}{\mathrm{d}t}=v_x(x,y,z,t),\frac{\mathrm{d}y}{\mathrm{d}t}=v_y(x,y,z,t),\frac{\mathrm{d}z}{\mathrm{d}t}=v_z(x,y,z,t) \tag{3.4.3}$$

或

$$\frac{\mathrm{d}x}{v_x(x,y,z,t)}=\frac{\mathrm{d}y}{v_y(x,y,z,t)}=\frac{\mathrm{d}z}{v_z(x,y,z,t)} \tag{3.4.4}$$

将轨迹线方程(3.4.3)积分,消去其中的 t,便可得轨迹线方程。

在流线方程中,v_x、v_y、v_z 是 x、y、z 的函数,也可以是时间 t 的函数。但是根据流线的定义,流线是某一瞬时不同微团的曲线,因此若含有 t,在求流线方程时需作为常数处理。而轨迹线方程则不同,它是同一微团在不同时刻的曲线,因此 t 应作为自变量,x、y、z 则也是 t 的函数。

流线与轨迹线是两种不同的概念,流线是流场中同一瞬时不同微团组成的曲线,可以形象地理解为流场的照相,流场中的流线表示同一瞬时不同微团的流动方向,它与欧拉法(控制体法)相联系。轨迹线是同一微团在不同时刻运动所形成的曲线,可以形象地理解为放录像,它与拉格朗日法(系统法)相联系。在非定常流动中,流线与轨线不重合,而在定常流动中,流线与轨迹线是重合的。对于在流体中作匀速运动的物体,若坐标取在静止的空间,则流动是非定常的;若取在物体上,则流动是定常的。例如,图 3－11 是在大气中作匀速运动的机翼,其中图 3－11(a)为定常运动时某一时刻的流线谱,图 3－11(b)为非定常运动中微团的轨迹。当坐标取在等速运动的机翼上时,气流运动就成为定常的,这时,如图 3－11(c)所示,流线与轨迹线重合。可见,后一种取法可使问题简化。

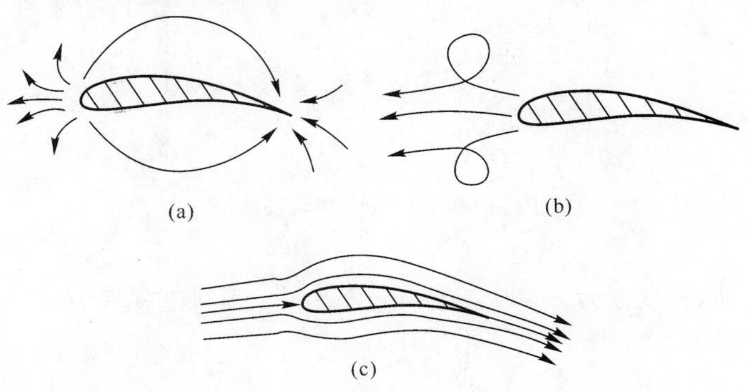

图 3－11　匀速运动翼剖面的流线和轨迹

例 3－7　设流体运动的速度为 $\boldsymbol{v}=(x+t,-y+t,0)$,求 $t=0$ 时,过$(-1,-1)$点的流线及轨迹线方程。

解:由流线方程 $\dfrac{\mathrm{d}y}{\mathrm{d}x}=\dfrac{v_y}{v_x}$ 得$\int(v_y\mathrm{d}x-v_x\mathrm{d}y)=C$。则有

$$\int[(-y+t)\mathrm{d}x-(x+t)\mathrm{d}y]=C$$

求流线方程时,t 作常数处理,因此积分上式得

$$-2xy+t(x-y)=C$$

以 $t=0$ 时,$x=-1$,$y=-1$ 代入,得 $C=-2$。因此所求流线方程为

$$xy=1$$

由轨迹线方程$\frac{dx}{dt}=v_x$,$\frac{dy}{dt}=v_y$,得

$$\frac{dx}{dt}=x+t,\frac{dy}{dt}=-y-t$$

当 x、y 是 t 的函数时,它们是非齐次线性常微分方程,可得

$$xe^{-t}=\int te^{-t}dt+c_1=e^{-t}(-t-1)+c_1,x=c_1e^{-t}-t-1$$

$$ye^{-t}=\int te^{-t}dt+c_2=e^{-t}(t-1)+c_2,y=c_2e^{-t}+t-1$$

以 $t=0$ 时 $x=-1$,$y=-1$ 代入得 $c_1=c_2=0$。因此所求轨迹线方程为

$$x=-t-1,y=t-1$$

消去 t 得轨迹线方程为

$$x+y=-2$$

将所得的流线和轨迹线方程画成图形,如图 3-12 所示,可见,在非定常运动中,流线和轨迹线是不重合的。

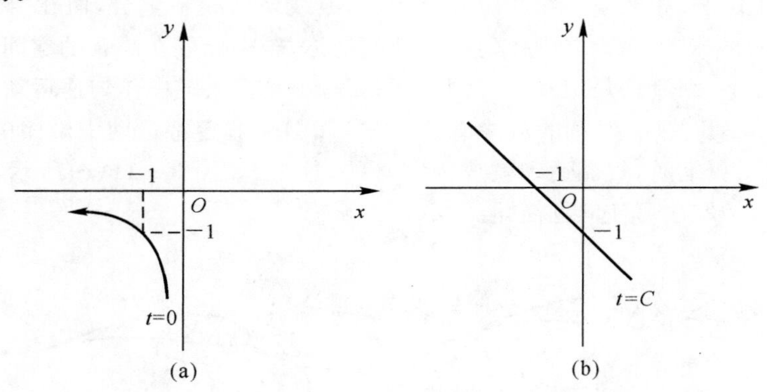

图 3-12 流线图和轨迹线图

(a)流线;(b)轨迹线

如果是定常运动,速度成为 $v_x=x$,$v_y=-y$,$v_z=0$。则轨迹方程为

$$\frac{dx}{dt}=x,\frac{dy}{dt}=-y$$

消去 dt 得

$$\frac{dx}{x}=-\frac{dy}{y}$$

$$\int(ydx+xdy)=C$$

考虑到 $t=0$ 时通过$(-1,-1)$点的条件,$C=2$。因此轨迹线方程为

$$xy=1$$

由此可见，定常运动时，轨迹线和流线确实重合。

定义流体线是通过一系列不同流体微团的线。图 3－13 表示在流体中一条封闭曲线 c，它就是流体线。

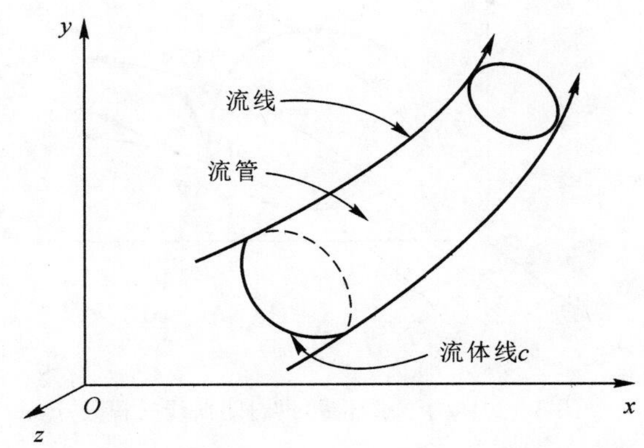

图 3－13　许多流线形成流管

通过封闭曲线 c 的所有流线形成流管。根据流线的定义，流体只能在流管表面或内部流动，因此质量不可以穿过流管表面。流管有一性质，通过流管任意横截面的流量是常数。进一步，横截面无限小的流管称流丝。

3.5　环量、旋转和旋度

通常习惯于通过环量、旋转和旋度等参数来研究多维流动的一般概貌。在这一节，首先定义这些参数，然后举出几个说明它们的例子。

3.5.1　环量

图 3－14 表示流场中一条封闭曲线。在曲线 $\boldsymbol{l}$ 上每一弧段均可认为是微元矢量 $\mathrm{d}\boldsymbol{l}$，其大小为 $\mathrm{d}l$，方向与曲线 $\boldsymbol{l}$ 相切。围绕封闭曲线 $\boldsymbol{l}$ 的环量 Γ 定义为

$$\Gamma \equiv \oint_l \boldsymbol{v} \cdot \mathrm{d}\boldsymbol{l} = \oint_l v \mathrm{d}l \cos\alpha \tag{3.5.1}$$

式中：α 是 $\boldsymbol{v}$ 和 $\mathrm{d}\boldsymbol{l}$ 之间的夹角。按照习惯，标量积 $\boldsymbol{v} \cdot \mathrm{d}\boldsymbol{l}$ 积分的正方向是逆时针方向。

为了说明环量 Γ 的重要意义，考虑一个二维流动，其封闭曲线 $\boldsymbol{l}$ 和速度矢量 $\boldsymbol{v}$ 均在 xy 平面中。对 $\boldsymbol{v}$ 和 $\mathrm{d}\boldsymbol{l}$，可以写出

$$\boldsymbol{v} = v_x \boldsymbol{i} + v_y \boldsymbol{j} \quad , \quad \mathrm{d}\boldsymbol{l} = \mathrm{d}x \boldsymbol{i} + \mathrm{d}y \boldsymbol{j}$$

$\boldsymbol{v}$ 沿曲线 $\boldsymbol{l}$ 的环量 Γ

$$\Gamma = \oint_l \boldsymbol{v} \cdot \mathrm{d}\boldsymbol{l} = \oint_l (v_x \mathrm{d}x + v_y \mathrm{d}y) \tag{3.5.2}$$

应用斯托克斯定理，环量 Γ 可用由闭曲线 $\boldsymbol{l}$ 围成的面积 A 上的积分表示。由斯托克斯定理，若有表面 A，以封闭曲线 $\boldsymbol{l}$ 为其周长，则

$$\oint_l \boldsymbol{v} \cdot \mathrm{d}\boldsymbol{l} = \int_A (\nabla \times \boldsymbol{v}) \cdot \mathrm{d}\boldsymbol{A} \text{（斯托克斯定理）} \tag{3.5.3}$$

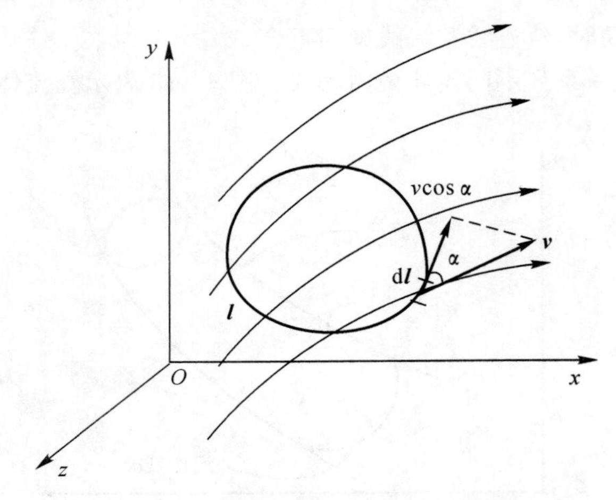

图 3-14　为了求环量，沿封闭曲线的积分

这样可得

$$\Gamma=\oint_{l}\boldsymbol{v}\cdot \mathrm{d}\boldsymbol{l}=\int_{A}(\boldsymbol{\nabla}\times\boldsymbol{v})\cdot \mathrm{d}\boldsymbol{A} \tag{3.5.4}$$

式中：$\boldsymbol{\nabla}\times\boldsymbol{v}$=旋度。$\mathbf{curl}\boldsymbol{v}=\left(\frac{\partial v_z}{\partial y}-\frac{\partial v_y}{\partial z}\right)\boldsymbol{i}+\left(\frac{\partial v_x}{\partial z}-\frac{\partial v_z}{\partial x}\right)\boldsymbol{j}+\left(\frac{\partial v_y}{\partial x}-\frac{\partial v_x}{\partial y}\right)\boldsymbol{k}$。

式(3.5.4)把围绕封闭曲线 c 的线积分变换为以曲线 c 围绕的面积 A 上的面积分。

对于在 xy 平面中的二维流动，$\boldsymbol{v}=v_x\boldsymbol{i}+v_y\boldsymbol{j}$，并且

$$\boldsymbol{\nabla}\times\boldsymbol{v}=\mathbf{curl}\boldsymbol{v}=\boldsymbol{k}\left(\frac{\partial v_y}{\partial x}-\frac{\partial v_x}{\partial y}\right) \tag{3.5.5}$$

设 $\mathrm{d}\boldsymbol{A}$ 为曲线 $\boldsymbol{l}$ 所包围的面积 A 的微元面积。因为 $\mathrm{d}\boldsymbol{A}$ 完全位于 xy 平面内，所以 $\mathrm{d}\boldsymbol{A}=\mathrm{d}x\mathrm{d}y\boldsymbol{k}$。将 $\boldsymbol{\nabla}\times\boldsymbol{v}$ 和 $\mathrm{d}\boldsymbol{A}$ 代入式(3.5.4)，得

$$\Gamma=\int_{A}\left(\frac{\partial v_y}{\partial x}-\frac{\partial v_x}{\partial y}\right)\mathrm{d}x\mathrm{d}y \tag{3.5.6}$$

取当 A 趋于零时 Γ 的极限，式(3.5.6)可得

$$\lim_{A\to 0}\frac{\Gamma}{A}=\frac{\mathrm{d}\Gamma}{\mathrm{d}A}=\left(\frac{\partial v_y}{\partial x}-\frac{\partial v_x}{\partial y}\right)=\mathbf{curl}_k\boldsymbol{v} \tag{3.5.7}$$

3.5.2 旋转

在一点处流体的旋转定义为通过该点两根互相垂直的流体线(见 3.4 节)的瞬时平均角速度。流体旋转的定义是固体旋转定义的推广。

对于固体旋转，若 P 表示固体上的一点，而 Q 是任意邻近点，则当该物体绕通过点 P 的轴以角速度 ω 旋转时，速度矢量在点 Q 的旋度与点 P 处的旋度相同，因为固体的所有质点互相保持固定的关系。因此，说明固体上一条线的角速度就完全说明了所有线的角速度。

然而，对于流体或可变形体就不是这样。在流动的流体中，所有的流体线能够改变与另一流体线的相对位置，并且本身也可以产生位移。因此，在研究流体旋转时，引进关于一点流体微元平均角速度的概念，并将平均角速度称为流体的旋转，或简称旋转，用矢量 $\boldsymbol{\omega}$ 表示。

图 3-15 所示为在 xy 平面中流体质点的运动。在时刻 t，流体质点的质心位于点 O，并且它相对于 x 轴和 y 轴的笛卡儿速度分量分别以 v_x 和 v_y 表示。在图 3-15 中，OA 和 OB 线是

从点 O 处流体质点发射出的两根互相垂直的流体线。在后一时刻 $t+\Delta t$，流体质点和流体线运动的结果是，O、A 和 B 已向右上方运动到新位置，如图 3－15 所示。

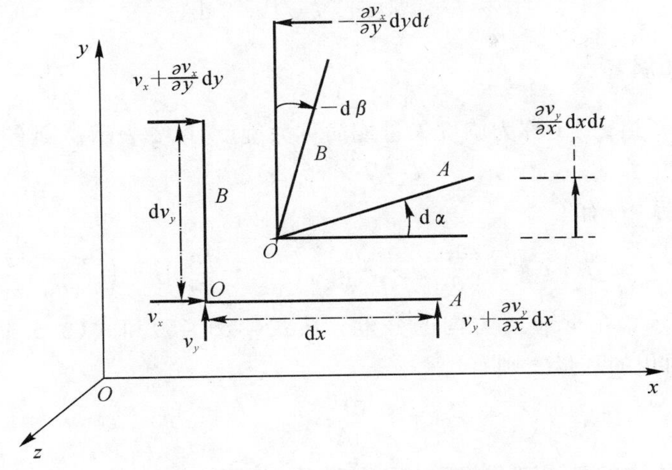

图 3－15　流体旋转的示意说明

因为在流体中存在速度梯度，所以在点 A 和点 B 处的流体质点以有别于点 O 处流体质点的速度运动。因此，流体线 OA 和 OB 分别相对于 x 轴和 y 轴产生角度 $\mathrm{d}\alpha$ 和 $-\mathrm{d}\beta$。角度 $\mathrm{d}\beta$ 应当为负，因为 $\frac{\partial v_x}{\partial y}\mathrm{d}y$ 的正值产生 OB 顺时针旋转，即负角度方向的旋转。

定义在垂直于 z 轴的平面中流体的旋转分量 ω_z 为

$$\omega_z=\frac{1}{2}\left(\frac{\mathrm{d}\alpha}{\mathrm{d}t}+\frac{\mathrm{d}\beta}{\mathrm{d}t}\right) \tag{3.5.8}$$

这里附于 ω 的下标 z 不是偏微分符号，而是说明旋转 ω 在垂直于 z 轴的平面中度量。经过无限小的时间间隔 $\mathrm{d}t$，角度 $\mathrm{d}\alpha$ 和 $\mathrm{d}\beta$ 小到可以认为 $\tan(\mathrm{d}\alpha)\approx\mathrm{d}\alpha$，$\tan(\mathrm{d}\beta)\approx\mathrm{d}\beta$。由图 3－15 可见

$$\mathrm{d}\alpha=\frac{\frac{\partial v_y}{\partial x}\mathrm{d}x\mathrm{d}t}{\mathrm{d}x}=\frac{\partial v_y}{\partial x}\mathrm{d}t \tag{3.5.9}$$

$$\mathrm{d}\beta=-\frac{\frac{\partial v_x}{\partial y}\mathrm{d}y\mathrm{d}t}{\mathrm{d}y}=-\frac{\partial v_x}{\partial y}\mathrm{d}t \tag{3.5.10}$$

将式(3.5.9)和式(3.5.10)代入式(3.5.8)，得到

$$\omega_z=\frac{1}{2}\left(\frac{\partial v_y}{\partial x}-\frac{\partial v_x}{\partial y}\right) \tag{3.5.11}$$

同样可得在 yz 平面和 xz 平面中的旋转分量，分别为

$$\omega_x=\frac{1}{2}\left(\frac{\partial v_z}{\partial y}-\frac{\partial v_y}{\partial z}\right) \tag{3.5.12}$$

$$\omega_y=\frac{1}{2}\left(\frac{\partial v_x}{\partial z}-\frac{\partial v_z}{\partial x}\right) \tag{3.5.13}$$

式中下标 x 和 y 表示在垂直于该方向的平面中的旋转。式(3.5.11)～式(3.5.13)的矢量和为

$$\boldsymbol{\omega}=\boldsymbol{i}\omega_x+\boldsymbol{j}\omega_y+\boldsymbol{k}\omega_z=\frac{1}{2}\boldsymbol{\nabla}\times\boldsymbol{v} \tag{3.5.14}$$

对比式(3.5.7)和式(3.5.11)，对二维流动，清楚地表明平均流体旋转等于每单位面积环

量的一半。则有

$$\omega_z=\frac{1}{2}\left(\frac{\partial v_y}{\partial x}-\frac{\partial v_x}{\partial y}\right)=\frac{1}{2}\frac{\mathrm{d}\Gamma}{\mathrm{d}A} \tag{3.5.15}$$

3.5.3 旋度和涡管

从场论中我们知道$\nabla\times\boldsymbol{v}$称为旋度矢量或简称为旋度，以$\boldsymbol{\zeta}$表示。则有

$$\boldsymbol{\zeta}=\nabla\times\boldsymbol{v}=2\boldsymbol{\omega} \tag{3.5.16}$$

在笛卡儿坐标系中，有

$$\boldsymbol{\zeta}=\zeta_x\boldsymbol{i}+\zeta_y\boldsymbol{j}+\zeta_z\boldsymbol{k}=\left(\frac{\partial v_z}{\partial y}-\frac{\partial v_y}{\partial z}\right)\boldsymbol{i}+\left(\frac{\partial v_x}{\partial z}-\frac{\partial v_z}{\partial x}\right)\boldsymbol{j}+\left(\frac{\partial v_y}{\partial x}-\frac{\partial v_x}{\partial y}\right)\boldsymbol{k} \tag{3.5.17}$$

式中 x、y、z 分别表示$\boldsymbol{\zeta}$在 x、y、z 方向的分量。从式(3.5.15)和式(3.5.17)可见，对二维流动，旋度等于单位面积的环量。则有

$$\zeta_z=\frac{\mathrm{d}\Gamma}{\mathrm{d}A}=2\omega_z \tag{3.5.18}$$

定义涡线是流体中的各点都与涡量相切的曲线，如图 3-16 所示，旋转矢量$\boldsymbol{\omega}$的分量ω_x、ω_y、ω_z与对应涡线切矢分量 $\mathrm{d}x$、$\mathrm{d}y$、$\mathrm{d}z$ 之间的关系为

$$\frac{\mathrm{d}x}{\omega_x}=\frac{\mathrm{d}y}{\omega_y}=\frac{\mathrm{d}z}{\omega_z} \tag{3.5.19}$$

式(3.5.19)是笛卡儿坐标系中的涡线方程。

图 3-17 表示流体中封闭曲线 C，它是流体线，通过曲线 C 的所有涡线形成涡管，横截面无限小的涡管为涡丝。

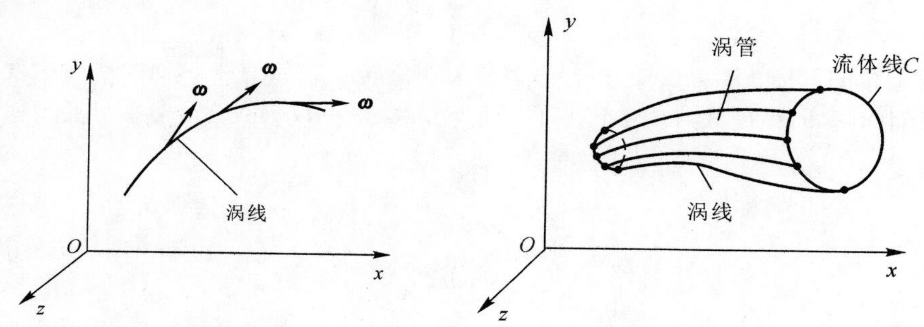

图 3-16　涡线的性质图　　　图 3-17　涡线形成涡管

由上述情况可知，环量、旋转和旋度三个参数关系是唯一的，因此若知三个参数的任何一个就可求得其他两个。在 3.7 节、3.8 节和 3.9 节中，将推演说明环量、旋转和旋度与其他流动参数间关系的几个普遍定理。

现在引入了旋涡强度的概念。在旋涡场中取一微小面积 $\mathrm{d}A$，如图 3-18 所示，该面积上的流体旋转角速度为$\boldsymbol{\omega}$，把$\boldsymbol{\omega}$在 $\mathrm{d}A$ 法线方向上的分量与 $\mathrm{d}A$ 的乘积的两倍，称为 $\mathrm{d}A$ 面积的旋涡强度或涡通量，其数学表达式为

$$k=2\omega_{\mathrm{n}}\mathrm{d}A \tag{3.5.20}$$

或者写为

$$k=2\boldsymbol{\omega}\cdot\boldsymbol{n}\mathrm{d}A \tag{3.5.21}$$

其中：$\boldsymbol{n}$ 为 $\mathrm{d}A$ 面积法线方向的单位向量。

对于面积 A 的旋涡强度，则可由式(3.5.20)对 A 进行积分得到，即

$$k = 2\int_A \omega_n \mathrm{d}A = 2\int_A \boldsymbol{\omega} \cdot \boldsymbol{n} \mathrm{d}A \tag{3.5.22}$$

如果面积 A 内旋转角速度均匀分布，则其旋涡强度可简单地写为

$$k = 2\omega_n A \tag{3.5.23}$$

若式(3.5.23)中 A 表示涡管的横截面积，则 k 称为涡管的旋涡强度，这时涡管内横截面上的角速度应均匀分布。如果涡管横截面上的流体旋转角速度不是均匀分布，则涡管的旋涡强度应为式(3.5.22)。

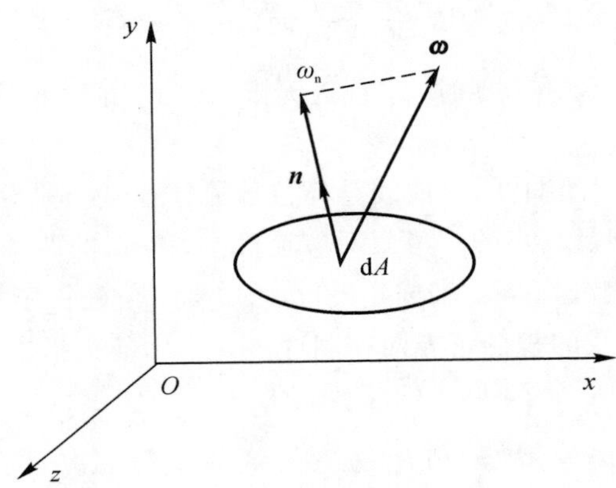

图 3-18　涡旋强度定义

3.5.4　自由涡和强迫涡

自由涡和强迫涡是自然界中最常见的两类涡，现在分别对这两种涡开展讨论。

1. 自由涡

自由涡是一个环形流动，其流体速度的大小与离涡中心的距离成反比。应注意的是，速度方向沿 θ 方向，即圆的切向。自由涡是无旋运动的一个简单例子。图 3-19 表示自由涡的特性，它是澡盆的排水涡、管状固体推进剂火箭发动机内部燃烧的自旋流动及旋风涡等物理现象合理的近似。

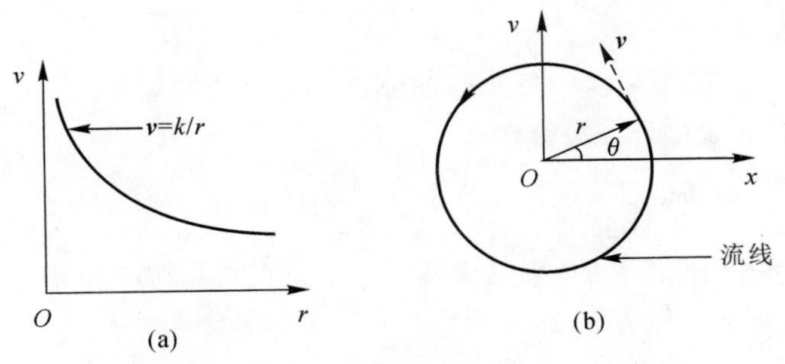

图 3-19　自由涡的流动特性

(a)速度分布；(b)流线型式

在自由涡中，流体速度的大小为

$$v = \frac{k}{r} \tag{3.5.24}$$

图 3-19(a)表示自由涡中的速度分布。式(3.5.24)在原点处是奇点，在那里速度为无限大，

当然这和实际不相符。因为对于气体由能量守恒定律出发,有一个有限的数值。在实际流体的自由涡中,涡的中心区通常保持某些低速运动,它常具有强迫涡的性质(见3.5.3节);然而,在距涡的中心一段距离外,自由涡模型是真实流动很好的近似。

图3-19(b)表示在自由涡流场中的流线。围绕流线的环量为

$$\Gamma=\oint_l \boldsymbol{v}\cdot \mathrm{d}\boldsymbol{l}=\int_0^{2\pi}\frac{k}{r}(r\mathrm{d}\theta)=2\pi k=\text{常数} \tag{3.5.25}$$

由式(3.5.15),在 xy 平面中在原点处流体旋转的大小 ω_z 为

$$2\omega_z=\lim_{r\to 0}\frac{\Gamma}{A}=\frac{\mathrm{d}\Gamma}{\mathrm{d}A}=\lim_{r\to 0}\frac{2\pi k}{2\pi r^2}=\infty \tag{3.5.26}$$

式(3.5.26)指出,当半径趋于零时,ω_z 接近无限大。正如上面所指出,这种结果实际上是无意义的。

图3-20所示为一个封闭曲线,该曲线整体位于流体速度 v 是有限值、且小于最大等熵速度的区域内,因此流动模型是真实的。考察对应速度 v_1 和 v_2 的两条自由涡流线,其半径分别以 R_1 和 R_2 表示,并且它们分别与 x 轴成 θ_1 和 θ_2 角。将 R_1 延长至对应 v_2 的流线,形成封闭曲线 $abcd$。围绕该封闭曲线的积分正方向在图3-19中用箭头指出。

围绕封闭曲线 $abcd$ 的环量 Γ[见式(3.5.1)]为

$$\Gamma=\oint_l \boldsymbol{v}\cdot \mathrm{d}\boldsymbol{l}=v_2[R_2(\theta_2-\theta_1)]-v_1[R_1(\theta_2-\theta_1)] \tag{3.5.27}$$

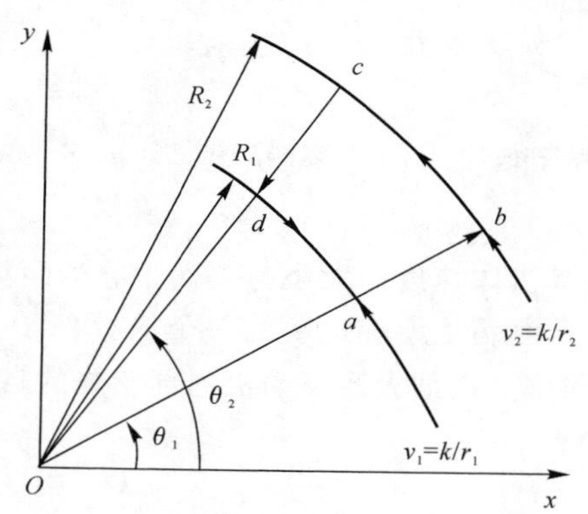

3-20 不包围自由涡原点的封闭曲线 $abcd$

将式(3.5.24)代入式(3.5.27)得到

$$\Gamma=\frac{k}{R_2}[R_2(\theta_2-\theta_1)]+\frac{k}{R_1}[R_1(\theta_2-\theta_1)]=0 \tag{3.5.28}$$

因为 R_1、R_2、θ_1 和 θ_2 是任意的,所以式(3.5.28)是可应用于不包括原点的任何封闭曲线的普适结果。于是,对于这种情况,旋转为

$$\omega_z=\frac{1}{2}\frac{\mathrm{d}\Gamma}{\mathrm{d}A}=0 \tag{3.5.29}$$

式(3.5.29)指出,在自由涡中心区以外的流动是无旋的流动。

2. 强迫涡

图3-21表示强迫涡的流动特征。在强迫涡中任意一点处流体速度的大小与该点离涡中心的距离成正比,它是有旋流的一个简单例子。当端面燃烧的固体推进剂火箭发动机围绕其

中心轴旋转时所产生的流场是强迫涡的实际例子。如 3.5.3 节所述，自由涡核心邻近区的流动与强迫涡流动相似。

在强迫涡中，流体切向速度的大小为

$$v=r\Omega \tag{3.5.30}$$

式中：Ω 是强迫涡的角速度。图 3-21(a)表示强迫涡中的速度分布。

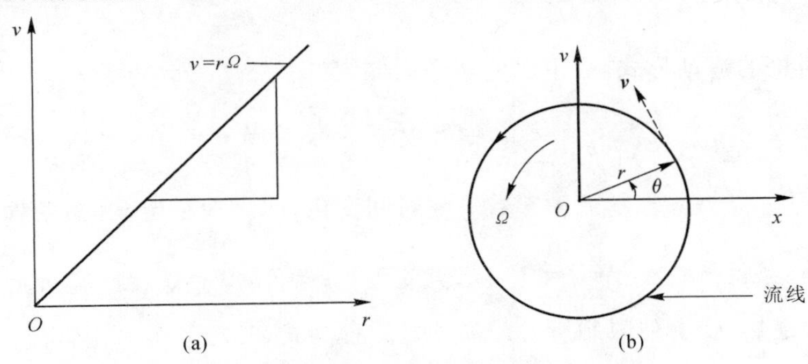

图 3-21　强迫涡的流动特征

(a)速度分布；(b)流线型式

图 3-21(b)表示强迫涡中在半径 r 处的封闭流线，环形流线的中心以 O 表示，与坐标轴的原点一致。半径 r 与 x 轴之间的角度是 θ，而 $\boldsymbol{v}$ 是沿流线的速度矢量。环量为

$$\Gamma=\oint_l \boldsymbol{v}\cdot \mathrm{d}\boldsymbol{l}=\int_0^{2\pi}(r\Omega)(r\mathrm{d}\theta) \tag{3.5.31}$$

可得

$$\Gamma=2\pi r^2\Omega \tag{3.5.32}$$

由式(3.5.15)，流体旋转为

$$\omega_z=\frac{1}{2}\frac{\mathrm{d}\Gamma}{\mathrm{d}A}=\frac{2\pi r^2\Omega}{2\pi r^2}=\Omega=\text{常数} \tag{3.5.33}$$

和研究自由涡一样，取包括中心点的封闭曲线，可得流体的旋度为 Ω。因此，强迫涡流动是有旋的。事实上，整个流场旋转是常数，表明它像固体那样旋转，因此，强迫涡有时称为固体涡。

例 3-8　考察 3.3 节例 3-1 提出的速度场方程，哪一种可能应用到无旋流场？

(a) $\boldsymbol{v}=-\Omega y\boldsymbol{i}+\Omega x\boldsymbol{j}$；

(b) $\boldsymbol{v}=\dfrac{-\Gamma y}{(x^2+y^2)}\boldsymbol{i}+\dfrac{-\Gamma x}{(x^2+y^2)}\boldsymbol{j}$；

(c) $\boldsymbol{v}=x\mathrm{e}^x\boldsymbol{i}+y\mathrm{e}^y\boldsymbol{j}$。

解：对于无旋流场，$\boldsymbol{\omega}=0$，对二维流，要求

$$2\omega_z=\frac{\partial v_y}{\partial x}-\frac{\partial v_x}{\partial y}=0$$

(a) $2\omega_z=\Omega+\Omega=2\Omega$。

因此，方程(a)是有旋流场。

(b) $2\omega_z=\dfrac{\Gamma[(x^2+y^2)-2x^2]}{(x^2+y^2)^2}+\dfrac{\Gamma[(x^2+y^2)-2y^2]}{(x^2+y^2)^2}=\dfrac{0}{(x^2+y^2)^2}$。

这样，方程(b)除原点以外，处处是无旋流动。原点处是流场中的奇点。

(c)$\omega_z=0+0=0$。

方程(c)是无旋流场。然而,如3.3节例3-1中指出,若该流动存在,为满足连续方程,流体必定是可压缩的。

3.6 对于可压缩定常绝热无黏流动的欧拉动量方程

对于本节讨论的流动形式,有下面的数学限制:

$$\frac{\partial \boldsymbol{v}}{\partial t}=\frac{\partial \rho}{\partial t}=\frac{\partial p}{\partial t}=\boldsymbol{B}=g\mathrm{d}z=\mathrm{d}\boldsymbol{F}_{剪}=\delta\dot{Q}=\delta\dot{W}_{剪}=\delta\dot{W}_{轴}=0 \tag{3.6.1}$$

其中,条件$\frac{\partial \boldsymbol{v}}{\partial t}=\frac{\partial \rho}{\partial t}=\frac{\partial p}{\partial t}=0$表示流动参数不随时间变化,即流动是定常的;条件$\boldsymbol{B}=g\mathrm{d}z=0$表示流动无体积力;条件$\mathrm{d}\boldsymbol{F}_{剪}=\delta\dot{W}_{剪}=0$表示流动无黏;条件$\delta\dot{W}=0$表示流动无外力做功;条件$\delta\dot{Q}=0$表示流动绝热,受上列限制所支配的动量方程为式(3.3.8)。对定常流

$$\frac{\mathrm{D}\boldsymbol{v}}{\mathrm{D}t}=(\boldsymbol{v}\cdot\nabla)\boldsymbol{v} \tag{3.6.2}$$

式(3.3.6)等号右边可表示为

$$(\boldsymbol{v}\cdot\nabla)\boldsymbol{v}=\nabla\left(\frac{v^2}{2}\right)-\boldsymbol{v}\times(\boldsymbol{v}\times\nabla) \tag{3.6.3}$$

将式(3.6.3)代入式(3.6.2),进一步由式(3.3.8),则有

$$\boldsymbol{v}\times(\boldsymbol{v}\times\nabla)=\frac{1}{\rho}\nabla p+\nabla\left(\frac{v^2}{2}\right) \tag{3.6.4}$$

式(3.6.4)是空间中某几个矢量的和,如图3-22所示。在任意矢量$\mathrm{d}\boldsymbol{r}=\mathrm{d}x\boldsymbol{i}+\mathrm{d}y\boldsymbol{j}+\mathrm{d}z\boldsymbol{k}$方向上,通过式(3.6.4)的分量相加,可获得标量方程为

$$\mathrm{d}\boldsymbol{r}\cdot[(\boldsymbol{v}\cdot\nabla)\boldsymbol{v}]=0 \tag{3.6.5}$$

将式(3.6.5)在笛卡儿坐标中展开得到

$$(v_z\mathrm{d}y-v_y\mathrm{d}z)\left(\frac{\partial v_z}{\partial y}-\frac{\partial v_y}{\partial z}\right)+(v_x\mathrm{d}z-v_z\mathrm{d}x)\left(\frac{\partial v_x}{\partial z}-\frac{\partial v_z}{\partial x}\right)+(v_y\mathrm{d}x-v_x\mathrm{d}y)\left(\frac{\partial v_y}{\partial x}-\frac{\partial v_x}{\partial y}\right)=$$
$$\frac{1}{\rho}\left(\frac{\partial p}{\partial x}\mathrm{d}x+\frac{\partial p}{\partial y}\mathrm{d}y+\frac{\partial p}{\partial z}\mathrm{d}z\right)+\left[\frac{\partial}{\partial x}\left(\frac{v^2}{2}\right)\mathrm{d}x+\frac{\partial}{\partial y}\left(\frac{v^2}{2}\right)\mathrm{d}y+\frac{\partial}{\partial z}\left(\frac{v^2}{2}\right)\mathrm{d}z\right] \tag{3.6.6}$$

参考式(3.5.11)~式(3.5.13),可见式(3.6.6)左边包含$\frac{\partial v_y}{\partial x}-\frac{\partial v_x}{\partial y}=2\omega_z$等项;而右边两项又分别等于$(1/\rho)\mathrm{d}p$和$\mathrm{d}(v^2/2)$。将这些表达式代入式(3.6.6)可得

$$2[(v_z\mathrm{d}y-v_y\mathrm{d}z)\omega_x+(v_x\mathrm{d}z-v_z\mathrm{d}x)\omega_y+(v_y\mathrm{d}x-v_x\mathrm{d}y)\omega_z]=\frac{1}{\rho}\mathrm{d}p+\mathrm{d}\left(\frac{v^2}{2}\right) \tag{3.6.7}$$

式(3.6.7)对流场中任意方向$\mathrm{d}\boldsymbol{r}$都有效。

3.6.1 沿流线的定常运动

把流线方程,即式(3.4.2)代入式(3.6.7)可得

$$\frac{1}{\rho}\mathrm{d}p+\mathrm{d}\left(\frac{v^2}{2}\right)=0 \tag{3.6.8}$$

式(3.6.8)是对流线的欧拉方程。它对无体积力的定常无黏流动是正确的。由$\mathrm{d}p+\rho v\mathrm{d}v+$

$\rho g\mathrm{d}z=0$ 可见，式(3.6.8)就是在无体积力时定常一维流动的伯努利方程。因此，在可压缩流体的定常多维无黏流动时，伯努利方程沿流线是正确的。

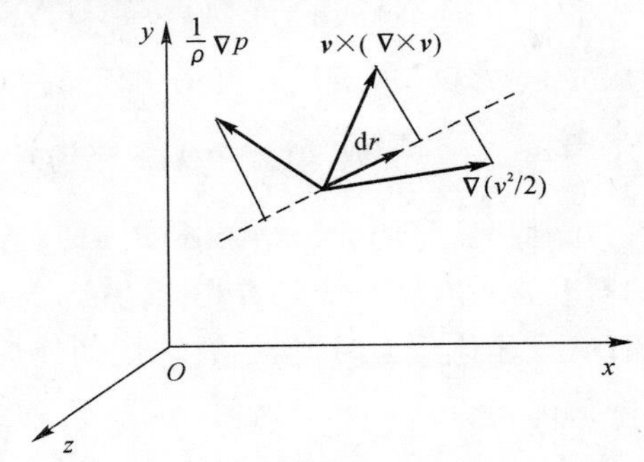

图 3-22　对于可压缩流体定常绝热无黏流动的欧拉方程的矢量表示方法

将式(3.6.8)沿流线积分产生

$$\int\frac{\mathrm{d}p}{\rho}+\frac{v^2}{2}=\text{常数}\quad(\text{沿流线})\tag{3.6.9}$$

该常数就是伯努利常数。通常，伯努利常数从一条流线到另一条流线是变化的，取决于所研究状态下的流场性质。若所有流线都发源于均匀流动区，则伯努利常数在整个流场是相同的。

3.6.2　定常无旋流动

1. 无旋流动和有旋流动

无旋流动是指流场中各处的流体微团旋转角速度均为零的流动，即流体的 $\boldsymbol{\omega}=\frac{1}{2}\mathbf{rot}\boldsymbol{v}=0$，它要求

$$\omega_x=\omega_y=\omega_z=0\tag{3.6.10}$$

有旋流动是指流体微团旋转角速度不为零的流动，有旋流动又称为旋涡流动。

流体运动是有旋还是无旋，仅仅取决于流体微团是否进行旋转运动，而与流体微团的运动轨迹无关。在图 3-23(a)所示的流动中，流体微团 A 沿曲线 $S-S$ 运动，但在运动过程中，微团 A 并没有旋转，所以它是一种无旋的流动。在图 3-23(b)所示的流动中，虽然流体微团 A 的中心的轨迹是一条直线，但微团在运动过程中有旋转运动，所以是一种有旋运动。

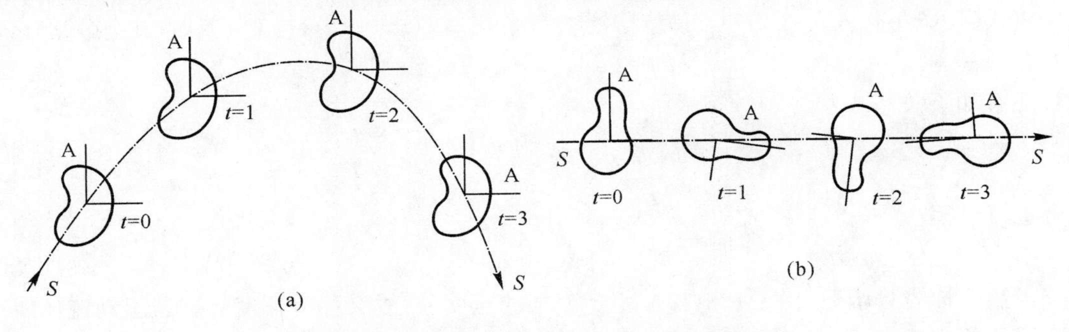

图 3-23　在流体中无旋和有旋运动的示意说明

(a)无旋流动；(b)有旋流动

对于无旋运动，由式(3.6.7)可得

$$\frac{1}{\rho}\mathrm{d}p+\mathrm{d}\left(\frac{v^2}{2}\right)=0 \tag{3.6.11}$$

式(3.6.11)是伯努利方程,在使用条件上没有限制。因此,在定常无旋流动中,伯努利方程可在流动中的任意两点间成立。对式(3.6.11)在流场中任意两点积分时,有

$$\int\frac{\mathrm{d}p}{\rho}+\frac{v^2}{2}=\text{常数}\quad\text{(整个无旋流场)} \tag{3.6.12}$$

式(3.6.12)与对沿流线的流动所获得的数学结果式(3.6.9)是相同的。在这里,若流动发源于无旋流动的匀流区,则伯努利常数在整个流场有相同的值。

总之,一个定常的无黏流动,当无体积力时,初始有无旋的性质将保持下去。在3.7节中将详细说明前面所述是确实的情况。

2. *无旋流动的一般性质*

(1)无旋流动流场中必然存在势函数。这一性质可以作如下证明。根据数学中空间曲线积分与路径无关的性质可知,如果在空间域A中函数P、Q、R及其偏导数全部是单值连续函数,并且在区域中处处存在如下关系式:

$$\frac{\partial R}{\partial y}=\frac{\partial Q}{\partial z},\quad \frac{\partial P}{\partial z}=\frac{\partial R}{\partial x},\quad \frac{\partial Q}{\partial x}=\frac{\partial P}{\partial y} \tag{3.6.13}$$

则在该空间域中一定存在一个连续函数$F(x,y,z)$,其全微分为

$$\mathrm{d}F=P\mathrm{d}x+Q\mathrm{d}y+R\mathrm{d}z \tag{3.6.14}$$

或者为

$$F(x,y,z)=\int P\mathrm{d}x+Q\mathrm{d}y+R\mathrm{d}z \tag{3.6.15}$$

这个积分与积分路径无关,并且有关系式:

$$\frac{\partial F}{\partial x}=P,\quad \frac{\partial F}{\partial y}=Q,\quad \frac{\partial F}{\partial z}=R \tag{3.6.16}$$

现在研究无旋流动流场。无旋流动条件为

$$\frac{\partial v_z}{\partial y}=\frac{\partial v_y}{\partial z},\quad \frac{\partial v_x}{\partial z}=\frac{\partial v_z}{\partial x},\quad \frac{\partial v_y}{\partial x}=\frac{\partial v_x}{\partial y} \tag{3.6.17}$$

将式(3.6.17)与式(3.6.16)相比较,则有

$$v_x\sim P,\quad v_y\sim Q,\quad v_z\sim R$$

将式(3.6.10)代入式(3.6.7),可得对于定常无旋流动$\phi(x,y,z,t)$,在某一瞬时,其全微分为

$$\mathrm{d}\phi=v_x\mathrm{d}x+v_y\mathrm{d}y+v_z\mathrm{d}z \tag{3.6.18}$$

并且还有如下关系式:

$$\frac{\partial\phi}{\partial x}=v_x,\quad \frac{\partial\phi}{\partial y}=v_y,\quad \frac{\partial\phi}{\partial z}=v_z \tag{3.6.19}$$

或者也可以写为

$$\nabla\phi=\boldsymbol{v} \tag{3.6.20}$$

函数ϕ称为势函数,由于它的梯度等于流场的速度矢,故又称为速度势。若运动流体所占的区域是单连通,则ϕ是单值函数,否则一般是多值函数。由于式(3.6.17)是势函数存在的充要条件,所以在无旋流动的流场中,必定存在势函数。反之,若流场中存在势函数,则流动一定是无旋的。也正因为这个原因,无旋流动一般也称为有势流动或势流。

(2)在单连通域无旋流动流场中，沿任意封闭空间曲线的速度环量总等于零。在流场中取一条任意的空间封闭曲线 C，沿该曲线流体运动速度是连续变化的。回顾式(3.5.2)，写出速度环量在三维空间中的一般表达式：

$$\Gamma_C = \oint_C v_x \mathrm{d}x + v_y \mathrm{d}y + v_z \mathrm{d}z \tag{3.6.21}$$

式(3.6.21)既适用于无旋流动，也适用于有旋流动。

对于单连通域中的无旋流动，由于无旋流动的流场中必定存在速度势 ϕ，将速度势的表达式(3.6.18)代入式(3.6.21)中，则在无旋流动中沿任意封闭曲线的速度环量为

$$\Gamma_C = \oint_C v_x \mathrm{d}x + v_y \mathrm{d}y + v_z \mathrm{d}z = \oint_C \mathrm{d}\phi \tag{3.6.22}$$

对于单连通域流场，从数学分析上可知，速度势一定是单值函数，所以

$$\Gamma_C = \oint_C \mathrm{d}\phi = 0 \tag{3.6.23}$$

这说明在无旋流动的单连通域中，沿任意空间封闭曲线的速度环量总等于零。

3.7　开尔文定理

开尔文、克罗科、亥姆霍兹三定理是进一步研究漩涡运动的三个基本定理。

如图 3-24 所示，当封闭的流体线通过流场运动时，封闭流体线上的环量会发生怎样的变化？当曲线 C 随流体运动而运动时，因为流动的连续性，它保持封闭曲线。相对于前一时刻 t，在后一时刻 $t+\mathrm{d}t$，曲线 C 将移动一个微小位置，并且其形状将有一些变化，但它仍然是一封闭流体线。那么围绕曲线 C 环量的相关函数有什么变化是一个要解决的问题。考虑在所有时间里，曲线 C 由相同的流体质点组成。

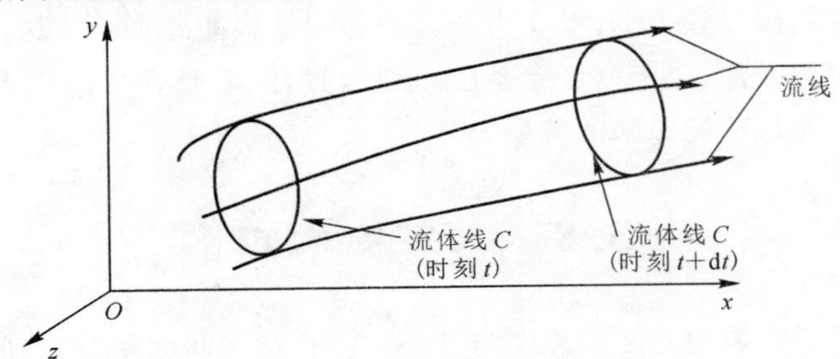

图 3-24　对开尔文定理的流动模型

按照定义，封闭流体线 C 上微团参数的时间导数是物质导数。因此，在这里感兴趣的是围绕曲线 C 环量的物质导数，用 $\mathrm{D}\Gamma/\mathrm{D}t$ 表示，则有

$$\frac{\mathrm{D}\Gamma}{\mathrm{D}t} = \frac{\mathrm{D}}{\mathrm{D}t}\oint_C \boldsymbol{v} \cdot \mathrm{d}\boldsymbol{l} \tag{3.7.1}$$

式中：$\boldsymbol{v}$ 是曲线上一点处在任何瞬间的速度矢量。将式(3.7.1)右边变换形式得到

$$\frac{\mathrm{D}\Gamma}{\mathrm{D}t} = \oint_C \left[\frac{\mathrm{D}\boldsymbol{v}}{\mathrm{D}t} \cdot \mathrm{d}\boldsymbol{l} + \boldsymbol{v} \cdot \frac{D(\mathrm{d}\boldsymbol{l})}{\mathrm{D}t}\right] \tag{3.7.2}$$

式(3.7.2)右边的第一项表示围绕流体线(曲线 C)的速度变化，而第二项表示流体线位置变化。由式(3.3.8)有

$$\oint_C \frac{\mathrm{D}\boldsymbol{v}}{\mathrm{D}t}\cdot \mathrm{d}\boldsymbol{l}=\oint_C \frac{1}{\rho}\nabla p\cdot \mathrm{d}\boldsymbol{l}=-\oint_C \frac{\mathrm{d}p}{\rho} \tag{3.7.3}$$

若假设为正压流体，即 $\rho=\rho(p)$ 或者 ρ 为常数，则 $\mathrm{d}p/\rho$ 项是全微分，并且其线积分不取决于路径，特别是，对封闭曲线，其值为零。

式(3.7.2)中右边的第二项通过物质导数算符和微分算符次序的互换可改变形式，则有

$$\oint_C \boldsymbol{v}\cdot \frac{\mathrm{D}(\mathrm{d}\boldsymbol{l})}{\mathrm{D}t}=\oint_C \boldsymbol{v}\cdot \mathrm{d}\left(\frac{\mathrm{D}\boldsymbol{l}}{\mathrm{D}t}\right) \tag{3.7.4}$$

矢量 $\boldsymbol{l}$ 是流体微团的位置矢量，因此它的时间导数($\mathrm{D}\boldsymbol{l}/\mathrm{D}t$)是流体速度 $\boldsymbol{v}$。因此式(3.7.4)变为

$$\oint_C \boldsymbol{v}\cdot \frac{\mathrm{D}(\mathrm{d}\boldsymbol{l})}{\mathrm{D}t}=\oint_C \boldsymbol{v}\cdot \mathrm{d}\boldsymbol{v}=\oint_C \mathrm{d}\left(\frac{v^2}{2}\right)=0 \tag{3.7.5}$$

可得，对封闭曲线，全微分的线积分为零。

将式(3.7.3)和式(3.7.5)代入式(3.7.2)，可得

$$\frac{\mathrm{D}\Gamma}{\mathrm{D}t}=0 \tag{3.7.6}$$

对式(3.7.6)积分，可得

$$\Gamma=\oint_C \boldsymbol{v}\cdot \mathrm{d}\boldsymbol{l}=\text{常数} \tag{3.7.7}$$

式(3.7.7)就是开尔文定理。根据式(3.7.7)，若封闭流体线(积分的对象就是该流体线)随着组成封闭流体线的微团进行移动，则围绕封闭流体线的环量不随时间变化。因此，若整个流场的起始环量是零，则环量对所有时间都保持为零。因为对 $\Gamma=0$ 的流动是无旋流动，所以式(3.7.7)指出，若流动起始是无旋的，则将无限地维持无旋；另一方面，若流动起始是有旋的，则将保持有旋，且其强度不减少。

该定理易推广应用到保守力场，保守力场即外力能从势能导来的力场。

开尔文定理的适用条件：限于密度仅是压力的函数，或者是常数的无黏流动，以及限于作用于流体上的纯外力能从势能导来的流动。

3.8 克罗科定理

克罗科定理表明了流体的旋度或旋度与其熵和滞止焓之间的联系。对于可压缩流体的定常无黏流动，其推导如下。

式(3.6.4)是欧拉方程，即

$$\boldsymbol{v}\times(\nabla\times\boldsymbol{v})=\frac{1}{\rho}\nabla p+\nabla\left(\frac{v^2}{2}\right) \tag{3.8.1}$$

正如3.6节中所指出，式(3.6.4)应用于无体积力情况下可压缩流体的定常无黏流动。

对于完全气体，用下面方程表明流体参数间的关系：

$$T\mathrm{d}s\geqslant \mathrm{d}h-\frac{1}{\rho}\mathrm{d}p \tag{3.8.2}$$

式(3.8.2)对经历可逆或不可逆过程的均匀流体是正确的，可逆过程用等号，不可逆过程用不等号，将它应用到笛卡儿坐标系的每个方向，且仅考虑可逆过程为

$$T\frac{\partial s}{\partial x}=\frac{\partial h}{\partial x}-\frac{1}{\rho}\frac{\partial p}{\partial x} \tag{3.8.3}$$

$$T\frac{\partial s}{\partial y}=\frac{\partial h}{\partial y}-\frac{1}{\rho}\frac{\partial p}{\partial y} \tag{3.8.4}$$

$$T\frac{\partial s}{\partial z}=\frac{\partial h}{\partial z}-\frac{1}{\rho}\frac{\partial p}{\partial z} \tag{3.8.5}$$

将式(3.8.3)～式(3.8.5)矢量相加得到

$$T\,\nabla s=\nabla h-\frac{1}{\rho}\nabla p \tag{3.8.6}$$

推导式(3.8.6)采用的方法可应用到对整个流场都正确(即不依赖路线)的任何全微分。

根据定义,流动流体的总焓为

$$h^{*}\equiv h+\frac{v^{2}}{2} \tag{3.8.7}$$

对此表达式微分,并取其结果的梯度形式为

$$\nabla h^{*}=\nabla h+\nabla\left(\frac{v^{2}}{2}\right) \tag{3.8.8}$$

将式(3.8.6)和式(3.8.8)代入式(3.8.1),得

$$\boldsymbol{v}\times(\nabla\times\boldsymbol{v})=\nabla h-T\,\nabla s+\nabla h^{*}-\nabla h=\nabla h^{*}-T\,\nabla s$$

采用旋转 $\boldsymbol{\omega}$ 和旋度 $\boldsymbol{\zeta}$ 的定义,参考方程(3.5.16)$\boldsymbol{\zeta}=\nabla\times\boldsymbol{v}=2\boldsymbol{\omega}$,得到下列形式的克罗科定理:

$$\boldsymbol{v}\times(\nabla\times\boldsymbol{v})=\boldsymbol{v}\times\boldsymbol{\zeta}=\boldsymbol{v}\times(2\boldsymbol{\omega})=\nabla h^{*}-T\,\nabla s \tag{3.8.9}$$

式中:∇h^{*} 和 ∇s 分别为流体滞止焓和熵的梯度。对于无外力和体积力时,可压缩流体的定常绝热无黏流动,h^{*} 和 s 值沿流体中的每一条流线保持常数。这样,若 $\nabla h^{*}\neq 0$ 且 $\nabla s\neq 0$,则 ∇h^{*} 和 ∇s 必定是垂直于流线的梯度。

克罗科定理表明,若这些梯度存在,则流动就是有旋的。此外,根据开尔文定理,流动将在整个流场保持不改变强度地旋转,因此,流体的旋转,即存在这些梯度,必定在初始流动中存在。

通过将速度矢量 $\boldsymbol{v}$ 和式(3.8.9)形成数量积,克罗科定理可应用到沿流线的流动,则有

$$\boldsymbol{v}\cdot[\boldsymbol{v}\times(\nabla\times\boldsymbol{v})]=(\boldsymbol{v}\cdot\nabla)h^{*}-T(\boldsymbol{v}\cdot\nabla)s \tag{3.8.10}$$

在笛卡儿坐标系中,矢量 $\boldsymbol{v}$、$\nabla\times\boldsymbol{v}$ 和 $\boldsymbol{v}\times(\nabla\times\boldsymbol{v})$ 的关系如图 3-25 所示,因为 $\boldsymbol{v}\times(\nabla\times\boldsymbol{v})$ 是垂直于 $\boldsymbol{v}$ 的矢量,所以式(3.8.10)左边的矢量积等于零。回忆对定常流动,$\frac{\mathrm{D}()}{\mathrm{D}t}=(\boldsymbol{v}\cdot\nabla)()$,式(3.8.10)可写为

$$\frac{\mathrm{D}h^{*}}{\mathrm{D}t}-T\frac{\mathrm{D}s}{\mathrm{D}t}=0 \tag{3.8.11}$$

对定常流动,沿流线

$$\frac{\mathrm{D}h^{*}}{\mathrm{D}t}=T\frac{\mathrm{D}s}{\mathrm{D}t} \tag{3.8.12}$$

式(3.8.12)指出,若流动沿流线没有耗散的话,即流动等熵,$\frac{\mathrm{D}s}{\mathrm{D}t}=0$,则

$$\frac{\mathrm{D}h^{*}}{\mathrm{D}t}=0 \tag{3.8.13}$$

将式(3.8.13)积分产生

$$h^{*}=h+\frac{v^{2}}{2}=\text{常数} \quad (\text{沿流线}) \tag{3.8.14}$$

式(3.8.14)是关于在无外功和体积力时可压缩流体定常一维绝热无黏流动的推广。若流场中的所有流线都起源于匀流区，则滞止焓在流场中每一点处将有相同的值。

对于定常流动，克罗科定理的一些特殊情况将在下面讨论。

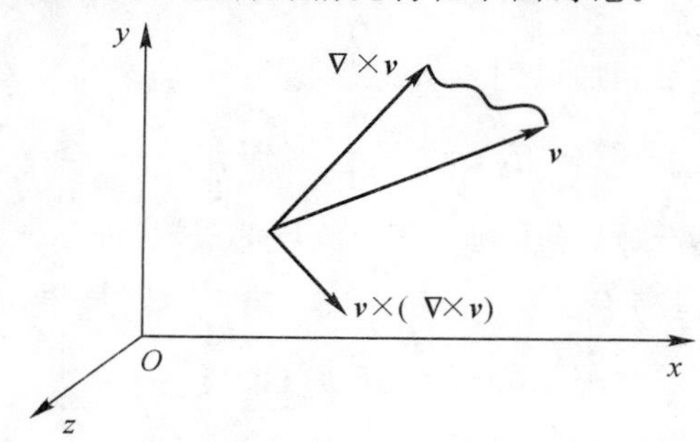

图 3-25　在笛卡儿坐标系中，矢量 $\boldsymbol{v}$、$\nabla\times\boldsymbol{v}$ 和 $\boldsymbol{v}\times(\nabla\times\boldsymbol{v})$

1. 匀能流动

定常匀能流动是这样的流动，在流动中滞止焓沿所有流线有相同的常数值，即 $\nabla h^{*}=0$。在这种情况下，流场中每一个质点都有相同的滞止焓值，于是式(3.8.9)简化为

$$\boldsymbol{v}\times 2\boldsymbol{\omega}=-T\,\nabla s \tag{3.8.15}$$

因此，若存在着垂直于流线的熵梯度，匀能流是有旋流动。

这种流动的例子是钝头物体以超声速通过大气运动在其前锋形成的弯曲激波之后的流场。应当注意，激波上游的流动是均匀的，因此是无旋的，但是流过弯曲激波以后，因为激波产生垂直于流线的熵梯度，因此流动变成有旋。

2. 等熵和匀熵流动

等熵流动是这样的流动，在流动中沿每条流线的熵是常数，但是不同流线上的流动，熵值可以不同。匀熵流动是在每条流线上熵值都有相同常数值的流动，即 $\nabla s=0$。因此，在匀熵流动中，所有流体微团在流场的各点处都有相同的熵值。

对匀熵流动，式(3.8.9)简化为

$$\boldsymbol{v}\times 2\boldsymbol{\omega}=\nabla h^{*} \tag{3.8.16}$$

式(3.8.16)指出，若存在着滞止焓梯度，则流动是有旋的。在大多数(但不是全部)实际的可压缩流动中，滞止焓梯度的产生伴随着形成熵梯度。因此，由式(3.8.16)描述的流动很少有实际意义。

3. 匀熵匀能流动

对于 h^{*} 和 s 二者在整个流场中都是均匀的流动，即匀熵匀能流动，式(3.8.9)简化为

$$\boldsymbol{v}\times(2\boldsymbol{\omega})=0 \tag{3.8.17}$$

对矢量积 $\boldsymbol{v}\times 2\boldsymbol{\omega}$，有

$$\boldsymbol{v}\times 2\boldsymbol{\omega}=2v\omega\sin\alpha \tag{3.8.18}$$

式中：α 是 $\boldsymbol{v}$ 和 $\boldsymbol{\omega}$ 之间的夹角。若下列三种情况的任何一种发生，则式(3.8.17)满足：

(1) $\boldsymbol{v}=0$，没有流动；

(2)$\boldsymbol{\omega}=0$,流动是无旋的;

(3)$\boldsymbol{v}$ 平行于 $\boldsymbol{\omega}$,结果 $\sin\alpha$ 为零。

当然,情况(1)是无足轻重的。在使用式(3.8.17)时,必须鉴别情况(2)或(3)在什么条件下出现。

假设流动是二维的(平面或轴对称)且 $\boldsymbol{v}$ 在 xOy 平面中。这时,若存在 $\boldsymbol{\omega}$,则 $\boldsymbol{\omega}$ 必定指向 z(或 $-z$)。这时是 $\boldsymbol{v}\perp\boldsymbol{\omega}$,而不可能是情况(3)的 $\boldsymbol{v}/\!/\boldsymbol{\omega}$。因此,在二维流动情况下,要 $\boldsymbol{v}\times 2\boldsymbol{\omega}=0$,只有 $\boldsymbol{\omega}=0$。也就是说,在二维流动中可能出现匀熵匀能无旋流动,即情况(2)。

然而,在三维流动中可能出现 $\boldsymbol{v}/\!/\boldsymbol{\omega}$ 的情况,即情况(3)。这样的流动可以是无旋流动,也可以不是无旋流动,取决于初始流动是否是无旋的。因此,若初始流动是无旋的,则整个流动将保持无旋;若初始流动是有旋的,则根据开尔文定理(见 3.7 节),旋转将保持常数。对于有旋情况,旋度 $\boldsymbol{\zeta}$ 或旋转 $\boldsymbol{\omega}$ 必定是平行于 $\boldsymbol{v}$ 的。这样的流动称为贝尔特拉米流动。

3.9　亥姆霍兹定理

开尔文定理表明,在定常、无黏、有势力作用和正压流体情况下,随流封闭流体线的环量为常数。开尔文定理是沿流线的,而亥姆霍兹定理是对涡管的。涡管定义如图 3-26 所示,本质上是涡面的一种特殊情况。

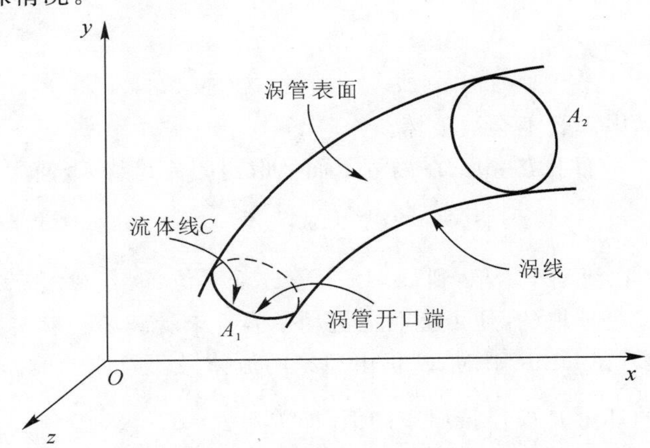

图 3-26　涡管

亥姆霍兹定理有三个内容:①旋涡强度沿涡管不变;②流动中涡管不会破坏;③旋涡强度沿涡管的随流变化为零。

首先证明旋涡强度沿涡管不变。

应用散度原理:

$$\int_A \boldsymbol{\zeta}\cdot \mathrm{d}\boldsymbol{A}=\int_{V_c} \nabla\cdot\boldsymbol{\zeta}\mathrm{d}V_c \tag{3.9.1}$$

这里 $A=A_1+A_2+A_3$。涡管是旋度的管式场,对旋度 $\boldsymbol{\zeta}$ 而言,为无旋场,可得 $\nabla\cdot\boldsymbol{\zeta}=0$。故上式为

$$\int_{A_1+A_2+A_3} \boldsymbol{\zeta}\cdot \mathrm{d}\boldsymbol{A}=0 \tag{3.9.2}$$

在涡管罩面 A_3 上,因 $\boldsymbol{\zeta}$ 与涡线相切,或说 $\boldsymbol{\zeta}\perp\boldsymbol{A}_3$,则 $\boldsymbol{\zeta}\cdot\mathrm{d}\boldsymbol{A}_3=0$。代入式(3.9.2)得

$$\int_{A_1} \boldsymbol{\zeta} \cdot \mathrm{d}\boldsymbol{A} = \int_{A_2} \boldsymbol{\zeta} \cdot \mathrm{d}\boldsymbol{A} \tag{3.9.3}$$

其一般情况可写为

$$\int_{A} \boldsymbol{\zeta} \cdot \mathrm{d}\boldsymbol{A} = 常数 \tag{3.9.4}$$

它表示在涡管的任意横截面上旋涡强度是常数，且旋涡强度的量值不变。

由此可以推知，涡管不可能在流体中消失，因此涡管只能存在两种形式，一种是首尾相接成环状，如图 3-27(a)所示；另一种是在流体或固体界面上终止，如图 3-27(b)所示。

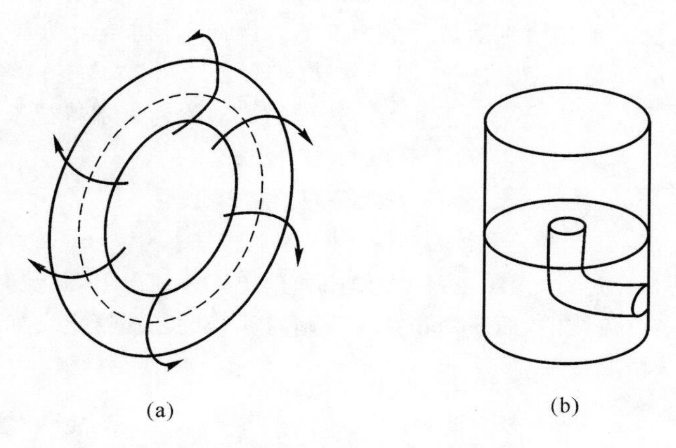

图 3-27　涡管存在两种形式

现在证明，在流动中涡管不会被破坏。

可以证明，在涡管罩面上 $\Gamma=0$。在涡管罩面上取封闭流体线 C，使用斯托克斯公式，有

$$\Gamma = \oint_C \boldsymbol{v} \cdot \mathrm{d}\boldsymbol{l} = \oint_{A_3} \nabla \times \boldsymbol{v} \cdot \mathrm{d}\boldsymbol{A} = \oint_A \boldsymbol{\zeta} \cdot \mathrm{d}\boldsymbol{A} = 0 \tag{3.9.5}$$

如图 3-28 所示，在流动中，从 t 到 $t+\mathrm{d}t$，涡管改变了位置，若 C 沿流线运动到 C'，而 C' 仍在涡管的罩面上，因 C 是任取的，便可证明在流动中涡管未受破坏。事实上，在 t 瞬时，因 C 在罩面上，故沿 C，$\Gamma=0$。在 $t+\mathrm{d}t$ 瞬时，C' 仍由原来的流体微团组成。根据开尔文定理，在流动中 $\dfrac{\mathrm{D}\Gamma}{\mathrm{D}t}=0$，因此沿 C' 的环量 Γ 应保持原来的值，即 $\Gamma'=\Gamma=0$。因为 $\Gamma'=0$，所以 C' 仍在涡管罩面上。由此可知，在流动中涡管未受破坏。

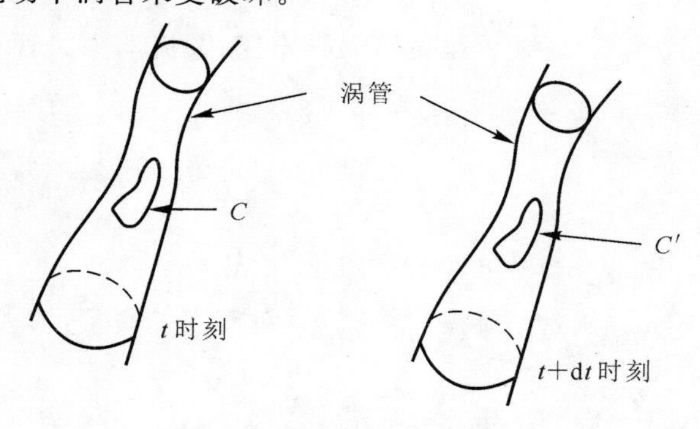

图 3-28　涡管未受破坏证明示意图

现在证明涡管强度的随流变化等于零。

如图 3-29 所示，取一封闭流体线 C，通过 C 画一足够大的流管，在流动中流管始终包围着涡管。因此沿 C 的涡强就代表着这一涡管的涡强。根据开尔文定理，随流封闭流体线的环量不随时间变化，即

$$\frac{D\Gamma}{Dt}=0 \tag{3.9.6}$$

因此，被围涡管的涡强，其随流变化等于零。

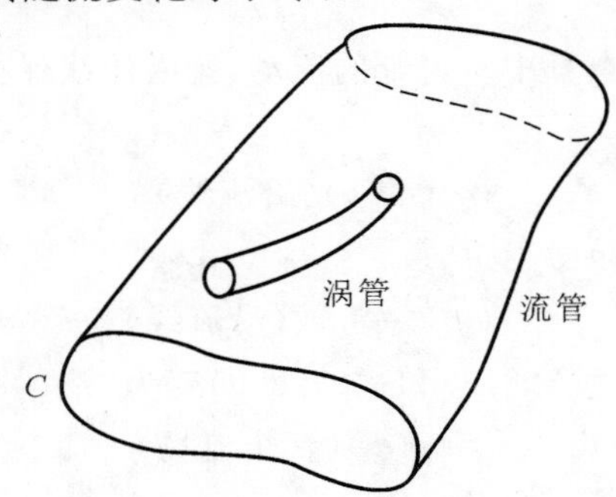

图 3-29　流管中的涡管

由证明过程可知，亥姆霍兹定理是开尔文定理的应用，或说进一步发展。它们的使用条件是相同的。

在实际的流动中，由于存在黏性，涡会产生，或衰减、消失。

3.10　可压缩定常无黏流动的热力学

在绝热、无黏、无功和无体积力情况下，可压缩流体定常多维流动的能量方程由式(3.3.9)给出，它可重写为

$$\frac{D}{Dt}\left(h+\frac{v^2}{2}\right)=0 \tag{3.10.1}$$

利用滞止焓 $h^*=h+\dfrac{v^2}{2}$，式(3.10.1)可重写为

$$\frac{Dh^*}{Dt}=0 \tag{3.10.2}$$

可得

$$h^*=h+\frac{v^2}{2}=\text{常数(沿流线)} \tag{3.10.3}$$

式(3.10.3)是应用于定常一维流动的推广。

若流动起源于 h^* 为常数的匀流区，则(因为 h^* 沿流线保持常数)滞止焓 h^* 在整个流场保持常数。正如 3.8 节所指出，这种流动称为匀能流。匀能流在实际流动中常发生。例子是带有激波或无激波物体上的外流，以及发源于匀流区的许多内流。

3.10.1　状态方程

除基本的守恒定律以外，必须知道流体的状态方程。对无黏流体，这些方程是热力状态方程和热状态方程。这些方程对完全气体可以用函数形式表示为

$$T=T(p,\rho) \tag{3.10.4}$$

$$h=h(p,\rho) \tag{3.10.5}$$

式(3.10.4)和式(3.10.5)可以通过适当的表格和图线获得，或者在简单的情况下，用代数方程表示。对完全气体，这些方程有下面特别简单的形式：

$$p=\rho RT \tag{3.10.6}$$

$$h=C_pT \tag{3.10.7}$$

对于无逸散的流动，如在本章中所讨论的流动，熵沿流线保持常数。因此 $s=s(p,\rho)$，在等熵时，则有

$$\rho=\rho(p)\text{（沿流线）} \tag{3.10.8}$$

对完全气体，由式(3.10.8)得

$$p\rho^{-k}=\text{常数（沿流线）} \tag{3.10.9}$$

对发源于匀流区的流动，式(3.8.8)和式(3.8.9)变为

$$\rho=\rho(p)\text{（整个流场）} \tag{3.10.10}$$

以及

$$p\rho^{-k}=\text{常数（整个流场）} \tag{3.10.11}$$

在研究可压缩流体的流动中，声速 a 是一个重要的参数。对完全气体，a 是由下面函数关系给出的一个热力参数：

$$a=a(p,\rho) \tag{3.10.12}$$

对等熵流，沿流线 $\rho=\rho(p)$，则有

$$a=a(p)\text{（沿流线）} \tag{3.10.13}$$

若流动是匀熵的，即$\boldsymbol{\nabla}s=0$，见 3.8 节，则

$$a=a(p)\text{（整个流场）} \tag{3.10.14}$$

对等熵流，p 和 v 通过伯努利方程，即下式联系起来：

$$\int\frac{\mathrm{d}p}{\rho}+\frac{v^2}{2}=\text{常数（沿流线）}$$

因为沿流线 $\rho=\rho(p)$，所以由上式可得

$$v=v(p)\text{（沿流线）} \tag{3.10.15}$$

并且式(3.10.13)变为

$$a=a(v)\text{（沿流线）} \tag{3.10.16}$$

对等熵流动，通过伯努利方程，即式(3.6.12)说明 p 和 v 的关系，可重写为

$$\int\frac{\mathrm{d}p}{\rho}+\frac{v^2}{2}=\text{常数（整个流场）}$$

因为对于匀熵流动，整个流场 $\rho=\rho(p)$，所以由上式可得

$$v=v(p)\text{（整个流场）} \tag{3.10.17}$$

并且式(3.10.14)变为

$$a=a(v)\text{（整个流场）} \tag{3.10.18}$$

式(3.10.18)的一个例子是对完全气体给出的，有

$$a^{*2}=a^2+\frac{k-1}{2}=\text{常数（整个流场）} \tag{3.10.19}$$

3.10.2 声速方程

声速 a 定义为

$$a^2=\frac{\partial p}{\partial \rho} \tag{3.10.20}$$

对于等熵流动(即沿其每一条流体线熵值都是常数的流动),式(3.10.20)的偏微分可写为全微分。则有

$$\mathrm{d}p=a^2\mathrm{d}\rho(\text{沿流线}) \tag{3.10.21}$$

若跟踪一个质点的时间导数来确定,得到如下实质导数:

$$\frac{\mathrm{D}p}{\mathrm{D}t}-a^2\frac{\mathrm{D}\rho}{\mathrm{D}t}=0 \tag{3.10.22}$$

式(3.10.22)的一种应用是可用于能量方程,即式(3.3.9),当流动是等熵流时,从控制方程中消去焓的导数。

另一种应用,式(3.10.22)可用来消去控制方程中密度的导数。密度导数仅在连续方程中出现,即式(3.3.1),它可写为

$$\frac{\mathrm{D}\rho}{\mathrm{D}t}+\rho\,\boldsymbol{\nabla}\cdot\boldsymbol{v}=0 \tag{3.10.23}$$

把式(3.10.22)代入式(3.10.23),得到下列形式的连续方程:

$$\frac{\mathrm{D}p}{\mathrm{D}t}+\rho a^2\,\boldsymbol{\nabla}\cdot\boldsymbol{v}=0 \tag{3.10.24}$$

3.11 速度势函数

为了求解多维气体流动问题,通常需要联立连续方程、动量方程进行求解。然而,利用速度势函数 ϕ 可将定常无旋流动(见3.6.2节)的控制方程中的连续和动量方程联立简化为单个偏微分方程,极大地简化了求解过程。因此,在这一节将讨论速度势函数和上述偏微分方程。特别强调地是,正如3.6.2节所证明的,势函数存在的充要条件为流场是无旋的。

3.11.1 速度势函数的定义

根据开尔文定理,对无旋流动,有

$$\Gamma\equiv\oint_c\boldsymbol{v}\cdot\mathrm{d}\boldsymbol{l}=0 \tag{3.11.1}$$

由全微分的性质,乘积 $\boldsymbol{v}\cdot\mathrm{d}\boldsymbol{l}$ 是某个势函数的全微分。用 ϕ 表示这个函数,称它为速度势函数。则有

$$\mathrm{d}\phi\equiv\boldsymbol{v}\cdot\mathrm{d}\boldsymbol{l} \tag{3.11.2}$$

因为在笛卡儿坐标中有 $\boldsymbol{v}=\boldsymbol{v}(x,y,z)$,$\phi=\phi(x,y,z)$,展开式(3.11.2)可得

$$\left.\begin{aligned}\mathrm{d}\phi&=\frac{\partial\phi}{\partial x}\mathrm{d}x+\frac{\partial\phi}{\partial y}\mathrm{d}y+\frac{\partial\phi}{\partial z}\mathrm{d}z\\ \boldsymbol{v}\cdot\mathrm{d}\boldsymbol{l}&=v_x\mathrm{d}x+v_y\mathrm{d}y+v_z\mathrm{d}z\end{aligned}\right\} \tag{3.11.3}$$

因为 $\mathrm{d}x$、$\mathrm{d}y$ 和 $\mathrm{d}z$ 是任意的,所以式(3.11.3)中它们的系数必须相等,则有

$$v_x=\frac{\partial\phi}{\partial x},v_y=\frac{\partial\phi}{\partial y},v_z=\frac{\partial\phi}{\partial z} \tag{3.11.4}$$

式(3.11.4)指出，$\boldsymbol{v}$ 等于 ϕ 的梯度。这样就有

$$\boldsymbol{v}=\nabla\phi=v_x\boldsymbol{i}+v_y\boldsymbol{j}+v_z\boldsymbol{k} \tag{3.11.5}$$

这样，单值变量 ϕ 完全反映了无旋流动的速度场。反过来，若速度势 ϕ 存在，流动必定是无旋的。

对任何数量

$$\nabla\times\nabla(\text{数量})=0 \tag{3.11.6}$$

则有

$$\nabla\times\nabla\phi=\nabla\times\boldsymbol{v}=\boldsymbol{\zeta}=0 \tag{3.11.7}$$

式(3.11.7)指出旋度为零，正说明它必为无旋流动。

在圆柱坐标系中，速度势函数的表达式稍有不同：

$$\mathrm{d}\phi\equiv\boldsymbol{v}\cdot\mathrm{d}\boldsymbol{l}$$

在圆柱坐标系中的展开式为

$$\frac{\partial\phi}{\partial r}\mathrm{d}r+\frac{\partial\phi}{\partial\theta}\mathrm{d}\theta+\frac{\partial\phi}{\partial z}\mathrm{d}z=(v_r\boldsymbol{i}_r+v_\theta\boldsymbol{i}_\theta+v_z\boldsymbol{i}_z)\cdot(\mathrm{d}r\boldsymbol{i}_r+r\mathrm{d}\theta\boldsymbol{i}_\theta+\mathrm{d}z\boldsymbol{i}_z)=v_r\mathrm{d}r+rv_\theta\mathrm{d}\theta+v_z\mathrm{d}z$$

则有

$$v_r=\frac{\partial\phi}{\partial r},v_\theta=\frac{1}{r}\frac{\partial\phi}{\partial\theta},v_z=\frac{\partial\phi}{\partial z} \tag{3.11.8}$$

在球坐标系中，速度势函数定义为

$$v_r=\frac{\partial\phi}{\partial r},v_\theta=\frac{1}{r}\frac{\partial\phi}{\partial\theta},v_z=\frac{1}{r\sin\theta}\frac{\partial\phi}{\partial\psi} \tag{3.11.9}$$

在轴对称流动中的速度势函数与平面流中的相同。

3.11.2 利用速度势函数的运动方程

通过式(3.11.4)，控制方程可以用 ϕ 代替 $\boldsymbol{v}$ 来表达。对定常流动的连续方程，用消去密度导数的形式，即式(3.10.24)为

$$(\boldsymbol{v}\cdot\nabla)p+\rho a^2\nabla\cdot\boldsymbol{v}=0 \tag{3.11.10}$$

对于定常无旋流动($\nabla\times\boldsymbol{v}=0$)，欧拉方程可由式(3.6.4)获得，为

$$\nabla p+\rho\nabla\left(\frac{v^2}{2}\right)=0 \tag{3.11.11}$$

取 $\boldsymbol{v}$ 的数量积，则由式(3.11.11)，可得

$$(\boldsymbol{v}\cdot\nabla)p+\rho(\boldsymbol{v}\cdot\nabla)\left(\frac{v^2}{2}\right)=0 \tag{3.11.12}$$

将式(3.11.10)和式(3.11.12)联立消去∇p，可得

$$(\boldsymbol{v}\cdot\nabla)\left(\frac{v}{2}\right)^2-a^2\nabla\cdot\boldsymbol{v}=0 \tag{3.11.13}$$

式(3.11.13)是一个重要的结果，通常称它为气体动力方程。

在笛卡儿坐标系中展开的式(3.11.13)，可得

$$(v_x{}^2-a^2)\frac{\partial v_x}{\partial x}+(v_y{}^2-a^2)\frac{\partial v_y}{\partial y}+(v_z{}^2-a^2)\frac{\partial v_z}{\partial z}+v_xv_y\left(\frac{\partial v_x}{\partial y}+\frac{\partial v_y}{\partial x}\right)+$$

$$v_x v_z\left(\frac{\partial v_z}{\partial x}+\frac{\partial v_x}{\partial z}\right)+v_y v_z\left(\frac{\partial v_z}{\partial y}+\frac{\partial v_y}{\partial z}\right)=0 \tag{3.11.14}$$

利用 ϕ，如式(3.11.4)所定义的那样，式(3.11.14)变为

$$\left[\left(\frac{\partial\phi}{\partial x}\right)^2-a^2\right]\frac{\partial^2\phi}{\partial x^2}+\left[\left(\frac{\partial\phi}{\partial y}\right)^2-a^2\right]\frac{\partial^2\phi}{\partial y^2}+\left[\left(\frac{\partial\phi}{\partial z}\right)^2-a^2\right]\frac{\partial^2\phi}{\partial z^2}+2\frac{\partial\phi\partial\phi}{\partial x\partial y}\frac{\partial^2\phi}{\partial x\partial y}+$$

$$2\frac{\partial\phi\partial\phi}{\partial x\partial z}\frac{\partial^2\phi}{\partial x\partial z}+2\frac{\partial\phi\partial\phi}{\partial y\partial z}\frac{\partial^2\phi}{\partial y\partial z}=0 \tag{3.11.15}$$

式(3.11.15)是对于定常多维无旋流动用速度势 ϕ 表示的控制偏微分方程。式(3.11.15)是偏微分方程，因为式中 ϕ 的最高次导数是二次，是线性的，而它们的系数是非线性的，所以方程称为二阶非齐次准线性偏微分方程。高次导数是速度分量 v_x、v_y 和 v_z 的函数，也是声速 a 的函数。除了某些具有简单对称情况的特殊流动以外，对式(3.11.15)获得精确解是非常困难的。

对于定常二维平面或轴对称流动，式(3.11.14)和式(3.11.15)变为

$$(v_x{}^2-a^2)\frac{\partial v_x}{\partial x}+(v_y{}^2-a^2)\frac{\partial v_y}{\partial y}+2v_x v_y\frac{\partial v_x}{\partial y}-\delta\frac{a^2 v_y}{y}=0 \tag{3.11.16}$$

及

$$\left[\left(\frac{\partial\phi}{\partial x}\right)^2-a^2\right]\frac{\partial^2\phi}{\partial x^2}+\left[\left(\frac{\partial\phi}{\partial y}\right)^2-a^2\right]\frac{\partial^2\phi}{\partial y^2}+2\frac{\partial\phi\partial\phi}{\partial x\partial y}\frac{\partial^2\phi}{\partial x\partial y}-\frac{\delta a^2}{y}\frac{\partial\phi}{\partial y}=0 \tag{3.11.17}$$

这里，对平面流动，$\delta=0$，而对轴对称流动，$\delta=1$。对于二维无旋流动，$\boldsymbol{\omega}=0$，它要求

$$\frac{\partial v_x}{\partial y}-\frac{\partial v_y}{\partial x}=0 \tag{3.11.18}$$

在推导式(3.11.16)和式(3.11.17)中，用到了式(3.11.18)。

在定常三维不可压流动情况下，$a^2=\infty$。以 a^2 除式(3.11.15)，并设 $a^2=\infty$，可得

$$\frac{\partial^2\phi}{\partial x^2}+\frac{\partial^2\phi}{\partial y^2}+\frac{\partial^2\phi}{\partial z^2}=\nabla^2\phi=0 \tag{3.11.19}$$

式(3.11.19)是拉普拉斯方程。它只能用于定常无旋不可压流动。

3.11.3　势方程的一般特征

考察式(3.11.17)，它是定常二维无旋流动的势方程。若能找到一个对流场的函数 $\phi(x, y)$，一切流动参数就能求得，当然，函数 $\phi(x,y)$ 必须满足边界条件。在流场中的任意点，若 $\phi(x,y)$ 已知，则在该点处的流体速度 $\boldsymbol{v}$ 可以算出。更进一步，通过采用能量方程、状态方程，以及对等熵过程流体间的关系，可计算 p、ρ、h、T 和 a。

通常，关于流体流动的边界条件是在流场特殊区域已知的 $\boldsymbol{v}$、p、ρ、h、T 和 a 值。若区域未被没入流体的物体扰动，则边界条件是未受扰动的自由流边界条件；它们通常用 $\boldsymbol{v}_\infty$、p_∞、ρ_∞、h_∞、t_∞ 和 a_∞ 表示。若该流动是平行于 x 轴无限远处的均匀流动，该边界条件表达为 $(\varphi_x)_\infty=\boldsymbol{v}_\infty$ 和 $(\phi_y)_\infty=0$。

在已知形状没入流体的物体附近，边界条件规定流动必须与物体表面相切。换句话说，ϕ 的梯度必须平行于物体的表面。当流动是二维的情况，物体的几何形状也必须是二维的。

对于二维流动，式(3.11.17)是非齐次二阶偏微分方程，从二阶导数的意义上说是线性的，它属于一般形式：

$$A\frac{\partial^2 v}{\partial x^2}+B\frac{\partial^2 v}{\partial x\partial y}+C\frac{\partial^2 v}{\partial y^2}+D\frac{\partial v}{\partial x}+E\frac{\partial v}{\partial y}+Fv=0 \tag{3.11.20}$$

式中：v 是 x 和 y 的任意函数，$v=v(x,y)$。式(3.11.20)可分为三种性质不同的类型，取决于准则(B^2-4AC)是正、负或零。若其为正，方程是双曲型；若其为负，方程是椭圆型；若其为零，方程是抛物型。

以 $-a^2$ 除式(3.11.17)，并写成下面的形式：

$$\left(1-\frac{{v_x}^2}{a^2}\right)\frac{\partial^2\phi}{\partial x^2}-\frac{2v_xv_y}{a^2}\frac{\partial^2\phi}{\partial x\partial y}+\left(1-\frac{{v_y}^2}{a^2}\right)\frac{\partial^2\phi}{\partial y^2}+\delta\frac{v_y}{y}=0 \tag{3.11.21}$$

对式(3.11.21)，准则(B^2-4AC)给出为

$$(B^2-4AC)=\frac{4{v_x}^2{v_y}^2}{a^2}-4\left(1-\frac{{v_x}^2}{a^2}\right)\left(1-\frac{{v_y}^2}{a^2}\right)=$$

$$4\left(\frac{v^2}{a^2}-1\right)=4(M^2-1) \tag{3.11.22}$$

对于亚声速流动$(M<1)$，$(B^2-4AC)<0$，方程(3.11.20)是椭圆型的；对于声速流动$(M=1)$，$(B^2-4AC)=0$，方程(3.11.20)是抛物型的；对于超声速流动$(M>1)$，$(B^2-4AC)>0$，方程(3.11.20)是双曲型的。

把势方程区分为亚声速、声速和超声速流动三种类型，是为了说明在流场中相应于这三种流动类型物理上的差别。若流场由一种以上的流动类型组成，流动方程同样具有一种以上的类型，流场分析变得复杂。这样的情况在跨声速流动中遇到，此时控制流场的方程类型发生变化。

例 3-9 现在给出几种可能的速度势函数，若流动是不可压的，哪一种是确实可能的势函数？

(a)$\phi=-\Gamma\arctan(x/y)$；

(b)$\phi=x+y$；

(c)$\phi=\ln(xyz)$。

解：若速度势存在，则 $\boldsymbol{v}=\nabla\phi$，$\nabla\cdot\boldsymbol{v}=\nabla^2\phi=0$，换句话说，若满足 $\nabla^2\phi=0$，即定常无旋不可压流拉普拉斯方程(3.11.19)，则 ϕ 就是不可压流中确实存在的势函数。这时，$2\omega=\nabla\times\boldsymbol{v}=\nabla\times\nabla\phi=0$ 是自动满足的。因此流动既是不可压，又是无旋的。

(a)$\nabla^2\phi=\dfrac{\partial^2\phi}{\partial x^2}+\dfrac{\partial^2\phi}{\partial y^2}=\dfrac{\partial}{\partial x}\left[\dfrac{-\Gamma y}{(x^2-y^2)}\right]+\dfrac{\partial}{\partial y}\left[\dfrac{\Gamma x}{(x^2-y^2)}\right]=\dfrac{2xy\Gamma}{(x^2+y^2)^2}+\dfrac{-2xy\Gamma}{(x^2+y^2)^2}=0$。

方程(a)定义了一个可能的速度势函数。事实上，它产生 3.3 节例 3-1 和 3.5 节例 3-8 的(b)部分给出的速度场，为自由涡流场。

(b)$\nabla^2\phi=\dfrac{\partial^2\phi}{\partial x^2}+\dfrac{\partial^2\phi}{\partial y^2}=\dfrac{\partial}{\partial x}(1)+\dfrac{\partial}{\partial y}(1)=0$。

方程(b)定义了一个确实存在的速度势函数。

(c)$\nabla^2\phi=\dfrac{\partial^2\phi}{\partial x^2}+\dfrac{\partial^2\phi}{\partial y^2}+\dfrac{\partial^2\phi}{\partial z^2}=\dfrac{\partial}{\partial x}\left(\dfrac{yz}{xyz}\right)+\dfrac{\partial}{\partial y}\left(\dfrac{xz}{xyz}\right)+\dfrac{\partial}{\partial z}\left(\dfrac{xy}{xyz}\right)=-\left(\dfrac{1}{x^2}+\dfrac{1}{y^2}+\dfrac{1}{z^2}\right)\neq0$。

方程(c)并不定义一个确实存在的速度势函数。

例 3-10 考察 3.5.3 节讨论的自由涡，速度场给出为

$$\boldsymbol{v}=\frac{-\boldsymbol{i}\Gamma y}{(x^2+y^2)}+\frac{\boldsymbol{j}\Gamma y}{(x^2+y^2)}$$

这里环量 Γ 为常数。对上述流场推导速度势函数。

解：对于无旋流场，$v_x=\dfrac{\partial\phi}{\partial x}$和 $v_y=\dfrac{\partial\phi}{\partial y}$。则有

$$\frac{\partial \phi}{\partial x}=v_x=\frac{-\Gamma y}{x^2+y^2}$$

$$\phi_1=\int \frac{-\Gamma y}{(x^2+y^2)}\mathrm{d}x+c_1(y)=-\Gamma \arctan\left(\frac{x}{y}\right)+c_1(y)$$

同样

$$\frac{\partial \phi}{\partial y}=v_y=\frac{\Gamma x}{x^2+y^2}$$

$$\phi_2=\int \frac{-\Gamma x}{(x^2+y^2)}\mathrm{d}y+c_2(x)=\Gamma \arctan\left(\frac{y}{x}\right)+c_2(x)$$

比较 ϕ_1 和 ϕ_2 可见，ϕ_2 并不单独包含 y 的函数，因此在 ϕ_1 的表达式中 $c_1(y)$ 可选等于零。同样，在 ϕ_2 的表达式中 $c_2(x)$ 可选等于零。利用三角函数的性质：

$$\arctan a+\arctan b=\arctan\frac{a+b}{1-ab}$$

由 ϕ_2 与 ϕ_1 相减，有

$$\phi_1-\phi_2=\Gamma \arctan\left(\frac{y}{x}\right)+\arctan\left(\frac{x}{y}\right)=\Gamma \arctan\frac{\frac{y}{x}+\frac{x}{y}}{1-1}=\Gamma \arctan(\infty)=(2n+1)\frac{\pi}{2}\Gamma$$

式中：$n=0,1,2,\cdots$。因此，ϕ_2 和 ϕ_1 仅差一个常数。因此，对于自由涡，二者都满足速度势函数。

ϕ 为常数的等值线给出为

$$y=\left[\tan\left(\frac{\phi}{\Gamma}\right)\right]x$$

它是从原点径向指向外的直线。ϕ 为常数的线与流线垂直，因此对自由涡其流线是同心圆。

3.12　流　函　数

在定常无旋流的条件下定义了速度势函数 φ，下面将引进一个在流体力学中占有重要地位的新的全微分函数，即流函数。流函数的存在在数学上带来了某些简化，因为可以以流函数来代替两个速度分量 v_x 和 v_y，从而减少了未知函数的数量。在下面的讨论中，首先给出流函数的定义。

3.12.1　流函数的定义

为了方便比较，采用另一种方式表述，定义速度势函数 $v_x=\frac{\partial \phi}{\partial x}$，$v_y=\frac{\partial \phi}{\partial y}$，使二维流动时的无旋条件式(3.11.18)：

$$\frac{\partial}{\partial x}(-v_y)+\frac{\partial}{\partial y}(v_x)=0 \tag{3.12.1}$$

自动满足，即将 $v_x=\frac{\partial \phi}{\partial x}$，$v_y=\frac{\partial \phi}{\partial y}$ 代入式(3.12.1)得

$$\frac{\partial^2 \phi}{\partial x \partial y}=\frac{\partial^2 \phi}{\partial y \partial x}$$

类似地，采用定常二维连续方程来定义流函数。对于平面流动，连续方程(3.3.26)当 $\delta=0$ 时为

$$\frac{\partial}{\partial x}(\rho v_x)+\frac{\partial}{\partial y}(\rho v_y)=0 \tag{3.12.2}$$

如果定义流函数 Ψ，使

$$\frac{\partial \Psi}{\partial x}=-\rho v_y,\frac{\partial \Psi}{\partial y}=\rho v_x\left(\text{或}\frac{\partial \Psi}{\partial x}=\rho v_y,\frac{\partial \Psi}{\partial y}=-\rho v_x\right) \tag{3.12.3}$$

便可使二维平面流动连续方程(3.12.2)满足，即为

$$\frac{\partial^2 \Psi}{\partial x\partial y}-\frac{\partial^2 \Psi}{\partial y\partial x}=0$$

对于不可压定常二维平面流动，流函数定义为

$$\frac{\partial \Psi}{\partial x}=-v_y,\frac{\partial \Psi}{\partial y}=v_x\left(\text{或}\frac{\partial \Psi}{\partial x}=v_y,\frac{\partial \Psi}{\partial y}=-v_x\right) \tag{3.12.4}$$

对于定常轴对称流动，连续方程(3.3.26)为

$$\frac{\partial}{\partial x}(\rho v_x)+\frac{\partial}{\partial y}(\rho v_y)+\frac{\rho v_y}{y}=0 \tag{3.12.5}$$

或写成

$$\rho v_x\frac{\partial y}{\partial x}+y\frac{\partial(\rho v_x)}{\partial x}+\rho v_x\frac{\partial y}{\partial y}+y\frac{\partial(\rho v_y)}{\partial y}=0$$

即

$$\frac{\partial(y\rho v_x)}{\partial x}+\frac{\partial(y\rho v_y)}{\partial y}=0$$

因此对定常轴对称流动，流函数定义为

$$\frac{\partial \Psi}{\partial x}=-y\rho v_y,\frac{\partial \Psi}{\partial y}=y\rho v_x\left(\text{或}\frac{\partial \Psi}{\partial x}=y\rho v_y,\frac{\partial \Psi}{\partial y}=-y\rho v_x\right) \tag{3.12.6}$$

可使连续方程满足。

对于定常轴对称的可压流动，流函数定义为

$$\frac{\partial \Psi}{\partial x}=-yv_y,\frac{\partial \Psi}{\partial y}=yv_x\left(\text{或}\frac{\partial \Psi}{\partial x}=yv_y,\frac{\partial \Psi}{\partial y}=-yv_x\right) \tag{3.12.7}$$

对于圆柱坐标系中的定常二维流动，连续方程为

$$\frac{\partial}{\partial r}(r\rho v_r)+\frac{\partial}{\partial \theta}(\rho v_\theta)=0$$

因此，流函数可定义为

$$\frac{\partial \Psi}{\partial r}=-\rho v_\theta,\frac{\partial \Psi}{\partial \theta}=r\rho v_r\left(\text{或}\frac{\partial \Psi}{\partial r}=\rho v_\theta,\frac{\partial \Psi}{\partial \theta}=-r\rho v_r\right) \tag{3.12.8}$$

不可压流时为

$$\frac{\partial \Psi}{\partial r}=-v_\theta,\frac{\partial \Psi}{\partial \theta}=rv_r\left(\text{或}\frac{\partial \Psi}{\partial r}=v_\theta,\frac{\partial \Psi}{\partial \theta}=-rv_r\right) \tag{3.12.9}$$

3.12.2 流函数的物理解释

1. 流函数等于常数的曲线是流线

证明：因为流函数是全微分，则有

$$\mathrm{d}\Psi=\frac{\partial \Psi}{\partial x}\mathrm{d}x+\frac{\partial \Psi}{\partial y}\mathrm{d}y$$

代入流函数的定义得

$$\mathrm{d}\Psi=\rho(v_x\mathrm{d}y-v_y\mathrm{d}x) \tag{3.12.10}$$

由流线方程

$$\frac{\mathrm{d}x}{v_x}=\frac{\mathrm{d}y}{v_y}$$

可得

$$v_x\mathrm{d}y-v_y\mathrm{d}x=0 \tag{3.12.11}$$

将流线方程式(3.12.11)代入式(3.12.10)得

$$\mathrm{d}\Psi=0,\Psi=c(\text{沿流线}) \tag{3.12.12}$$

这就说明，在流线上流函数 Ψ 等于常数。反之，若 $\Psi=c$，则由式(3.12.10)，得

$$\mathrm{d}\Psi=\rho(v_x\mathrm{d}y-v_y\mathrm{d}x)=0$$

故得

$$\left.\frac{\mathrm{d}y}{\mathrm{d}x}\right|_{\Psi=c}=\frac{v_y}{v_x} \tag{3.12.13}$$

它说明，$\Psi=$常数的曲线是流线。

2. 两流线间的质量流率与两流线间的流函数之差成正比

图 3-30 表示一个二维流场，在任意两流线之间，过 A、B 两点的质量流率为 $\mathrm{d}\dot{m}$。A、B 两点间的截面是可以任取的，使计算较为简单的取法是平行于 x 轴和 y 轴的 OA 和 OB，这时

$$\mathrm{d}\dot{m}=(\rho v_x\mathrm{d}y-\rho v_y\mathrm{d}x)D \tag{3.12.14}$$

式中：D 是流通通道的宽度，式中负号的引入是因为从 A 到 O 为 $\mathrm{d}x$ 的负方向。

对于二维平面流动，流函数的全微分为

$$\mathrm{d}\Psi=\frac{\partial\Psi}{\partial x}\mathrm{d}x+\frac{\partial\Psi}{\partial y}\mathrm{d}y=(\rho v_x\mathrm{d}y-\rho v_y\mathrm{d}x) \tag{3.12.15}$$

比较式(3.12.14)和式(3.12.15)可得

$$\mathrm{d}\dot{m}=D\mathrm{d}\Psi \tag{3.12.16}$$

在点 A 和点 B 之间对式(3.12.16)积分，则有

$$\dot{m}_{A,B}=(\Psi_B-\Psi_A)D \tag{3.12.17}$$

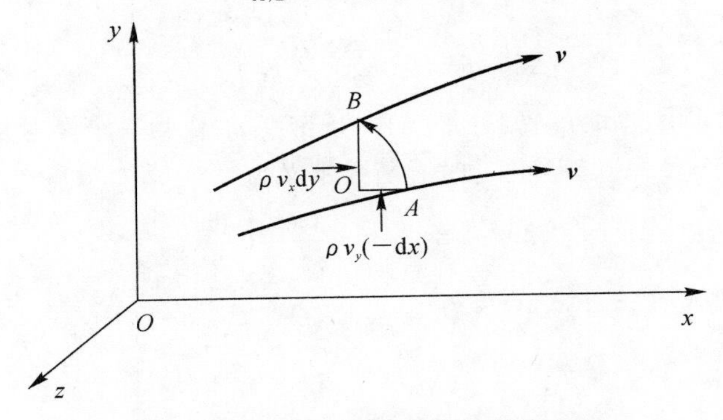

图 3-30　任意两条流线间的流动

对于轴对称流动，有

$$\mathrm{d}\dot{m}=\rho v_x 2\pi\mathrm{d}y+\rho v_y 2\pi(-\mathrm{d}x)=2\pi(\rho v_x\mathrm{d}y-\rho v_y\mathrm{d}x)=2\pi\left(\frac{\partial\Psi}{\partial y}\mathrm{d}y+\frac{\partial\Psi}{\partial x}\mathrm{d}x\right)=2\pi\mathrm{d}\Psi$$

$$\dot{m}_{A,B}=2\pi(\Psi_B-\Psi_A) \tag{3.12.18}$$

因此式(3.12.17)和式(3.12.18)表示在二维流动中两条流线之间的质量流率与两条流线之间的流函数之差成正比。

3.12.3 速度势函数与流函数的关系

1. 流线和等势线垂直(或流面与等势面垂直)

前面已经说过,流函数为常数的曲线是流线,得流线方程为

$$\left.\frac{\mathrm{d}y}{\mathrm{d}x}\right|_{\Psi=\text{常数}}=\frac{v_y}{v_x} \tag{3.12.19}$$

又在二维流动中,速度势函数 ϕ=常数的曲线是等势线,即由

$$\mathrm{d}\phi=\frac{\partial\phi}{\partial x}\mathrm{d}x+\frac{\partial\phi}{\partial y}\mathrm{d}y=v_x\mathrm{d}x+v_y\mathrm{d}y$$

得等势线方程为

$$\left.\frac{\mathrm{d}y}{\mathrm{d}x}\right|_{\phi=\text{常数}}=-\frac{v_y}{v_x}(\text{等势线}) \tag{3.12.20}$$

对比式(3.12.19)和式(3.12.20),两曲线的斜率为负倒数,可见流线与等势线是垂直的。因此流线和等势线可以构成正交曲线网络,它的疏密表示参数变化的快慢。

设流线以 $\boldsymbol{l}$ 表示,等势线以 $\boldsymbol{n}$ 表示,由它们构成的正交曲线坐标如图 3-31 所示。由式(3.12.2)知,$\mathrm{d}\phi=\boldsymbol{v}\cdot\mathrm{d}\boldsymbol{l}$,由 $\boldsymbol{v}/\!/\boldsymbol{l}$,可得 $\mathrm{d}\phi=v\mathrm{d}l$,或

$$\frac{\mathrm{d}\phi}{\mathrm{d}l}=v \tag{3.12.21}$$

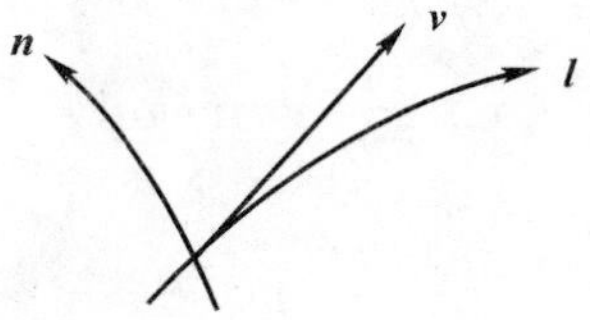

图 3-31 流函数和势函数

在 $\boldsymbol{l}$、$\boldsymbol{n}$ 坐标系下,连续方程的形式为

$$\frac{\partial}{\partial l}\left(\frac{\rho}{\rho^*}v_x\right)+\frac{\partial}{\partial n}\left(\frac{\rho}{\rho^*}v_y\right)=0 \tag{3.12.22}$$

式中:v_x、v_y 分别表示 v 沿 $\boldsymbol{l}$、$\boldsymbol{n}$ 方向的分量,而滞止密度 ρ^* 作为一个参考量引入。在现在的情况下,$\boldsymbol{v}$ 沿 $\boldsymbol{l}$,即有 $v_x=v$,$v_y=0$。因此这时流函数定义为

$$\frac{\partial\Psi}{\partial n}=\frac{\rho}{\rho^*}v\cdot\frac{\partial\Psi}{\partial l}=0 \tag{3.12.23}$$

将式(3.12.21)代入式(3.12.23)可得

$$\frac{\mathrm{d}\phi}{\mathrm{d}l}=\frac{\rho^*}{\rho}\frac{\mathrm{d}\Psi}{\mathrm{d}n}$$

或

$$\frac{\mathrm{d}l}{\mathrm{d}n}=\frac{\rho}{\rho^*}\frac{\mathrm{d}\phi}{\mathrm{d}\Psi} \tag{3.12.24}$$

写成有限差分形式为

$$\frac{\Delta l}{\Delta n}=\frac{\rho}{\rho^{*}}\frac{\Delta \phi}{\Delta \Psi} \tag{3.12.25}$$

它表示在正交曲线坐标系中，Δl 和 Δn 网络分别与 $\Delta\phi$ 和 $\Delta\Psi$ 成正比。若取 $\Delta\phi=\Delta\Psi$，则由于 $\rho/\rho^{*}<1$，故 $\Delta l<\Delta n$，表示一种 Δl 和 Δn 不相等的正交网络，若为不可压流，$\rho/\rho^{*}=1$，这时式(3.12.25)成为

$$\frac{\Delta l}{\Delta n}=\frac{\Delta \phi}{\Delta \Psi} \tag{3.12.26}$$

若取 $\Delta\phi=\Delta\Psi$，则 Δl 和 Δn 表示为等距的正交网络。

式(3.12.25)和式(3.12.26)都说明$\frac{\Delta l}{\Delta n}$的疏密表示参数$\frac{\Delta \phi}{\Delta \Psi}$变化的快慢。

2. ϕ 与 Ψ 互求

如果已知 ϕ，通过 v 为中间参数，可以求得 Ψ；反之亦然。对于平面流动，可压时，有

$$\left.\begin{aligned}\frac{\partial\phi}{\partial x}&=v_x=\frac{1}{\rho}\frac{\partial\Psi}{\partial y}\\ \frac{\partial\phi}{\partial y}&=v_y=-\frac{1}{\rho}\frac{\partial\Psi}{\partial x}\end{aligned}\right\} \tag{3.12.27}$$

不可压时，有

$$\left.\begin{aligned}\frac{\partial\phi}{\partial x}&=v_x=\frac{\partial\Psi}{\partial y}\\ \frac{\partial\phi}{\partial y}&=v_y=-\frac{\partial\Psi}{\partial x}\end{aligned}\right\} \tag{3.12.28}$$

对轴对称流动，可压时，有

$$\left.\begin{aligned}\frac{\partial\phi}{\partial x}&=v_x=\frac{1}{\rho y}\frac{\partial\Psi}{\partial y}\\ \frac{\partial\phi}{\partial y}&=v_y=-\frac{1}{\rho y}\frac{\partial\Psi}{\partial x}\end{aligned}\right\} \tag{3.12.29}$$

不可压时，有

$$\left.\begin{aligned}\frac{\partial\phi}{\partial x}&=v_x=\frac{1}{y}\frac{\partial\Psi}{\partial y}\\ \frac{\partial\phi}{\partial y}&=v_y=-\frac{1}{y}\frac{\partial\Psi}{\partial x}\end{aligned}\right\} \tag{3.12.30}$$

在极坐标系中，对可压流有

$$\left.\begin{aligned}\frac{\partial\phi}{\partial r}&=v_r=\frac{r\theta}{r\rho}\\ \frac{\partial\phi}{\partial\theta}&=rv_\theta=-\frac{r}{\rho}\frac{\partial\Psi}{\partial r}\end{aligned}\right\} \tag{3.12.31}$$

对不可压流有

$$\left.\begin{aligned}\frac{\partial\phi}{\partial r}&=v_r=\frac{\Psi\theta}{r}\\ \frac{\partial\phi}{\partial r}&=rv_\theta=-r\frac{\partial\Psi}{\partial r}\end{aligned}\right\} \tag{3.12.32}$$

引入速度势函数和流函数可使流场表示更为形象，通过下面的例子可以说明。

例 3-11 设平面流 $\phi=\frac{1}{2}a(x^2-y^2)$，$a$ 为常数。

(a)试画出等势线和流线网图；

(b)求流场的压力分布。

解：(a)首先检查一下流场的性质。因为

$$\frac{\partial^2\phi}{\partial x^2}+\frac{\partial^2\phi}{\partial y^2}=a-a=0$$

满足拉普拉斯方程，所以流动是常数、无旋、不可压的。

流速为

$$v_x=\frac{\partial\phi}{\partial x}=ax, v_y=\frac{\partial\phi}{\partial y}=-ay$$

不可压流动的流函数，由

$$\frac{\partial\Psi}{\partial y}=v_x=ax, \Psi_1=axy+C(x)$$

$$\frac{\partial\Psi}{\partial x}=-v_y=ay, \Psi_2=axy+C(y)$$

可知，流函数为

$$\Psi=axy+C$$

这样便可得流线方程为 $xy=k$，等势线方程为 $x^2-y^2=k'$。由流线和等势线表示的流场如图 3-32(a)所示。

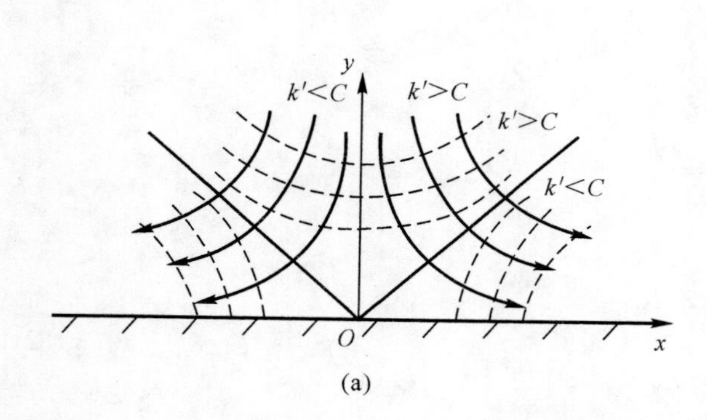

(a)

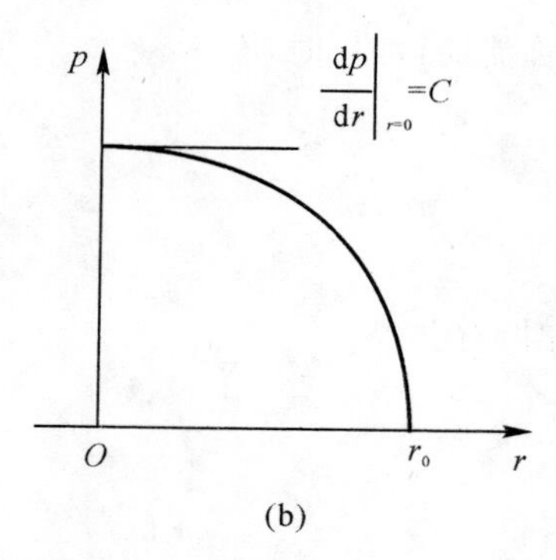

(b)

图 3-32 流线和等势线

当 a 为正数时，流向如图 3-32(a)中箭头所示。流场对 x 轴对称，上下流动不交混，x 轴如“固体壁”。

(b)流场是无旋的，因此伯努利方程在全流场成立。

$$p=p^*-\frac{1}{2}\rho v^2=p^*-\frac{1}{2}\rho a^2(z^2+y^2)=p^*-\frac{\rho}{2}a^2r^2$$

如图 3-32(b)所示，当 $r=0$ 时，$p=p^*$，随着 r 增长，p 下降。当 $p=0$ 时，有

$$r_0=\sqrt{\frac{2p^*}{\rho a^2}}$$

在 $r\geqslant r_0$ 的范围内，流动不可能存在。

3.13　几种简单的势流及其叠加

本节首先介绍几种最简单的定常、无旋、不可压势流。某些较复杂的势流可以由最简单的势流叠加组成，这也是求解这些势流流场的方法。

势流叠加原理可表述为：总势流的势函数或流函数分别由叠加组成势流的势函数或流函数代数相加而得；总流速则为分流速的矢量和；由势流叠加而得的流动仍为势流。

3.13.1　匀直流

匀直流是速度分布均匀、数值不变的平行直线流动，如图 3-33 所示。其势函数为

$$\phi=ax+by \tag{3.13.1}$$

流速为

$$\left.\begin{aligned} v_x&=\frac{\partial\phi}{\partial x}=a \\ v_y&=\frac{\partial\phi}{\partial y}=b \end{aligned}\right\} \tag{3.13.2}$$

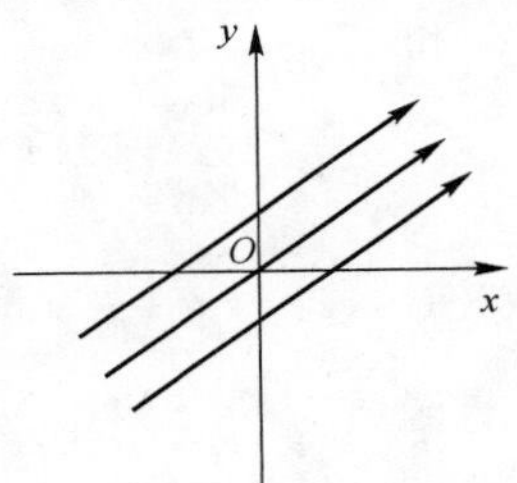

图 3-33　匀直流

流函数为

$$\left.\begin{aligned} \frac{\partial\Psi}{\partial x}&=-b \\ \frac{\partial\Psi}{\partial y}&=a \end{aligned}\right\} \tag{3.13.3}$$

$$\Psi=ay-bx \tag{3.13.4}$$

流线方程为

$$ay-bx=c \tag{3.13.5}$$

当流动为平行于 x 轴、速度为 v_∞ 的匀直流时，其势函数和流函数分别为

$$\left.\begin{aligned} \phi&=v_\infty x \\ \Psi&=v_\infty y \end{aligned}\right\} \tag{3.13.6}$$

3.13.2　点源

点源是从某一点径向均匀向外辐射具有一定流量的流动，如图 3-34(a)所示：与其流向相反的流动，称点汇。

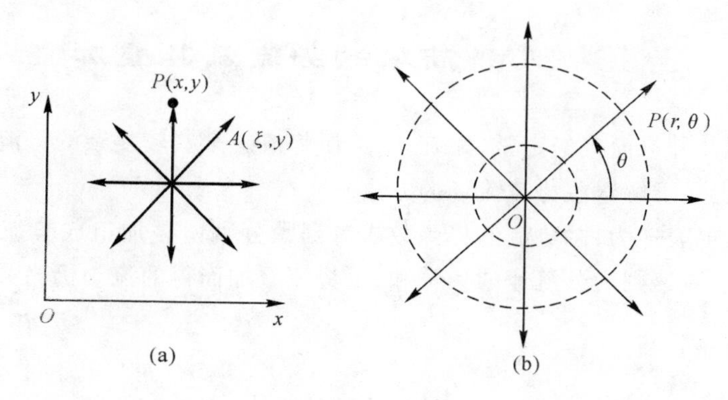

图 3-34 点源

若源在坐标原点上，总流量为 Q，则有

$$Q=2\pi r v_r \tag{3.13.7}$$

流速

$$\left.\begin{aligned} v_r&=\frac{Q}{2\pi}\frac{l}{r} \\ v_\theta&=0 \end{aligned}\right\} \tag{3.13.8}$$

流函数为

$$\left.\begin{aligned} \frac{\partial \Psi}{\partial \theta}&=r v_r=\frac{Q}{2\pi} \\ \Psi=\frac{Q}{2\pi}\theta+C_1 \text{ 或 } \Psi&=\frac{Q}{2\pi}\arctan\frac{y}{x} \end{aligned}\right\} \tag{3.13.9}$$

流线是由原点出发的辐射线簇。势函数为

$$\left.\begin{aligned} \frac{\partial \phi}{\partial r}&=v_r=\frac{Q}{2\pi}\frac{l}{r} \\ \phi&=\frac{Q}{2\pi}\ln r+C_2 \end{aligned}\right\} \tag{3.13.10}$$

式中：$r=\sqrt{x^2+y^2}$。等势线是一簇以原点为中心的圆，取等 $\Delta\phi$ 作出的同心圆成等比数列。

如果源不在原点，设位于 $A(\xi,\eta)$，而受扰点 $P(x,y)$，则 A、P 的距离为

$$r=\sqrt{(x-\xi)^2+(y-\eta)^2} \tag{3.13.11}$$

于是

$$\phi=\frac{Q}{2\pi}\ln\sqrt{(x-\xi)^2+(y-\eta)} \tag{3.13.12}$$

$$\Psi=\frac{Q}{2\pi}\arctan\frac{y-\eta}{x-\xi} \tag{3.13.13}$$

$$\left.\begin{aligned} v_x&=\frac{Q}{2\pi}\frac{x-\xi}{(x-\xi)^2+(y-\eta)^2} \\ v_y&=\frac{Q}{2\pi}\frac{y-\eta}{(x-\xi)^2+(y-\eta)^2}、 \end{aligned}\right\} \tag{3.13.14}$$

3.13.3 偶极子

在轴线 x 上有一对等强度的源和汇分别位于$(-h,0)$和$(0,0)$处，从源发出的流量都进入

汇，其正向如图 3-35(a)中所示。

应用叠加原理，势函数可由位于$(-h,0)$的源和$(0,0)$处的汇叠加给出，为

$$\phi=\frac{Q}{2\pi}\left[\ln\sqrt{(x+h)^2+y^2}-\ln\sqrt{x^2+y^2}\right]=\frac{Q}{4\pi}\ln\frac{(x+h)^2+y^2}{x^2+y^2} \tag{3.13.15}$$

流函数为

$$\Psi=\frac{Q}{2\pi}(\theta_1-\theta_2) \tag{3.13.16}$$

现在来考察一种极限情况：在 $h\to0$ 的同时 Q 增大，使$\frac{Qh}{2\pi}$保持不变。这种极值情况不是指一个有限强度的源和另一个等强度的汇放在一起，恰好抵消，什么也没有；而是指随着 $h\to0$，$Q\to\infty$。这种极值情况称为偶极子流，如图 3-35(b)所示。

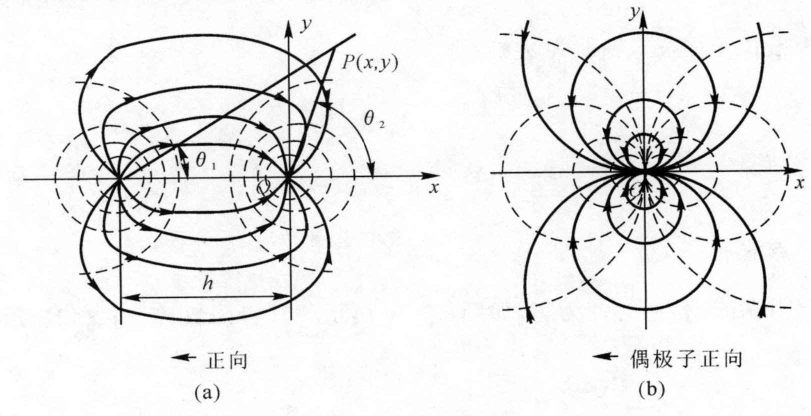

图 3-35　偶极子

偶极子流的势函数为

$$\phi=\lim_{h\to0}\frac{Q}{4\pi}\left[\ln\frac{(x+h)^2+y^2}{x^2+y^2}\right]=\lim_{h\to0}\frac{Q}{4\pi}\left(\ln\frac{x^2+y^2+2xh+h^2}{x^2+y^2}\right)=$$

$$\lim_{h\to0}\frac{Q}{4\pi}\frac{\ln\left(1+\frac{2xh+h^2}{x^2+y^2}\right)}{\frac{2xh+h^2}{x^2+y^2}}\cdot\frac{2xh+h^2}{x^2+y^2}$$

利用极限公式$\lim\limits_{x\to0}\frac{\ln(1+x)}{x}=1$，可得

$$\phi=\lim_{h\to0}\frac{Q}{4\pi}\frac{2xh+h^2}{x^2+y^2}=\lim_{h\to0}\frac{Mx+\frac{M}{2}h}{x^2+y^2} \tag{3.13.17}$$

最后得

$$\phi=M\frac{x}{x^2+y^2} \tag{3.13.18}$$

流函数求得为

$$\Psi=-M\frac{y}{x^2+y^2} \tag{3.13.19}$$

速度求得为

$$\left.\begin{aligned} v_x&=\frac{M(y^2-x^2)}{(x^2+y^2)^2}=-M\frac{\cos 2\theta}{r^2}\\ v_y&=-\frac{M(2xy)}{(x^2+y^2)^2}=-M\frac{\sin 2\theta}{r^2}\end{aligned}\right\} \tag{3.13.20}$$

$$v=\frac{M}{r^2} \tag{3.13.21}$$

注意,上面推导过程中偶极子的方向定义为 x 的负向。如果偶极子指向 x 的正向,那么式(3.13.18)的 ϕ 和式(3.13.19)的 Ψ 都要改变符号。如果偶极子的轴线与 y 轴重合,方向指向 y 的负向,那么上述 ϕ 和 Ψ 式的分子应对调。如果偶极子的轴线与 x 轴成 θ 角而其正向指向第三象限,则

$$\phi=\frac{M}{x^2+y^2}(x\cos\theta+y\sin\theta) \tag{3.13.22}$$

如果偶极子位于(ξ,η),轴线为 x 轴,则

$$\phi=M\frac{z-\xi}{(x-\xi)^2+(y-\eta)^2} \tag{3.13.23}$$

$$\Psi=-M\frac{y-\eta}{(x-\xi)^2+(y-\eta)^2} \tag{3.13.24}$$

3.13.4 点涡

点涡即自由涡流动,逆时针为正,如图 3-36 所示。其势函数、流函数和流速为

$$\phi=\frac{\Gamma_0}{2\pi}\theta \tag{3.13.25}$$

$$\Psi=-\frac{\Gamma_0}{2\pi}\ln r \tag{3.13.26}$$

$$v_r=0,v_\theta=\frac{\Gamma_0}{2\pi}\frac{1}{r} \tag{3.13.27}$$

若点涡位于(ξ,η),则

$$\phi=\frac{\Gamma_0}{2\pi}\arctan\frac{y-\eta}{x-\xi} \tag{3.13.28}$$

$$\Psi=-\frac{\Gamma_0}{2\pi}\ln\sqrt{(x-\xi)^2+(y-\eta)^2} \tag{3.13.29}$$

点涡也可以看到为在 z 方向无限长的直线涡,这样的流场,除涡心外,其余各点均是无旋流。

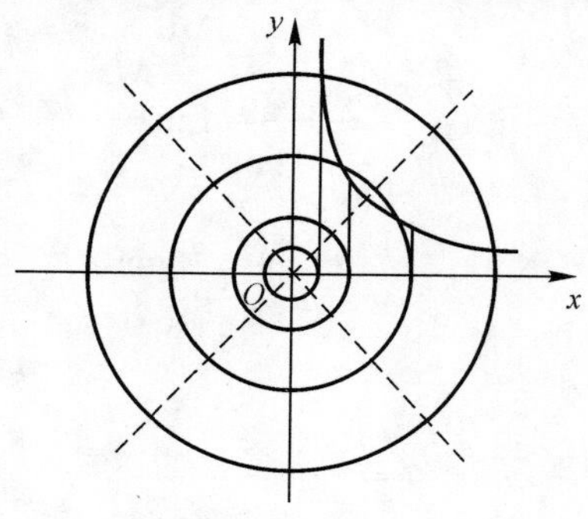

图 3-36 点涡

3.13.5　匀直流加点源

根据势流叠加原理，匀直流加点源的势函数和流速为

$$\phi = v_\infty x + \frac{Q}{2\pi}\ln r = v_\infty x + \frac{Q}{4\pi}\ln(x^2+y^2) \tag{3.13.30}$$

$$\left.\begin{aligned} v_x &= v_\infty + \frac{Q}{2\pi}\frac{x}{x^2+y^2} \\ v_y &= \frac{Q}{2\pi}\frac{y}{x^2+y^2} \end{aligned}\right\} \tag{3.13.31}$$

叠加后的流场如图 3-37 所示。

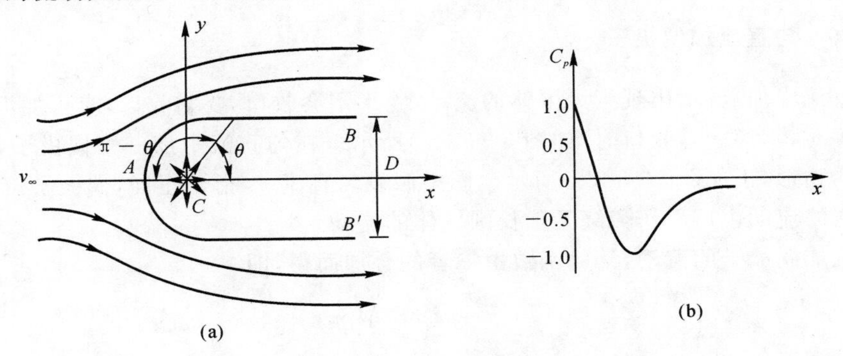

图 3-37　匀直流加点源

由图 3-37(a)可见，在 x 轴线上点源流速与 v_∞ 相抵，合速为零的一点 A 为驻点。由 $u_A=0$ 可得驻点坐标为

$$x_A = -\frac{Q}{2\pi v_\infty} \tag{3.13.32}$$

图 3-37(a)中有一条经过驻点的特殊流线 BAB'，它像一道围墙一样把流场划分为两部分，来自匀直线的流动在“墙”外，点源流在“墙”内各自进行流动。流线是流体微团不可逾越的线。因此可以把那道“墙”看作为具有这一形状的物体，外部流动绕着那样的物体流动。该“物体”后面不能封口，是一个半无限体，点源流动流向无穷远，其宽度渐趋于渐进值 D。BAB'的形状可根据流函数 $\Psi=0$，或从流量关系推算出来。当 $x\to 0$ 时，速度 $v_x=v_\infty$，$v_y=0$，$Q=v_\infty D$。由此可得

$$D = \frac{Q}{v_\infty} \tag{3.13.33}$$

BAB'线上其他点的坐标也可用流量相等的关系导出。如 $P(r,\theta)$点，假想当无源的匀直线流过 OP 截面时流量为 $v_\infty r\sin\theta$，现被点源流在中心角 $\pi-\theta$ 流出的流量$\dfrac{Q}{2\pi}(\pi-\theta)$顶替。由于它们相等，$v_\infty r\sin\theta=\dfrac{Q}{2\pi}(\pi-\theta)$，可以得到 $r=f(\theta)$的曲线方程为

$$r = \frac{Q}{2\pi v_\infty}\frac{\pi-\theta}{\sin\theta} = \frac{D}{2\pi}\frac{\pi-\theta}{\sin\theta} \tag{3.13.34}$$

流场的压力可用伯努利方程表示为

$$p = \left(p_\infty + \frac{\rho}{2}v_\infty{}^2\right) - \frac{\rho}{2}(v_x{}^2 + v_y{}^2) \tag{3.13.35}$$

通常将压力表示为无因次的压力系数 C_p，它定义为

$$C_p=\frac{p-p_\infty}{\frac{\rho}{2}v_\infty{}^2} \tag{3.13.36}$$

将式(3.13.35)代入式(3.13.36)，得

$$C_p=1-\frac{v_x{}^2+v_y{}^2}{v_\infty{}^2}$$

再将式(3.13.31)代入上式，并利用式(3.13.34)的关系，可得

$$C_p=-\frac{\sin 2\theta}{\pi-\theta}-\left(\frac{\sin\theta}{\pi-\theta}\right)^2 \tag{3.13.37}$$

C_p 随 x 变化的曲线见图 3-37(b)。

3.13.6 匀直流加偶极子

在匀直流中加点源，出现半无限体的流动，物形不会收口，要它收口，应再加汇。当源和汇的强度相等时，物形才是收口时，如图 3-38(a)所示。在匀直流中加一个偶极子，可以得到一个封闭圆的物形，正如图 3-38(b)所示。图中假设匀直流 v_∞ 指 x 正向，偶极子位于原点，指 x 负向。这样的流动也可看作为绕无限长圆柱体的流动。

匀直流加偶极子的流动，其势函数由二者的叠加而得，即

$$\phi=v_\infty x+M\frac{x}{r^2} \tag{3.13.38}$$

圆物形的半径可由驻点处 $v_x=0$ 定义，则

$$v_x=\frac{\partial\phi}{\partial x}=v_\infty+\frac{M}{r^2}-\frac{2Mx^2}{r^2}=0$$

代入驻点处坐标 $x=-r$ 时，可得 $r^2=\frac{M}{v_\infty}$。这时的 r 即为圆半径 a，可得

$$a^2=\frac{M}{v_\infty} \tag{3.13.39}$$

利用式(3.13.39)的关系，势函数(3.13.38)可完成

$$\phi=v_\infty\left(x+\frac{a^2x}{r^2}\right)=v_\infty\left(r+\frac{a^2}{r}\right)\cos\theta \tag{3.13.40}$$

流函数为

$$\Psi=v_\infty\left(r-\frac{a^2}{r}\right)\sin\theta \tag{3.13.41}$$

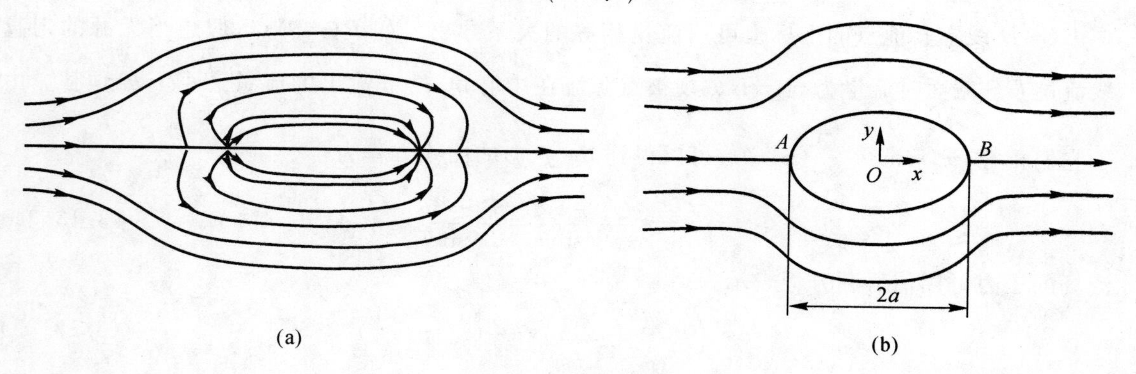

图 3-38 匀直流加偶极子

由 $\Psi=0$ 可求得两条特殊的流线。其一由 $\sin\theta=0$，即 $\theta=0$ 或 π，为 x 轴线；其二由 $\left(r-\dfrac{a^2}{r}\right)=0$，得为 $r=a$ 的圆。

流速为

$$\left.\begin{aligned} v_x &= v_\infty\left(1-\frac{a^2}{r^2}\cos2\theta\right) \\ v_y &= -v_\infty\frac{a^2}{r^2}\sin2\theta \end{aligned}\right\} \tag{3.13.42}$$

圆柱面上的压力系数为

$$C_p=1-\frac{v^2}{{v_\infty}^2}=1-4\sin^2\theta \tag{3.13.43}$$

其曲线表示在图 3-39 中，由于假设是无黏流，因此无阻力；对称，无升力。

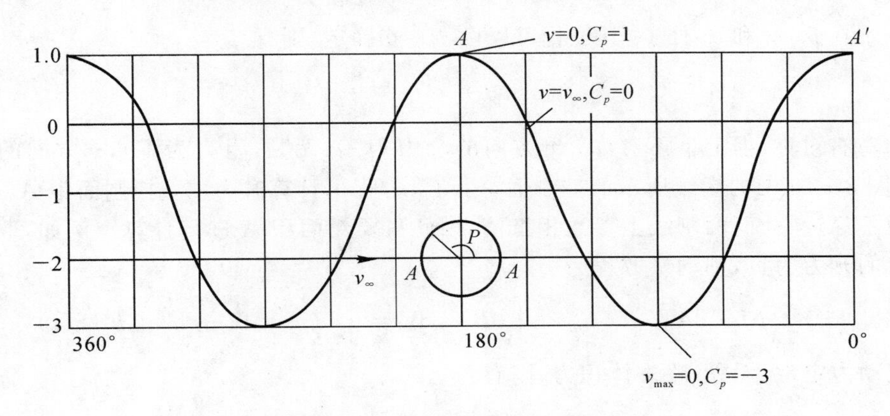

图 3-39　圆柱表面压力系数图

如将以 a 为半径的圆看作为固体壁，就解决了圆柱绕流问题。

3.13.7　匀直流加偶极子加点涡

在匀直流加偶极子的基础上再加一个顺时针的负点涡。其流动图如图 3-40 所示。

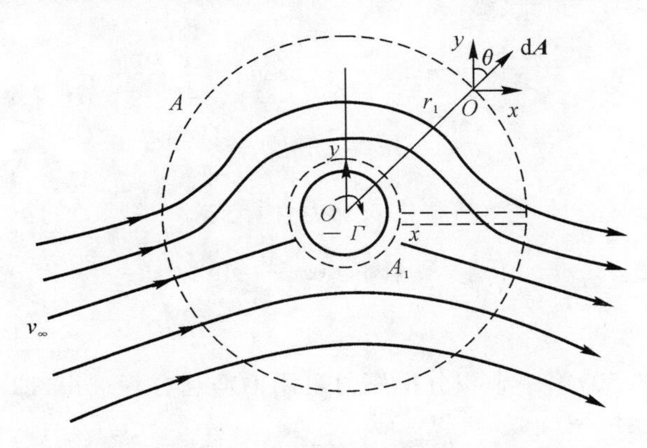

图 3-40　匀直流加偶极子加点涡

在匀直流加偶极子加负点涡情况下，有

$$\phi=v_\infty\left(1+\frac{a^2}{r^2}\right)x-\frac{\Gamma}{2\pi}\theta \tag{3.13.44}$$

$$\Psi=v_\infty\left(1-\frac{a^2}{r^2}\right)y-\frac{\Gamma}{2\pi}\ln r \tag{3.13.45}$$

流速为

$$v_r=\frac{\partial\phi}{\partial r}=v_\infty\left(1-\frac{a^2}{r^2}\right)\cos\theta \tag{3.13.46}$$

$$v_\theta=\frac{1}{r}\frac{\partial\phi}{\partial\theta}=-v_\infty\left(1+\frac{a^2}{r^2}\right)\sin\theta-\frac{\Gamma}{2\pi r} \tag{3.13.47}$$

$r=a$ 仍是一条特殊流线，在该圆上，有

$$\left.\begin{aligned}v_r&=0\\ v_\theta&=-2v_\infty\sin\theta-\frac{\Gamma}{2\pi a}\end{aligned}\right\} \tag{3.13.48}$$

驻点现在不在 $\theta=\pi$ 和 θ_0 处了，其位置可以由 $v_\theta=0$ 确定，则有

$$\sin\theta_\theta=-\frac{\Gamma}{4\pi a v_\infty} \tag{3.13.49}$$

流动左右对称，但上下不对称。x 方向的合力为零（无黏，阻力为零），y 方向的合力升力 Y。取如图 3-40 中的虚线所示的控制面，用动量方程可计算升力 Y。控制面中 A，在物面上，流动参数不穿过它，而两割线上参数相抵消，因此只要对面积 A 进行计算。例如，取物体作用在气流上的升力为负，则动量方程为

$$-Y\int_A p\boldsymbol{j}\cdot\mathrm{d}\boldsymbol{A}+\boldsymbol{j}\cdot\boldsymbol{F}_{剪}+\int_{V_c}\boldsymbol{B}\cdot\rho\mathrm{d}V=\int_{V_c}(\rho v)_r\mathrm{d}V+\int_A v(\rho\boldsymbol{v}\cdot\mathrm{d}\boldsymbol{A})$$

设流动为定常、无黏，略去体积力，则有

$$Y=-\int_A p\sin\theta\mathrm{d}A-\int_A v\rho v_r\mathrm{d}A$$

考虑到 $\mathrm{d}A=r_1\mathrm{d}\theta$，以及图 3-40 左右的对称性，可得

$$Y=-2\int_{-\frac{\pi}{2}}^{\frac{\pi}{2}}r_1 p\sin\theta\mathrm{d}\theta-2\int_{-\frac{\pi}{2}}^{\frac{\pi}{2}}\rho r_1 v_r v\mathrm{d}\theta \tag{3.13.50}$$

下面分别来计算升力计算式(3.13.50)中的两项积分。

利用势函数(3.13.44)可求得

$$v_x=v_\infty\left(1-\frac{a^2}{r^2}\cos2\theta\right)+\frac{\Gamma}{2\pi}\frac{\sin\theta}{r} \tag{3.13.51}$$

$$v_y=-v_\infty\frac{a^2}{r^2}\sin2\theta-\frac{\Gamma}{2\pi}\frac{\cos\theta}{r} \tag{3.13.52}$$

将式(3.13.46)、式(3.13.52)的和代入升力计算式(3.13.50)的第二个积分中，可得

$$-2\int_{-\frac{\pi}{2}}^{\frac{\pi}{2}}\rho r_1 v_r v\mathrm{d}\theta=2\int_{-\frac{\pi}{2}}^{\frac{\pi}{2}}\rho r_1 v_\infty\left(1-\frac{a^2}{r^2}\right)\cos\theta\left(v_\infty\frac{a^2}{r_1^2}\sin2\theta+\frac{\Gamma}{2\pi}\frac{\cos\theta}{r_1}\right)\mathrm{d}\theta=\frac{1}{2}\rho v_\infty\Gamma\left(1-\frac{a^2}{r^2}\right) \tag{3.13.53}$$

动量方程式(3.13.50)第一个积分中压力可用伯努利方程求得，即

$$p=p_\infty+\frac{\rho}{2}v_\infty{}^2-\frac{\rho}{2}v^2 \tag{3.13.54}$$

式中 $p_\infty+\frac{\rho}{2}v_\infty{}^2$，当它代入升力计算式(3.13.50)的第一个积分中时，乘以 $\sin\theta$ 为奇函数，在

对称区内积分为零，可得第一个积分为

$$-2\int_{-\frac{\pi}{2}}^{\frac{\pi}{2}} r_1 p\sin\theta \mathrm{d}\theta = \int_{-\frac{\pi}{2}}^{\frac{\pi}{2}} \rho r_1 v^2 \sin\theta \mathrm{d}\theta \tag{3.13.55}$$

式中：$v^2 = v_x{}^2 + v_y{}^2$。将式(3.13.51)和式(3.13.52)代入运算后，得

$$v^2 = v_\infty^2 + v_\infty^2 \frac{a^4}{r_1^4} + \left(\frac{\Gamma}{2\pi r_1}\right)^2 - 2v_\infty^2 \frac{a^2}{r_1^2}\cos 2\theta + v_\infty \frac{\Gamma}{2r_1}\sin\theta \mathrm{d}\theta + v_\infty \frac{\Gamma a^2}{\pi r_1^2}(\cos\theta\sin 2\theta - \sin\theta\cos 2\theta)$$

式中等号右边前面 4 项是偶函数，如代入积分式中乘以 $\sin\theta$ 后为奇函数，在对称区中积分为零。这样前一个积分是式(3.13.55)经运算后为

$$2\int_{-\frac{\pi}{2}}^{\frac{\pi}{2}} r_1 p\sin\theta \mathrm{d}\theta = \frac{1}{2}\rho v_\infty \Gamma\left(1 + \frac{a^2}{r_1^2}\right) \tag{3.13.56}$$

将式(3.13.56)和式(3.13.53)代入升力计算式(3.13.50)，而得升力为

$$Y = \rho v_\infty \Gamma \tag{3.13.57}$$

该式表示单位长度“柱体”上的升力，通过该式表明升力与 r_1 取多大没有关系；与“柱体”的形状也没有关系。在假设中只要求是一个封闭物体，其中正源和负汇的强度相等，当源与汇为偶极子时，封闭体为圆柱。关键在于必须有一个物体的环量存在，有了环量，有了匀直流，便产生升力。

为什么有了环量便有升力，可以从图 3-41 物体上的压力分布看到。$\Gamma=0$ 时，上下半圆的压力分布对称，合力为零，因此无升力。有环量后，因为上半圆的负压远远超过下半圆，所以有升力，这个力的来源主要靠上下半圆的压差。机翼产生升力就是这样的原理。

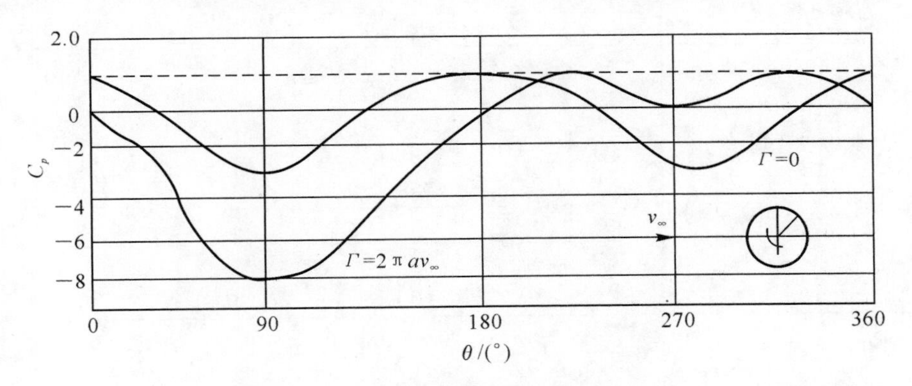

图 3-41　圆柱表面压力系数

3.14 小　　结

在第 3 章中，对于第 2 章推导的流体流动控制方程的微分形式限于 $\frac{\partial \boldsymbol{v}}{\partial t} = \frac{\partial \rho}{\partial t} = \frac{\partial p}{\partial t} = \boldsymbol{B} = g\mathrm{d}z = \mathrm{d}\boldsymbol{F} = \delta \dot{W}_{轴} = 0$ 的条件。所得到的方程是控制可压缩流体定常绝热无黏流动的矢量方程，为了参考方便，将它们收集在表 3-1 中，从这些方程，推导出笛卡儿和圆柱坐标中关于可压缩流体定常多维绝热无黏流动的对应方程，将它们列于表 3-2 中。表 3-2 中用同一组方程说明二维平面流动($\delta=0$)和二维轴对称流动($\delta=1$)两种流场。

表 3-1　控制可压缩流体定常绝热无黏流动的矢量方程

矢量方程类型	矢量方程
连续方程	$\nabla\cdot(\rho\boldsymbol{v})=0$
动量或动力方程	$\rho\frac{\mathrm{D}\boldsymbol{v}}{\mathrm{D}t}+\nabla p=0$
能量方程	$\rho\frac{\mathrm{D}}{\mathrm{D}t}\left(h+\frac{v^2}{2}\right)=0$
声速方程	$\frac{\mathrm{D}p}{\mathrm{D}t}-a^2\frac{\mathrm{D}\rho}{\mathrm{D}t}=0$
熵方程	$\rho\frac{\mathrm{D}s}{\mathrm{D}t}=0$
状态方程	$T=T(p,\rho),h=h(p,\rho)$

关于普遍方程的积分和微分形式见表 2-1 和表 2-2。

表 3-2　关于可压缩流体定常多维绝热无黏流动的控制方程

笛卡儿坐标系(x,y,z)	
控制方程类型	控制方程
连续方程	$\frac{\partial(\rho v_x)}{\partial x}+\frac{\partial(\rho v_y)}{\partial y}+\frac{\partial(\rho v_z)}{\partial z}=0$
动量或动力方程	$v_x\frac{\partial v_x}{\partial x}+v_y\frac{\partial v_x}{\partial y}+v_z\frac{\partial v_x}{\partial z}+\frac{1}{\rho}\frac{\partial p}{\partial x}=0$ $v_x\frac{\partial v_y}{\partial x}+v_y\frac{\partial v_y}{\partial y}+v_z\frac{\partial v_y}{\partial z}+\frac{1}{\rho}\frac{\partial p}{\partial y}=0$ $v_x\frac{\partial v_z}{\partial z}+v_y\frac{\partial v_z}{\partial y}+v_z\frac{\partial v_z}{\partial z}+\frac{1}{\rho}\frac{\partial p}{\partial z}=0$
能量方程	$v_x\frac{\partial h}{\partial x}+v_y\frac{\partial h}{\partial y}+v_z\frac{\partial h}{\partial z}+v_x\frac{\partial}{\partial x}\left(\frac{v^2}{2}\right)+v_y\frac{\partial}{\partial y}\left(\frac{v^2}{2}\right)+v_z\frac{\partial}{\partial z}\left(\frac{v^2}{2}\right)=0$
声速方程	$v_x\frac{\partial p}{\partial x}+v_y\frac{\partial p}{\partial y}+v_z\frac{\partial p}{\partial z}-a^2\left(v_x\frac{\partial\rho}{\partial x}+v_y\frac{\partial\rho}{\partial y}+v_z\frac{\partial\rho}{\partial z}\right)=0$
熵方程	$v_x\frac{\partial s}{\partial x}+v_y\frac{\partial s}{\partial y}+v_z\frac{\partial s}{\partial z}=0$
圆柱坐标系(r,θ,z)	
控制方程类型	控制方程
连续方程	$\frac{1}{r}\frac{\partial}{\partial r}(r\rho v_r)+\frac{1}{r}\frac{\partial}{\partial\theta}(\rho v_\theta)+\frac{\partial}{\partial z}(\rho v_z)=0$
动量方程	$v_r\frac{\partial v_r}{\partial r}+\frac{v_\theta}{r}\frac{\partial v}{\partial\theta}-\frac{v_\theta^2}{r}+v_z\frac{\partial v_r}{\partial z}\frac{1}{\rho}\frac{\partial p}{\partial r}=0$ $v_r\frac{\partial v_\theta}{\partial r}+\frac{v_\theta}{r}\frac{\partial v_\theta}{\partial\theta}+\frac{v_\theta v_r}{r}+v_z\frac{\partial v_\theta}{\partial z}+\frac{1}{\rho r}\frac{\partial p}{\partial\theta}=0$ $v_r\frac{\partial v_z}{\partial r}+\frac{v_\theta}{r}\frac{\partial v_z}{\partial\theta}+v_z\frac{\partial v_z}{\partial z}+\frac{1}{\rho}\frac{\partial p}{\partial z}=0$

续表

圆柱坐标系(r,θ,z)	
控制方程类型	控制方程
能量方程	$v_r\frac{\partial h}{\partial r}+\frac{v_\theta}{r}\frac{\partial h}{\partial\theta}+v_z\frac{\partial h}{\partial z}+v_r\frac{\partial}{\partial r}\left(\frac{v^2}{2}\right)+\frac{v_\theta}{r}\frac{\partial}{\partial\theta}\left(\frac{v^2}{2}\right)+v_z\frac{\partial}{\partial z}\left(\frac{v^2}{2}\right)=0$
声速方程	$v_r\frac{\partial p}{\partial r}+\frac{v_\theta}{r}\frac{\partial p}{\partial\theta}+v_z\frac{\partial p}{\partial z}-a^2\left(v_r\frac{\partial p}{\partial r}+\frac{v_\theta}{r}\frac{\partial p}{\partial\theta}+v_z\frac{\partial p}{\partial z}\right)=0$
熵方程	$v_r\frac{\partial s}{\partial r}+\frac{v_\theta}{r}\frac{\partial s}{\partial\theta}+v_z\frac{\partial s}{\partial z}=0$
二维平面和轴对称流动	
控制方程类型	控制方程
连续方程	$\frac{\partial(\rho v_x)}{\partial x}\frac{\partial(\rho v_y)}{\partial y}+\delta\frac{\rho v_y}{y}=0$
动量或动力方程	$v_x\frac{\partial v_x}{\partial x}+v_y\frac{\partial v_x}{\partial y}+\frac{1}{\rho}\frac{\partial p}{\partial x}=0$ $v_x\frac{\partial v_y}{\partial x}+v_y\frac{\partial v_y}{\partial y}+\frac{1}{\rho}\frac{\partial p}{\partial y}=0$
能量方程	$v_x\frac{\partial h}{\partial x}+v_y\frac{\partial h}{\partial y}+v_x\frac{\partial}{\partial x}\left(\frac{v^2}{2}\right)+v_y\frac{\partial}{\partial y}\left(\frac{v^2}{2}\right)=0$
声速方程	$v_x\frac{\partial p}{\partial x}+v_y\frac{\partial p}{\partial y}-a^2\left(v_x\frac{\partial\rho}{\partial x}+v_y\frac{\partial\rho}{\partial y}\right)=0$
熵方程	$v_x\frac{\partial s}{\partial x}+v_y\frac{\partial s}{\partial y}=0$
变换方程(从r和z到y和x)	$v_y=v_r,v_x=v_y,y=r,x=z$
几何和流场参数	
控制方程类型	控制方程
流线方程	$\frac{\mathrm{d}y}{\mathrm{d}x}=-\frac{v_y}{v_x},\frac{\mathrm{d}z}{\mathrm{d}y}=\frac{v_z}{v_y},\frac{\mathrm{d}x}{\mathrm{d}z}=\frac{v_x}{v_z}$
环量	$\Gamma=\oint_c\boldsymbol{v}\cdot\mathrm{d}\boldsymbol{l}=\oint_c v\mathrm{d}l\cos\alpha=\int_A(\boldsymbol{\nabla}\times\boldsymbol{v})\cdot\mathrm{d}\boldsymbol{A}$
旋转	$\boldsymbol{\omega}=\frac{1}{2}\boldsymbol{\nabla}\times\boldsymbol{v}$
旋度	$\boldsymbol{\xi}=\boldsymbol{\nabla}\times\boldsymbol{v}=2\boldsymbol{\omega}=\left(\frac{\partial v_z}{\partial y}-\frac{\partial v_y}{\partial z}\right)\boldsymbol{i}+\left(\frac{\partial v_x}{\partial z}-\frac{\partial v_z}{\partial x}\right)\boldsymbol{j}+\left(\frac{\partial v_y}{\partial x}-\frac{\partial v_x}{\partial y}\right)\boldsymbol{k}$ $\zeta_z=\frac{\mathrm{d}\Gamma}{\mathrm{d}A}=2w_z$

定义了环量Γ、旋转$\boldsymbol{\omega}$和旋度$\boldsymbol{\zeta}$这些参数，并说明它们相互的关系(见表3-2)。旋度等于单位面积的环量，而旋转等于旋度的一半。对于$\boldsymbol{\omega}\neq 0$的流动称为有旋流动，而对于$\boldsymbol{\omega}=0$的流动称为无旋流动。无旋流动的简单例子是自由涡，它在原点有一奇点(见3.5.4节)。有旋流动的例子是强迫涡(见3.5.4节)。

在定常多维无黏流动情况中，伯努利方程沿流线是正确的。通常，伯努利常数的数值在不同流线上是不同的，它取决于流场的性质。然而，若流动发源于匀流区，则伯努利常数在整个流场有相同的数值，这种规则对定常无旋流动也是正确的。

开尔文定理(见 3.7 节)指出，若流动初始是无旋的，它将随时间保持无旋；若它初始是有旋的，它将保持强度不变的有旋。这两条结论限于无黏流动，且其密度或者单纯是压力的函数或者是常数，以及作用在流体上的合外力有势。

对于定常匀能流动，滞止焓 h^* 在整个流场均匀(即$\nabla h^*=0$)。克罗科定理(见 3.8 节)指出，若在这样的流场中存在熵梯度∇s，则流动是有旋的($\boldsymbol{\omega}\neq 0$)。对于匀熵定常流动，熵在整个流场均匀($\nabla s=0$)。若在这样的流场中存在滞止焓梯度$\nabla h^*$，则流动是有旋的($\boldsymbol{\omega}\neq 0$)。

对于无旋流动，简单变量速度势 ϕ 说明速度场。只有流动是无旋($\boldsymbol{\omega}=0$)时，才存在速度势。利用速度势 ϕ，对定常多维流动推导得到了单个控制偏微分方程(见表 3-3)。

表 3-3　对于可压缩流体定常多维无旋流动的控制方程

控制方程类型	控制方程
无旋性条件	$\boldsymbol{\omega}=\boldsymbol{i}\omega_x+\boldsymbol{j}\omega_y+\boldsymbol{k}\omega_z=0$
二维流动	$\omega_z=\dfrac{\partial v_x}{\partial y}-\dfrac{\partial v_y}{\partial x}=0$
气体动力方程	$(\boldsymbol{v}\cdot\nabla)\left(\dfrac{v^2}{2}\right)-a^2\ \nabla\cdot\boldsymbol{v}=0$
用 u、v 和 w 的笛卡儿坐标系	$({v_x}^2-a^2)\dfrac{\partial v_x}{\partial x}+({v_y}^2-a^2)\dfrac{\partial v_y}{\partial y}+({v_z}^2-a^2)\dfrac{\partial v_z}{\partial z}+v_xv_y\left(\dfrac{\partial v_x}{\partial y}+\dfrac{\partial v_y}{\partial x}\right)+v_xv_z(\dfrac{\partial v_x}{\partial z}+\dfrac{\partial v_z}{\partial x})+v_zv_y(\dfrac{\partial v_z}{\partial y}+\dfrac{\partial v_y}{\partial z})=0$
用速度势 ϕ 的笛卡儿坐标系	$\left[\left(\dfrac{\partial\phi}{\partial x}\right)^2-a^2\right]\dfrac{\partial^2\phi}{\partial x^2}+\left[\left(\dfrac{\partial\phi}{\partial y}\right)^2-a^2\right]\dfrac{\partial^2\phi}{\partial y^2}+\left[\left(\dfrac{\partial\phi}{\partial z}\right)^2-a^2\right]\dfrac{\partial^2\phi}{\partial z^2}+2\dfrac{\partial\phi}{\partial x}\dfrac{\partial\phi}{\partial y}\dfrac{\partial^2\phi}{\partial x\partial y}+2\dfrac{\partial\phi}{\partial x}\dfrac{\partial\phi}{\partial z}\dfrac{\partial^2\phi}{\partial x\partial z}+2\dfrac{\partial\phi}{\partial z}\dfrac{\partial\phi}{\partial y}\dfrac{\partial^2\phi}{\partial z\partial y}=0$
用 u、v 的二维平面($\delta=0$)和轴对称($\delta=1$)流动	$({v_x}^2-a^2)\dfrac{\partial v_x}{\partial x}+({v_y}^2-a^2)\dfrac{\partial v_y}{\partial y}+2v_xv_y\dfrac{\partial v_x}{\partial y}-\delta\dfrac{a^2v_y}{y}=0$
用速度势 ϕ 的二维平面($\delta=0$)和轴对称($\delta=1$)流动	$\left[\left(\dfrac{\partial\phi}{\partial x}\right)^2-a^2\right]\dfrac{\partial^2\phi}{\partial x^2}+\left[\left(\dfrac{\partial\phi}{\partial y}\right)^2-a^2\right]\dfrac{\partial^2\phi}{\partial y^2}+2\dfrac{\partial\phi}{\partial x}\dfrac{\partial\phi}{\partial y}\dfrac{\partial^2\phi}{\partial x\partial y}-\dfrac{\delta a^2}{y}\dfrac{\partial\phi}{\partial y}=0$

对于定常二维流动，可定义一个称为流函数 Ψ 的全微分函数。对二维流动，Ψ 存在的必要条件仅是流动为常数。流函数 Ψ 沿流线有不变的数值，并且在两条流线之间 Ψ 值之差正比于两流线间流体流动的质量流率。对于定常二维流动，Φ 为常数的线与 Ψ 为常数的线是垂直的。

对于定常、无旋、不可压势流，某些比较复杂的势流由几个最简单的势流叠加组成。

习　题

1. 试写出在轴对称坐标系中的加速度、散度、旋度、流线方程、势函数、流函数的表达式，它们与平面流中的有无区别？试总结在这两种坐标系中，哪些表达式有区别，为什么这些表达式有区别？

2. 一细直管水平放置，活塞以 $v=at$ 的速度推动它前面的一段长 l 的液体，液体的自由端压力为零，求液体中距活塞为 x 处的压强。当细直管倾斜 α 角，且自由端压力为 p_a 时，再解此题(见图 3-42)。

3. 装有液体的容器以等角速度 ω 旋转，求液体中任两点压强的表达式和自由液面方程。不计黏性，要考虑重力作用，外界大气压为 p_a(见图 3-43)。

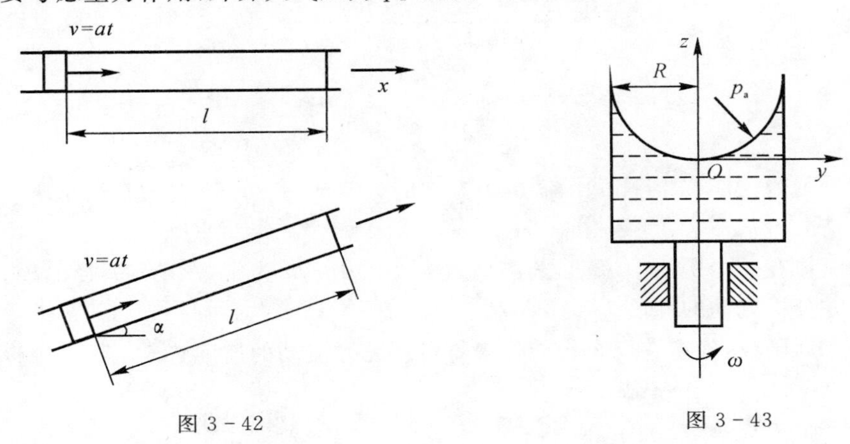

图 3-42　　　　图 3-43

4. 试分析 $\boldsymbol{v}=\left(\dfrac{c}{r},\dfrac{k}{r^2},0\right)$($r$ 为矢径 $\boldsymbol{r}$ 的模，c、k 为常数)可能是什么性质的流场？

5. 试用克罗科定理重新解 3.3 节例 3-6。

6. 设不可压流场中 $v_r=-\dfrac{Q}{2\pi r}$，$v_\theta=-\dfrac{\Gamma}{2\pi r}$，$v_z=0$($Q$、$\Gamma$ 均为常数)。

(1)试画出流线谱，并对该流动进行物理描述。

(2)求流场的压力和温度分布，并对它们进行分析和解释。

7. 设速度场 $\boldsymbol{v}=ax\boldsymbol{i}+(bx+cy)\boldsymbol{j}$，$a$、$b$、$c$ 为常数。在下列两种情况下求 a、b、c 必须满足的条件，以及两种情况下的流线形状：(1)不可压流；(2)不可压无旋流。

8. 在一垂直放置的等截面圆柱体中，液体作 $v_r=0$，$v_\theta=r\omega$ 的无黏运动(ω 为常数)。假设底部突然打开，试以速度、加速度和流线方程，以及简要的文字和图形描述其中液体微团运动的物理状态。又问，此运动的轨线与流线是否重合，为什么？

9. 设流体在半径为 R 的圆柱面上流动，$v_r=0$，$v_\theta=bz$，$v_z=a\theta$(a 和 b 为常数)，试求流线方程。

10. 轴对称流 $\rho=\rho_0 xy$(ρ_0 为常数)，$v_x=x$。设 $y=1$ 处，$v_y=x$。试求 $v_y=$？

11. 设一无限长的轴在一无限长的空心圆柱管中绕同一轴线旋转，半径分别为 R_1、R_2，转速分别为 ω_1、ω_2(常数)，在两圆柱之间不可压流体的速度分布为

$$\frac{(\omega_2 R_2^2-\omega_1 R_1^2)r-R_1^2 R_2^2(\omega_2-\omega_1)/r}{R_2^2-R_1^2}$$

试确定流体中一点处旋度的表达式。若可能，在什么条件下，旋度将为零。

12. 图 3-44 表示一圆柱形箱，水箱通过箱底处有一个形状很好的圆孔流出。试用 A_1、A_2、h_0、g 和 t 表示高度 h 的表达式。假设 $A_1 \gg A_2$。

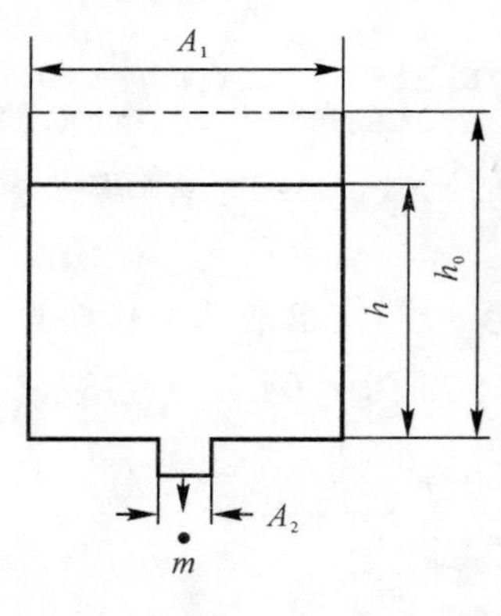

图 3-44

13. 已知一匀熵匀能二维不可压流场，x 方向的分速 $v_x=kxy$（k 是常数），试求 y 方向的分速 v_y 的表达式。

14. 已知流体在一个平面中流动，其势函数为 $\phi=a\ln r$，a 为常数，r 为矢径的模，试对此流动加以描述，并分析流动的性质。

15. 考察下列函数，确定它们是否能代表不可压无黏流动的速度势。

(1) $f=x+y+z$；

(2) $f=x+xy+xyz$；

(3) $f=l_0x$。

16. 流函数 $\Psi=U_\infty(R^2/r-r)\sin\theta$ 代表无限长圆柱体的不可压无黏流动，其中 R 为圆柱半径，U_∞ 为自由流速度，而 θ 从圆柱前锋滞止点按顺时针方向度量。试确定 v_r 和 v_θ，以及势函数 ϕ 的表达式。

17. 试推导自由涡流函数的表达式。

18. 设有一不可压平面流动，在(-2,0)处有一点源，源流量为 $q=2\pi\ \mathrm{m^2/s}$，在(2,0)处有一点汇，汇流量为 $q=2\pi\ \mathrm{m^2/s}$，以及有一自左向右的匀直流，流速为 $v_0=4\ \mathrm{m/s}$，试描述三者叠合而成的流动情景。

19. 已知桥墩宽 1.8 m，水深 3 m，水趋近桥墩时的流速为 1.2 m/s。试求桥墩的半圆柱头部所受的水冲击力。

20. 设平面上有一匀直流和点涡，如不可压流场的滞止温度为 T，试求点 A 处的静温。

21. 在一自由涡的中心上还有一点汇，试求该流场中的流线方程。

第4章　黏性流体动力学基础

4.1 运算符号

$\nabla \cdot \boldsymbol{v}=\frac{\partial v_x}{\partial x}+\frac{\partial v_y}{\partial y}+\frac{\partial v_z}{\partial z}$

$\nabla \times \boldsymbol{v}=\left(\frac{\partial v_z}{\partial y}-\frac{\partial v_y}{\partial z}\right)\boldsymbol{i}+\left(\frac{\partial v_x}{\partial z}-\frac{\partial v_z}{\partial x}\right)\boldsymbol{j}+\left(\frac{\partial v_y}{\partial x}-\frac{\partial v_x}{\partial y}\right)\boldsymbol{k}$

$\frac{\mathrm{D}()}{\mathrm{D}t}$：实质导数，即跟踪流体微团运动的导数

$\frac{\partial}{\partial()}$：对()的偏微分

$(\boldsymbol{v}\cdot\nabla)\boldsymbol{v}=\nabla\left(\frac{v^2}{2}\right)-\boldsymbol{v}\times(\nabla\times\boldsymbol{v})$

$\nabla\cdot(\rho\boldsymbol{v})=(\boldsymbol{v}\cdot\nabla)\rho+\rho\nabla\cdot\boldsymbol{v}$

$$\tau_{ij}=\begin{bmatrix}\tau_{xx} & \tau_{yx} & \tau_{zx}\\ \tau_{xy} & \tau_{yy} & \tau_{zy}\\ \tau_{xz} & \tau_{yz} & \tau_{zz}\end{bmatrix}$$

$\sigma_{ij}=\tau_{ij}-p\,\delta_{ij}$

$$\sigma_{ij}=\begin{bmatrix}\tau_{xx} & \tau_{yx} & \tau_{zx}\\ \tau_{xy} & \tau_{yy} & \tau_{zy}\\ \tau_{xz} & \tau_{yz} & \tau_{zz}\end{bmatrix}+\begin{bmatrix}-p & 0 & 0\\ 0 & -p & 0\\ 0 & 0 & -p\end{bmatrix}$$

x、y、z：笛卡儿坐标

4.2 引　　言

第3章介绍了可压缩定常多维绝热无黏流动的一般特征，并讨论了描述多维流动的重要方法和重要定理。

黏性是流体的重要属性，在自然界和工程领域的真实流动都是具有黏性的流动。前面几章所讨论的无黏流动只是某种情况下真实流动的近似模型，本章将开展黏性流动的讨论。首先，针对层流流动，引入流体黏性的概念，通过对黏性流体微元表面受力分析得到应力张量。然后，在上述基础之上，建立流体的本构方程，即应力张量和速度变形张量间的关系。最后，建

立黏性流体的控制方程。无论是无黏流动还是黏性流动，根据质量守恒建立的连续性方程都是一致的，黏性主要影响动量方程和能量方程。因此，本章将着重介绍根据牛顿第二定律和热力学第一定律所建立的黏性流动的动量方程和能量方程。

4.3 流体的输运性质

流体由非平衡状态转向平衡状态时，流体物理量的传递性质称为流体的输运性质。当两流体层之间存在速度差时，通过动量传递，速度差就会减小而使速度趋向均匀；若流体各部分之间存在温度差，则通过能量传递过程，使得温度差减小而使温度趋向均匀。流体内部通过这种自发过程达到新的平衡状态。

流体的输运性质主要体现在动量输运、能量输运和质量输运。从宏观上看，它们分别表现为流体的黏性、导热性和扩散性。

4.3.1 流体的黏性

在引入流体黏性的概念前，有必要回顾材料力学中关于弹性固体变形的概念，以便加深对流体黏性的理解。针对弹性固体，在材料力学中，弹性固体的变形阻抗是弹性模量，其中对于剪切变形，存在剪切模量为

$$\text{剪切模量}=\frac{\text{剪应力}}{\text{剪应变}} \tag{4.3.1}$$

由式(4.3.1)知，弹性固体的剪切模量可以表示为固体剪应力与剪应变之比。对于流体而言，也存在着相似的关系式，可以表示为层流中剪应力同流体某一性质的关系，即

$$\text{黏度}=\frac{\text{剪应力}}{\text{剪应变率}} \tag{4.3.2}$$

如果流体中各流层的流速不相等，那么在相邻的两流体层之间的接触面上，就会形成一对等值而反向的摩擦力(或黏性阻力)来阻碍两流体层做相对运动。流体质点具有抵抗其质点做相对运动的性质，称为流体的黏性。因此，黏性是流体的一个物性参数，它与流体的温度、组分、压力有关，而与应变率无关。

图 4-1 所示为一块平板安装在风洞的试验段中，气流沿平板板面流动，测出沿板面法线方向的气流速度分布。由图可以看出，沿平板的法向方向在离开平板上方较远的地方，其流速与外部气流速度V_0基本相同，而越靠近平板，速度越小。到板面上，流体黏附在板面上流速为零。上述流速分布说明，每一运动较慢的流体层，都是在运动较快的流体层的带动下运动的，同时运动快的流体层也受到运动较慢的流体层的阻碍，使其流速减小。这样一层一层影响下去，就有相当多层的流体，在黏性的作用下受到阻滞而减小了流速。结果就形成了图 4-1 所示的速度分布。平板上气流速度出现上述分布情况，正是由于气体黏性作用的结果。

黏性阻力产生的物理原因是由于分子间的吸引力和分子不规则运动的动量交换引起的。一方面，当相邻流体层具有相对速度时，快层分子产生的吸引力拖动慢层，而慢层分子产生的吸引力阻滞快层，因此产生了两流体之间吸引力所形成的阻力。另一方面，由于分子不规则运动时，各流体层之间互有分子迁移和掺混，快层分子进入慢层时，给慢层传递动量，使慢层加速；反之，慢层分子迁移到快层时，给快层传递动量而使快层减速。因此产生了分子不规则运

动的动量交换所形成的阻力。综上所述，流体黏性现象就是动量输运的结果。

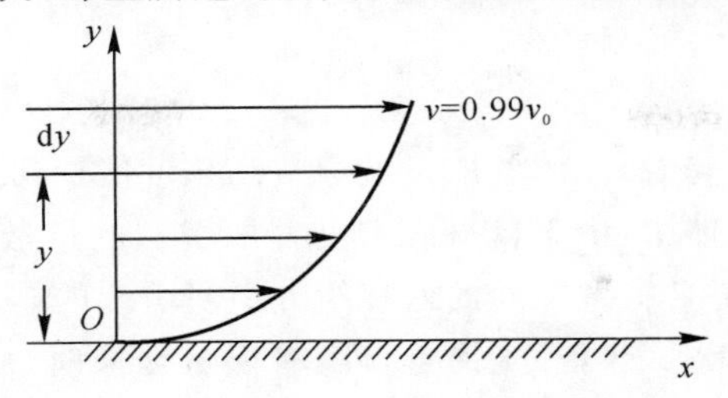

图 4-1　绕平板的平面流动

黏性阻力即为流体的内摩擦力，可根据牛顿内摩擦定律确定。该定律由实验得出，其数学表达式为

$$F=\mu A\frac{\mathrm{d}v}{\mathrm{d}y} \tag{4.3.3}$$

式中：F 是做相对运动两流体层之间接触面上的内摩擦力(N)；A 是接触面积；$\mathrm{d}v/\mathrm{d}y$ 是沿接触面外法线方向的速度梯度；μ 是动力黏度(Pa・s)。

单位面积上的内摩擦力为

$$\tau=\frac{F}{A}=\mu\frac{\mathrm{d}v}{\mathrm{d}y} \tag{4.3.4}$$

在流体力学中，黏度 μ 经常与流体密度 ρ 结合在一起，以 μ/ρ 的形式出现。因此将该比值定义为运动黏度，并用 ν 来表示，其单位为 $\mathrm{m^2/s}$，即

$$\nu=\frac{\mu}{\rho} \tag{4.3.5}$$

流体动力黏性系数 μ 随温度和压力而变化，但是压力的影响甚微。对于液体，它随温度升高而减小，对于气体则随温度升高而增大。

对于各种气体的黏性系数可以近似采用下列公式来计算：

$$\frac{\mu}{\mu_0}\approx\left(\frac{T}{T_0}\right)^n \tag{4.3.6}$$

式中：$T_0=273.16\ \mathrm{K}$；μ_0 为一个大气压下 0℃时气体的动力黏性系数；n 是温度系数。

萨瑟兰给出了更准确的公式：

$$\frac{\mu}{\mu_0}\approx\left(\frac{T}{T_0}\right)^{1.5}\left(\frac{T_0+T_s}{T+T_s}\right) \tag{4.3.7}$$

式中：T_s 为萨瑟兰常数，与气体性质有关，对空气 $T_s=110.6\ \mathrm{K}$。

4.3.2　流体的导热性

当流体中沿着某个方向存在着温度梯度时，热量就会从温度高的地方传向温度低的地方，这种热量传递的性质称为流体的导热性。温度梯度与热流量的关系遵循傅里叶定律：

$$q=-\lambda\nabla T \tag{4.3.8}$$

式中：q 是热流矢量，单位为 $\mathrm{W/m^2}$；∇T 是温度梯度；λ 为热传导系数，国际制单位为 W/m・K。负号表示热量的传递方向与温度梯度方向相反。

气体的热传导与内摩擦有关，从微观来看，二者都是源自于分子的热运动。由于分子的热运动，两流体层之间有动量交换产生内摩擦力；两流体层之间有能量传递而产生热传导。故气

体的热传导系数 λ 和黏度 μ 具有内在的联系。

4.3.3 流体的扩散性

当流体的密度分布不均匀时，流体的质量就会从高密度区迁移到低密度区，流体的这种现象称为扩散性。在单组份流体中，由于自身的密度差所引起的扩散称为自扩散。对于两种组分的混合介质，由于各组分各自密度之间的差在组分中所引起的扩散称为交互扩散。

当流体分子进行动量、能量（热能）交换且伴随有质量交换时，质量输运的机理与动量、热能的输运机理相同。对于由双组分 A、B 所组成的混合物系统，各组分均由其各自的高密度区向低密度区扩散。假设仅考虑组分 A 在组分 B 中的扩散，则组分 A 的扩散率与其密度梯度和截面积成正比，单位时间单位面积的质量流量与密度梯度成正比，即

$$w_{\mathrm{AB}}=-D\frac{\mathrm{d}\rho_{\mathrm{A}}}{\mathrm{d}y} \tag{4.3.9}$$

式中：w_{AB} 为每单位面积质量流率；D 是扩散系数，单位为 m^2/s，它的大小取决于压强、温度和混合物的成分。式(4.3.9)就是著名的菲克第一扩散定律。

4.4 流体表面应力

为了建立流体动力学方程，需要对流体微元体进行受力分析。微元体受到两种不同性质的力：质量力和表面力。质量力是某种力场作用在全部流体质点上的力，其大小和流体的质量成正比，如重力、离心力、电磁力等。表面力是作用于流体微元体表面上的力，分为切向力和法向力，如压力 p 和黏性应力 τ。

1. 流体微团表面受力分析

在 4.3 节中，从一维层流出发，对黏性阻力进行了分析。现在考虑多维情况，在空间中取一个微元体开展分析。

首先，对微元体表面力进行受力分析。取如图 4-2 所示的微元体，规定微元体垂直于 x 轴的面计为 x 平面，并以 x 平面上的受力分析为例进行说明。如图 4-2 所示，x 平面上的表面力包括了黏性力 $\boldsymbol{\tau}_x$ 和压力 p。其中，黏性力 $\boldsymbol{\tau}_x$ 是矢量，可以将它沿三个坐标轴方向分解为三个矢量，记为 $\boldsymbol{\tau}_{xx}$、$\boldsymbol{\tau}_{xy}$、$\boldsymbol{\tau}_{xz}$，其中角标的第一个字母表示黏性力所在的平面，第二个字母表示分量的方向。除了黏性力 $\boldsymbol{\tau}_x$ 以外，x 平面上还受到压力的作用。压力方向垂直于 x 轴平面，且指向流体内侧，因此 x 平面上的压力为沿 x 轴负向。下面分别确定黏性力 $\boldsymbol{\tau}_x$ 和压力 p。

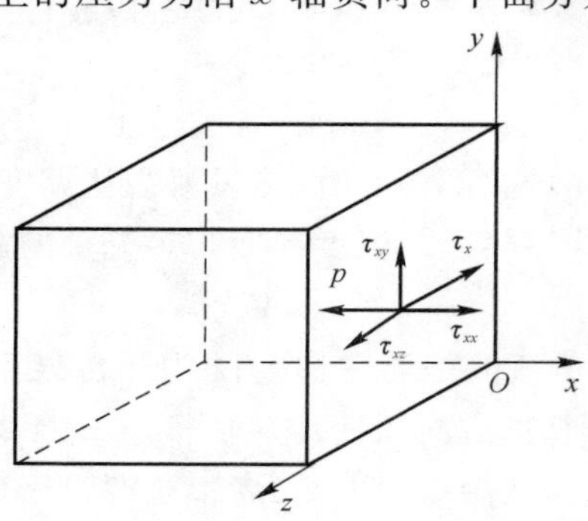

图 4-2 微元体表面力分析示意图

2. 表面应力确定

从流体中取一个正六面微元体作为模型来分析黏性应力，如图 4-3 所示。在垂直于 x 轴的两个外表面上，分别有合力 $\boldsymbol{\tau}_x$、$\boldsymbol{\tau}_x+\frac{\partial \boldsymbol{\tau}_x}{\partial x}\mathrm{d}x$（下标 x 表示应力向量作用在与 x 轴垂直的微元面上）。由此可得到作用在垂直于 x 轴微元面上的表面力的合力为$\frac{\partial \boldsymbol{\tau}_x}{\partial x}\mathrm{d}x\mathrm{d}y\mathrm{d}z$。同理可得作用在垂直于 y 轴和 z 轴的微元面上的表面力的合力为$\frac{\partial \boldsymbol{\tau}_y}{\partial y}\mathrm{d}x\mathrm{d}y\mathrm{d}z$、$\frac{\partial \boldsymbol{\tau}_z}{\partial z}\mathrm{d}x\mathrm{d}y\mathrm{d}z$。于是，单位容积的表面力为

$$\boldsymbol{\tau}=\left(\frac{\partial \boldsymbol{\tau}_x}{\partial x}\mathrm{d}x\mathrm{d}y\mathrm{d}z+\frac{\partial \boldsymbol{\tau}_y}{\partial y}\mathrm{d}x\mathrm{d}y\mathrm{d}z+\frac{\partial \boldsymbol{\tau}_z}{\partial z}\mathrm{d}x\mathrm{d}y\mathrm{d}z\right)/(\mathrm{d}x\mathrm{d}y\mathrm{d}z)=\frac{\partial \boldsymbol{\tau}_x}{\partial x}+\frac{\partial \boldsymbol{\tau}_y}{\partial y}+\frac{\partial \boldsymbol{\tau}_z}{\partial z} \tag{4.4.1}$$

式中：$\boldsymbol{\tau}_x$、$\boldsymbol{\tau}_y$、$\boldsymbol{\tau}_z$ 是矢量，还可以把它们沿三个坐标方向分解，即分解成法向应力和切应力。图4-3 中作用于与 x 轴垂直的微元面的应力 $\boldsymbol{\tau}_x$ 可分解为

$$\boldsymbol{\tau}_x=\tau_{xx}\boldsymbol{i}+\tau_{xy}\boldsymbol{j}+\tau_{xz}\boldsymbol{k} \tag{4.4.2a}$$

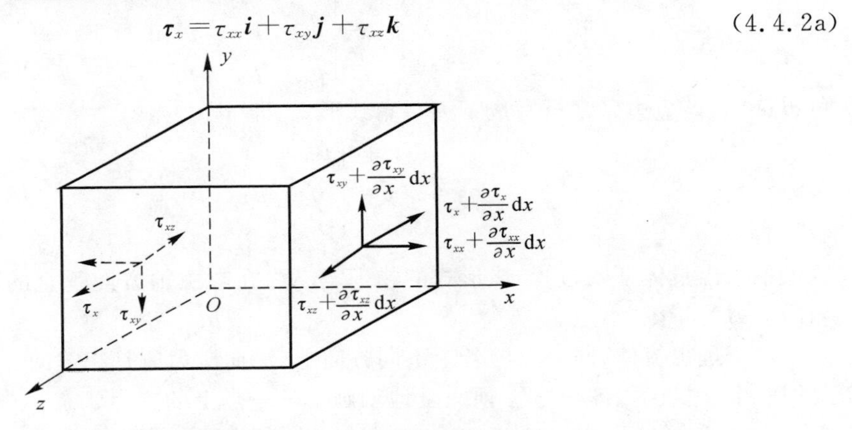

图 4-3　微元体的黏性应力分析示意图

同理有

$$\boldsymbol{\tau}_y=\tau_{yx}\boldsymbol{i}+\tau_{yy}\boldsymbol{j}+\tau_{yz}\boldsymbol{k} \tag{4.4.2b}$$

$$\boldsymbol{\tau}_z=\tau_{zx}\boldsymbol{i}+\tau_{zy}\boldsymbol{j}+\tau_{zz}\boldsymbol{k} \tag{4.4.2c}$$

对式(4.4.2a)～式(4.4.2c)进行整理，可得

$$\begin{cases}\boldsymbol{\tau}_x=\tau_{xx}\boldsymbol{i}+\tau_{xy}\boldsymbol{j}+\tau_{xz}\boldsymbol{k}\\ \boldsymbol{\tau}_y=\tau_{yx}\boldsymbol{i}+\tau_{yy}\boldsymbol{j}+\tau_{yz}\boldsymbol{k}\\ \boldsymbol{\tau}_z=\tau_{zx}\boldsymbol{i}+\tau_{zy}\boldsymbol{j}+\tau_{zz}\boldsymbol{k}\end{cases}$$

用矩阵表示为

$$\begin{bmatrix}\boldsymbol{\tau}_x\\ \boldsymbol{\tau}_y\\ \boldsymbol{\tau}_z\end{bmatrix}=\begin{bmatrix}\tau_{xx} & \tau_{yx} & \tau_{zx}\\ \tau_{xy} & \tau_{yy} & \tau_{zy}\\ \tau_{xz} & \tau_{yz} & \tau_{zz}\end{bmatrix}\begin{bmatrix}\boldsymbol{i}\\ \boldsymbol{j}\\ \boldsymbol{k}\end{bmatrix}$$

上述表达式左边为矢量，右边第一项为系数矩阵，右边第二项为单位矢量，各项表达式如下：

$$\boldsymbol{\tau}=\begin{bmatrix}\boldsymbol{\tau}_x\\ \boldsymbol{\tau}_y\\ \boldsymbol{\tau}_z\end{bmatrix},\quad \boldsymbol{\tau}_{ij}=\begin{bmatrix}\tau_{xx} & \tau_{yx} & \tau_{zx}\\ \tau_{xy} & \tau_{yy} & \tau_{zy}\\ \tau_{xz} & \tau_{yz} & \tau_{zz}\end{bmatrix},\quad \boldsymbol{e}=\begin{bmatrix}\boldsymbol{i}\\ \boldsymbol{j}\\ \boldsymbol{k}\end{bmatrix}$$

由上述关系可以看出，单位容积上的表面力 $\boldsymbol{\tau}$ 含有三个方向上的分量，即 $\boldsymbol{\tau}_x$、$\boldsymbol{\tau}_y$、$\boldsymbol{\tau}_z$，每个分量都是矢量。因此，确定单位容积上表面力的本质是求这个面上三个力的合力，而求合力的关键就是确定上述关系式中的系数矩阵。为了表述方便，用 $\boldsymbol{\tau}_{ij}$ 来代替系数矩阵，$\boldsymbol{\tau}_{ij}$ 又称为应力张量，即

$$\boldsymbol{\tau}_{ij}=\begin{bmatrix}\tau_{xx} & \tau_{yx} & \tau_{zx}\\ \tau_{xy} & \tau_{yy} & \tau_{zy}\\ \tau_{xz} & \tau_{yz} & \tau_{zz}\end{bmatrix} \tag{4.4.3}$$

黏性应力张量是二阶对称张量。

3. *表面压力确定*

表面力除了黏性应力 $\boldsymbol{\tau}$ 以外，还受到压力作用。与应力张量类似，压力也有在垂直于三个坐标轴的面上的分力，在每个面上的分力可以分解为三个分量，因此，也能写成压力的应力张量：

$$\boldsymbol{p}_{ij}=\begin{bmatrix}p_{xx} & p_{yx} & p_{zx}\\ p_{xy} & p_{yy} & p_{zy}\\ p_{xz} & p_{yz} & p_{zz}\end{bmatrix} \tag{4.4.4}$$

可以证明，该应力张量可写成下列对角线形式，即

$$\boldsymbol{p}=\begin{bmatrix}p'_{xx} & 0 & 0\\ 0 & p'_{yy} & 0\\ 0 & 0 & p'_{zz}\end{bmatrix} \tag{4.4.5}$$

这里不给出具体证明过程，该形式的物理意义为在与主轴方向垂直的平面上，只有法向应力，切向应力等于零。

对于理想流体，同一点的各个不同方向上，法向应力应是相等的。因此，在理想流体中，只要用一个标量函数即压力 p 便完全地刻画了任一点上的应力状态，此时应力张量变为

$$\boldsymbol{p}=\begin{bmatrix}-p & 0 & 0\\ 0 & -p & 0\\ 0 & 0 & -p\end{bmatrix} \quad 即 \quad \boldsymbol{p}=-p\boldsymbol{\delta}_{ij} \tag{4.4.6}$$

其中，取 $-p$ 的原因是强调压力与作用面的法向方向恰好相反。

4. *表面力确定*

用 σ 表示单位微元体的应力，综合上面的讨论结果，单位容积微元体的应力为 $\boldsymbol{\sigma}_{ij}=\boldsymbol{\tau}_{ij}-p\boldsymbol{\delta}_{ij}$，即

$$\boldsymbol{\sigma}_{ij}=\begin{bmatrix}\tau_{xx} & \tau_{yx} & \tau_{zx}\\ \tau_{xy} & \tau_{yy} & \tau_{zy}\\ \tau_{xz} & \tau_{yz} & \tau_{zz}\end{bmatrix}+\begin{bmatrix}-p & 0 & 0\\ 0 & -p & 0\\ 0 & 0 & -p\end{bmatrix}=\begin{bmatrix}\tau_{xx}-p & \tau_{yx} & \tau_{zx}\\ \tau_{xy} & \tau_{yy}-p & \tau_{zy}\\ \tau_{xz} & \tau_{yz} & \tau_{zz}-p\end{bmatrix} \tag{4.4.7}$$

4.5 本 构 方 程

4.4 节讨论了流体表面应力，那么如何获得流体表面应力就成为最关心的问题。物体的应力与运动学参数之间存在着一定的关系。对于大多数流体，如空气和水，应力与应变变化率成正比，服从这种关系的流体称为牛顿流体。把应力张量 $\boldsymbol{\sigma}_{ij}$ 和变形速率张量 $\boldsymbol{\varepsilon}_{ij}$ 联系起来的方程称为本构方程。黏性流体作直线层状运动时，切应力与层间速度梯度成正比，即

$$\tau_{yx}=\mu\frac{\mathrm{d}v_x}{\mathrm{d}y} \tag{4.5.1}$$

因为在这种层状运动中，$\frac{\partial v_y}{\partial x}=0$，所以此式右端的速度梯度实为应变变化率张量分量 ε_{yx} 的二倍，所以上式又可以写为

$$\tau_{yx}=\mu\frac{\mathrm{d}v_x}{\mathrm{d}y}=2\mu\varepsilon_{yx} \tag{4.5.2}$$

斯托克斯提出了在牛顿流体中应力张量和变形速率张量之间一般关系的三项假定：

(1)流体是连续的，它的应力张量是应变变化率张量的线性函数；

(2)流体是各向同性的，也就是说流体的物理性质与方向无关，只是坐标位置的函数；

(3)所建立的方程不仅应适合运动的情况，也适合于静止的情况。

在静止状态时，黏性切应力 τ_{ij} 应等于零；而由流体静力学可知，这时流体内任一点受到的压力与方向无关，此时流体的应力张量为

$$\boldsymbol{\sigma}_{ij}=-p\,\boldsymbol{\delta}_{ij} \tag{4.5.3}$$

根据第一条假设，并考虑式(4.5.2)，最简单的想法便是假设存在如下应力-应变关系：

$$\boldsymbol{\sigma}_{ij}=2\mu\,\boldsymbol{\varepsilon}_{ij}$$

这一关系式对于切应力的表示是符合牛顿黏性应力公式的，但违背了第三条假设的要求。当静止时，主对角线上的三个应变变化率 ε_x、ε_y、ε_z 均为零，因而按上式推知，σ_{xx}、σ_{yy}、σ_{zz} 也都应为零，这显然与式(4.5.3)矛盾。假设应力-应变的关系为

$$\boldsymbol{\sigma}_{ij}=2\mu\,\boldsymbol{\varepsilon}_{ij}+b\,\boldsymbol{\delta}_{ij} \tag{4.5.4}$$

根据第二条假设，所寻求的关系与坐标选择无关，由张量理论可知，二阶张量中主对角线上三个分量之和是不变量，故假设

$$b=b_1(\sigma_{xx}+\sigma_{yy}+\sigma_{zz})+b_2(\varepsilon_x+\varepsilon_y+\varepsilon_z)+b_3 \tag{4.5.5}$$

将式(4.5.5)代入式(4.5.4)，并取等式两边主对角线上三个分量之和，然后归并同类项后可得

$$(1-3b_1)(\sigma_{xx}+\sigma_{yy}+\sigma_{zz})=(2\mu+3b_2)(\varepsilon_x+\varepsilon_y+\varepsilon_z)+3b_3 \tag{4.5.6}$$

静止时，有

$$\sigma_{xx}=\sigma_{yy}=\sigma_{zz}=-p,\ \varepsilon_x=\varepsilon_y=\varepsilon_z=0$$

于是上式变为

$$-(1-3b_1)p=b_3 \tag{4.5.7}$$

常数 b_1、b_3 有两种选择方法可使此式成立且不再包含任何待定系数：

第一种：$b_1=0,b_3=-p$　　(4.5.8)

第二种：$b_1=\frac{1}{3},b_3=0$　　(4.5.9)

在后面将会看出，第一种选择可包含更广的情况，在进一步的假设条件下可得出第二种选择的结果。若定义

$$\bar{p}=-\frac{\sigma_{xx}+\sigma_{yy}+\sigma_{zz}}{3} \tag{4.5.10}$$

表示运动状态下某点的平均压强，将第一种假设代入式(4.5.6)中，并用 λ 代替 b_2，则可得

$$\bar{p}=p-\left(\lambda+\frac{2}{3}\mu\right)\mathrm{div}\boldsymbol{v} \tag{4.5.11}$$

如果将 p 理解为热力学参数的压强，则由此式可看出，一般情况下，运动时的平均压强 $\bar{p}$ 并不等于热力学压强 p。

因为系数 λ 和 μ 有相同的量纲，且与体积膨胀率 div$\boldsymbol{v}$ 有关，所以称为体积黏性系数或者第二黏性系数。

为了消除 $\bar{p}\neq p$ 的情况，斯托克斯假设

$$\lambda=-\frac{2}{3}\mu \tag{4.5.12}$$

将式(4.5.6)、式(4.5.8)和式(4.5.12)代入式(4.5.4)，可得

$$\boldsymbol{\sigma}_{ij}=2\mu\boldsymbol{\varepsilon}_{ij}-\frac{2}{3}\mu\mathrm{div}\boldsymbol{v}\boldsymbol{\delta}_{ij}-p\boldsymbol{\delta}_{ij} \tag{4.5.13}$$

式(4.5.13)可展开为

$$\boldsymbol{\sigma}_{ij}=\begin{cases}\mu\left(\dfrac{\partial v_i}{\partial x_j}+\dfrac{\partial v_j}{\partial x_i}\right) & (i\neq j)\\ 2\mu\dfrac{\partial v_i}{\partial x_j}-\dfrac{2}{3}\mu\mathrm{div}\boldsymbol{v}-p & (i=j)\end{cases} \tag{4.5.14}$$

已知

$$\left.\begin{aligned}\sigma_{xx}&=\tau_{xx}-p\\ \sigma_{yy}&=\tau_{yy}-p\\ \sigma_{zz}&=\tau_{zz}-p\end{aligned}\right\} \tag{4.5.15}$$

结合式(4.5.15)和式(4.5.14)，可得

$$\left.\begin{aligned}\tau_{xx}&=2\mu\frac{\partial v_x}{\partial x}-\frac{2}{3}\mu(\boldsymbol{\nabla}\cdot\boldsymbol{v})\\ \tau_{yy}&=2\mu\frac{\partial v_y}{\partial y}-\frac{2}{3}\mu(\boldsymbol{\nabla}\cdot\boldsymbol{v})\\ \tau_{zz}&=2\mu\frac{\partial v_z}{\partial z}-\frac{2}{3}\mu(\boldsymbol{\nabla}\cdot\boldsymbol{v})\\ \tau_{xy}&=\tau_{yx}=\mu\left(\frac{\partial v_y}{\partial x}+\frac{\partial v_x}{\partial y}\right)\\ \tau_{yz}&=\tau_{yz}=\mu\left(\frac{\partial v_z}{\partial y}+\frac{\partial v_y}{\partial z}\right)\\ \tau_{zx}&=\tau_{xz}=\mu\left(\frac{\partial v_x}{\partial z}+\frac{\partial v_z}{\partial x}\right)\end{aligned}\right\} \tag{4.5.16}$$

4.6 黏性流动动量方程的推导

动量方程是动量守恒定律对于黏性流体运动规律的数学描述，可以由牛顿第二定律推导出。

牛顿第二定律：

$$\boldsymbol{F}=m\cdot\boldsymbol{a}$$

将牛顿第二定律应用在图 4-4 所示的运动流体微团，则有作用于微团上力的总和等于微团的质量与微团运动时加速度的乘积。这是一个矢量关系式，可以沿 x、y、z 轴分解成三个标

量的关系式。下面,以 x 方向动量方程为例,建立动量方程。

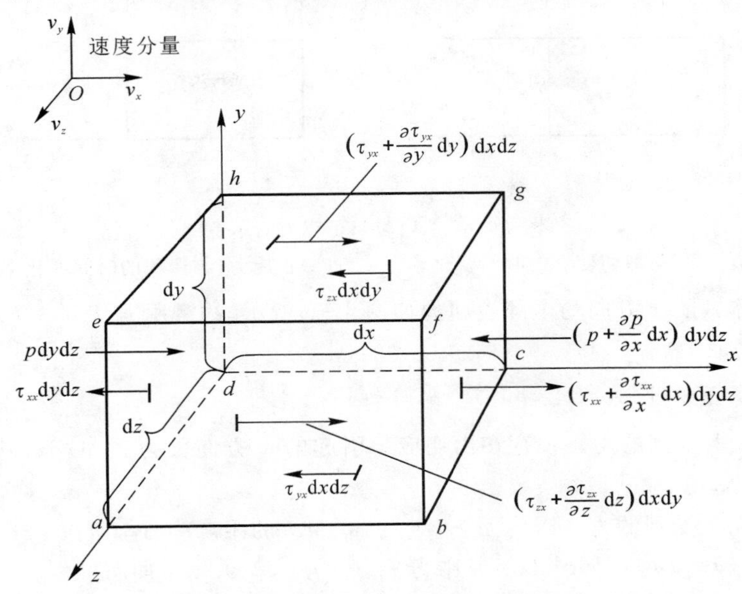

图 4－4　运动的无穷小微团模型

(图中只画出了 x 方向的力,用于推导 x 方向动量方程)

先仅考虑 x 方向的动量分量,牛顿第二定律具有如下形式:

$$F_x = ma_x \tag{4.6.1}$$

其中:F_x 和 a_x 分别是微团所受力(分力)和加速度在 x 方向的分量。

1. 力分析

考虑式(4.6.1)的左边,是运动的流体微团受到的 x 方向的力,这个力有以下两个来源:

(1)体积力。直接作用于流体微团整个体积微元上的力,而且作用是超距离的,如重力、电场力、磁场力。

(2)表面力。直接作用于流体微团的表面上的力,只考虑以下两种形式的力:

1)由包围在流体微团周围的流体所施加的,作用于微团表面的压力分布;

2)由于外部流体推拉微团而产生的,以摩擦的方式作用于表面的切应力和正应力分布。

(1)体积力表达式。将作用在单位质量流体微团上的体积力记作 $\boldsymbol{f}$,其 x 方向分量记作 f_x。流体微团的体积为 $dxdydz$,因此

$$\text{作用在流体微团上的体积力的 } x \text{ 方向分量} = \rho f_x(dxdydz) \tag{4.6.2}$$

(2)表面力表达式。体微团的切应力和正应力与流体微团变形的时间变化率相关联,图4－5给出了 xy 平面内的情形。

1)切应力。在图 4－5(a)中用 τ_{xy} 表示,与流体微团剪切变形的时间变化率有关;

2)正应力。在图 4－5(b)中用 τ_{xx} 表示,与流体微团体积的时间变化率有关。

不论是切应力还是正应力,都依赖于流动的速度梯度,后面将对它们进行分析。在大多数黏性流动中,正应力(如 τ_{xx})要比切应力小得多,很多情形下可以忽略。然而,当法向速度梯度很大时(如在激波内部),正应力(x 方向就是 τ_{xx})就变得重要。

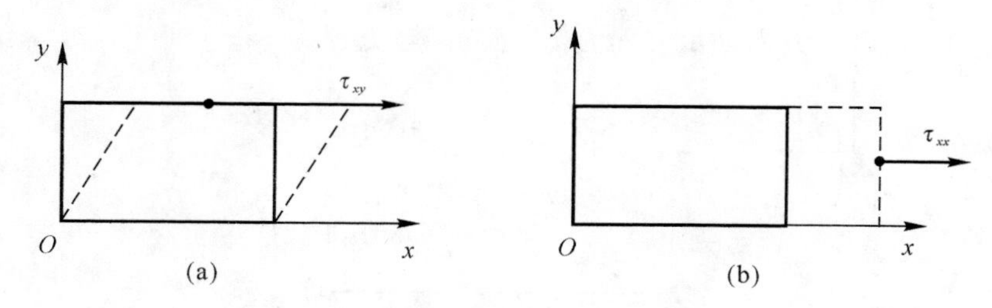

图 4-5 切应力与正应力的示意图

(a)切应力(与剪切变形的时间变化率有关);(b)正应力(与体积的时间变化率有关)

施加在流体微团 x 方向的全部表面力如图 4-5 所示,约定用 τ_{ij} 表示 j 方向的应力作用在垂直于 i 轴的平面上。

2.微元体受力分析(见图 4-4)

(1)面 $abcd$ 上受到的力。仅存在由切应力引起的 x 方向分力 $\tau_{yx}\mathrm{d}x\mathrm{d}z$,其中 τ_{yx} 是向左的(与 x 轴方向相反)。

(2)面 $efgh$ 上受到的力。因为面 $efgh$ 与面 $abcd$ 的距离为 $\mathrm{d}y$,所以 $efgh$ 面上 x 方向的切应力为$[\tau_{yx}+(\partial\tau_{yx}/\partial y)\mathrm{d}y]\mathrm{d}x\mathrm{d}z$。其中力 $\tau_{yx}+(\partial\tau_{yx}/\partial y)\mathrm{d}y$ 是向右的(与 x 轴方向相同)。

(3)面 $abfe$ 上的力。仅存在沿 x 轴正向的切应力$[\tau_{zx}+(\partial\tau_{zx}/\partial z)\mathrm{d}z]\mathrm{d}x\mathrm{d}y$。

(4)面 $dcgh$ 上的力。仅存在沿 x 轴负方向的切应力 $\tau_{zx}\mathrm{d}x\mathrm{d}y$。

(5)面 $adhe$ 上的力。存在沿 x 轴正向的压力 $p\mathrm{d}x\mathrm{d}z$,同时存在沿 x 轴负向的应力 $\tau_{xx}\mathrm{d}y\mathrm{d}z$。

(6)面 $bcgf$ 上的力。存在压力$[p+(\partial p/\partial x)\mathrm{d}x]\mathrm{d}y\mathrm{d}z$,方向沿 x 轴负方向。存在正应力$[\tau_{xx}+(\partial\tau_{xx}/\partial x)\mathrm{d}x]\mathrm{d}y\mathrm{d}z$,沿 x 轴正向。

(7)合力。对运动的流体微团,将以上各分力叠加,可以得到 x 方向总的表面力合力,将在下面详细讨论。

3.x 方向总的表面力

$$x\text{ 方向总的表面力}=\left[p-\left(p+\frac{\partial p}{\partial x}\right)\right]\mathrm{d}y\mathrm{d}z+\left[\left(\tau_{xx}+\frac{\partial\tau_{xx}}{\partial x}\mathrm{d}x\right)-\tau_{xx}\right]\mathrm{d}y\mathrm{d}z+\left[\left(\tau_{yx}+\frac{\partial\tau_{yx}}{\partial y}\mathrm{d}y\right)-\tau_{yx}\right]\mathrm{d}x\mathrm{d}z+\left[\left(\tau_{zx}+\frac{\partial\tau_{zx}}{\partial z}\mathrm{d}z\right)-\tau_{zx}\right]\mathrm{d}x\mathrm{d}y \tag{4.6.3}$$

x 方向总的力 F_x,可以由式(4.6.2)和式(4.6.3)相加得到,消去相同的项,得

$$F_x=\left(-\frac{\partial p}{\partial x}+\frac{\partial\tau_{xx}}{\partial x}+\frac{\partial\tau_{yx}}{\partial y}+\frac{\partial\tau_{zx}}{\partial z}\right)\mathrm{d}x\mathrm{d}y\mathrm{d}z+\rho f_x\mathrm{d}x\mathrm{d}y\mathrm{d}z \tag{4.6.4}$$

式(4.6.4)给出了式(4.6.1)的左边。

现在考虑方程(4.6.1)的右边。运动的流体微团,其质量是固定不变的,等于

$$m=\rho\mathrm{d}x\mathrm{d}y\mathrm{d}z \tag{4.6.5}$$

流体微团的加速度是速度的时间变化率,则加速度的 x 方向分量 a_x 应等于 V_x 的时间变化率。但由于考虑运动的流体微团,因此这个时间变化率是由物质导数给出的,即

$$a_x=\frac{\mathrm{D}v_x}{\mathrm{D}t} \tag{4.6.6}$$

将式(4.6.1)与式(4.6.4)、式(4.6.6)综合起来,可得

$$\rho\frac{\mathrm{D}v_x}{\mathrm{D}t}=-\frac{\partial p}{\partial x}+\frac{\partial\tau_{xx}}{\partial x}+\frac{\partial\tau_{yx}}{\partial y}+\frac{\partial\tau_{zx}}{\partial z}+\rho f_x \tag{4.6.7a}$$

这就是黏性流 x 方向的动量方程。

用同样的办法,可得到 y 方向和 z 方向的动量方程为

$$\rho\frac{\mathrm{D}v_y}{\mathrm{D}t}=-\frac{\partial p}{\partial y}+\frac{\partial\tau_{xy}}{\partial x}+\frac{\partial\tau_{yy}}{\partial y}+\frac{\partial\tau_{zy}}{\partial z}+\rho f_y \tag{4.6.7b}$$

$$\rho\frac{\mathrm{D}v_z}{\mathrm{D}t}=-\frac{\partial p}{\partial z}+\frac{\partial\tau_{xz}}{\partial x}+\frac{\partial\tau_{yz}}{\partial y}+\frac{\partial\tau_{zz}}{\partial z}+\rho f_z \tag{4.6.7c}$$

式(4.6.7a)～式(4.6.7c)分别是 x、y、z 方向的动量方程。注意到,它们都是偏微分方程,是通过将基本的物理学原理应用于无穷小流体微团直接得到的。同时,由于流体微团是运动的,所以式(4.6.7a)～式(4.6.7c)是非守恒形式的。它们都是标量方程,统称为纳维-斯托克斯方程。

按照下面的方法,可以得到纳维-斯托克斯方程的守恒形式。

根据物质导数的定义,可将式(4.6.7a)的左边写成

$$\rho\frac{\mathrm{D}v_x}{\mathrm{D}t}=\rho\frac{\partial v_x}{\partial t}+\rho\boldsymbol{v}\cdot\nabla v_x \tag{4.6.8}$$

另外,展开下面的导数

$$\frac{\partial(\rho v_x)}{\partial t}=\rho\frac{\partial v_x}{\partial t}+v_x\frac{\partial\rho}{\partial t}$$

整理,得

$$\rho\frac{\partial v_x}{\partial t}=\frac{\partial(\rho v_x)}{\partial t}-v_x\frac{\partial\rho}{\partial t} \tag{4.6.9}$$

利用标量与向量乘积的散度的向量恒等式,有

$$\nabla\cdot(\rho v_x\boldsymbol{v})=v_x\nabla\cdot(\rho\boldsymbol{v})+(\rho\boldsymbol{v})\cdot\nabla v_x$$

或改写成

$$\rho\boldsymbol{v}\cdot\nabla v_x=\nabla\cdot(\rho v_x\boldsymbol{v})-v_x\nabla\cdot(\rho\boldsymbol{v}) \tag{4.6.10}$$

将式(4.6.9)和式(4.6.10)代入式(4.6.8),得

$$\rho\frac{\mathrm{D}v_x}{\mathrm{D}t}=\frac{\partial(\rho v_x)}{\partial t}-v_x\frac{\partial\rho}{\partial t}-v_x\nabla\cdot(\rho\boldsymbol{v})+\nabla\cdot(p v_x\boldsymbol{v})=\frac{\partial(\rho v_x)}{\partial t}-v_x\left[\frac{\partial\rho}{\partial t}+\nabla\cdot(\rho\boldsymbol{v})\right]+\nabla\cdot(\rho v_x\boldsymbol{v}) \tag{4.6.11}$$

式(4.6.11)右边方括号里的表达式就是连续性方程(2.7.7)的左边,因此方括号中的项等于零,于是式(4.6.11)可以简化为

$$\rho\frac{\mathrm{D}v_x}{\mathrm{D}t}=\frac{\partial(\rho v_x)}{\partial t}+\nabla\cdot(\rho v_x\boldsymbol{v}) \tag{4.6.12}$$

再将式(4.6.12)代入式(4.6.7a),得

$$\frac{\partial(\rho v_x)}{\partial t}+\nabla\cdot(\rho v_x\boldsymbol{v})=-\frac{\partial p}{\partial x}+\frac{\partial\tau_{xx}}{\partial x}+\frac{\partial\tau_{yx}}{\partial y}+\frac{\partial\tau_{zx}}{\partial z}+\rho f_x \tag{4.6.13a}$$

同样,式(4.6.7b)和式(4.6.7c)可以写为

$$\frac{\partial(\rho v_y)}{\partial t}+\nabla\cdot(\rho v_y\boldsymbol{v})=-\frac{\partial p}{\partial y}+\frac{\partial\tau_{xy}}{\partial x}+\frac{\partial\tau_{yy}}{\partial y}+\frac{\partial\tau_{zy}}{\partial z}+\rho f_y \tag{4.6.13b}$$

$$\frac{\partial(\rho v_z)}{\partial t}+\nabla\cdot(\rho v_z\boldsymbol{v})=-\frac{\partial p}{\partial z}+\frac{\partial\tau_{xz}}{\partial x}+\frac{\partial\tau_{yz}}{\partial y}+\frac{\partial\tau_{zz}}{\partial z}+\rho f_z \tag{4.6.13c}$$

式(4.6.13a)～式(4.6.13c)就是纳维-斯托克斯方程的守恒形式。

流体的切应力与应变的时间变化率，即速度梯度，是成正比的。这样的流体被称为牛顿流体（切应力 $\boldsymbol{\tau}$ 与速度梯度不成正比的流体称为非牛顿流体，如血液）。在空气动力学的所有实际问题中，流体都可以被看成是牛顿流体。对于这样的流体，则有

$$\tau_{xx}=\lambda(\nabla\cdot\boldsymbol{v})+2\mu\frac{\partial v_x}{\partial x} \tag{4.6.14a}$$

$$\tau_{yy}=\lambda(\nabla\cdot\boldsymbol{v})+2\mu\frac{\partial v_y}{\partial y} \tag{4.6.14b}$$

$$\tau_{zz}=\lambda(\nabla\cdot\boldsymbol{v})+2\mu\frac{\partial v_z}{\partial z} \tag{4.6.14c}$$

$$\tau_{xy}=\tau_{yx}=\mu\left(\frac{\partial v_y}{\partial x}+\frac{\partial v_x}{\partial y}\right) \tag{4.6.14d}$$

$$\tau_{xz}=\tau_{zx}=\mu\left(\frac{\partial v_x}{\partial z}+\frac{\partial v_z}{\partial x}\right) \tag{4.6.14e}$$

$$\tau_{yzy}=\tau_{zy}=\mu\left(\frac{\partial v_z}{\partial y}+\frac{\partial v_y}{\partial z}\right) \tag{4.6.14f}$$

其中：μ 是分子黏性系数，λ 是第二黏性系数。斯托克斯提出假设，认为

$$\lambda=-\frac{2}{3}\mu \tag{4.6.15}$$

将式(4.6.14)各分式代入式(4.6.13)各分式，得到完整的纳维-斯托克斯方程守恒形式：

$$\frac{\partial(\rho v_x)}{\partial t}+\frac{\partial(\rho {v_x}^2)}{\partial x}+\frac{\partial(\rho v_x v_y)}{\partial y}+\frac{\partial(\rho v_x v_z)}{\partial z}=-\frac{\partial p}{\partial x}+\frac{\partial}{\partial x}\left(\lambda\,\nabla\cdot\boldsymbol{v}+2\mu\frac{\partial v_x}{\partial x}\right)+\frac{\partial}{\partial y}\left[\mu\left(\frac{\partial v_y}{\partial x}+\frac{\partial v_x}{\partial y}\right)\right]+\frac{\partial}{\partial z}\left[\mu\left(\frac{\partial v_x}{\partial z}+\frac{\partial v_z}{\partial x}\right)\right]+\rho f_x \tag{4.6.16a}$$

$$\frac{\partial(\rho v_y)}{\partial t}+\frac{\partial(\rho v_x v_y)}{\partial x}+\frac{\partial(\rho {v_y}^2)}{\partial y}+\frac{\partial(\rho v_x v_z)}{\partial z}=-\frac{\partial p}{\partial y}+\frac{\partial}{\partial x}\left[\mu\left(\frac{\partial v_y}{\partial x}+\frac{\partial v_x}{\partial y}\right)\right]+\frac{\partial}{\partial y}\left(\lambda\,\nabla\cdot\boldsymbol{v}+2\mu\frac{\partial v_y}{\partial y}\right)+\frac{\partial}{\partial z}\left[\mu\left(\frac{\partial v_z}{\partial y}+\frac{\partial v_y}{\partial z}\right)\right]+\rho f_y \tag{4.6.16b}$$

$$\frac{\partial(\rho v_z)}{\partial t}+\frac{\partial(\rho v_x v_z)}{\partial x}+\frac{\partial(\rho v_y v_z)}{\partial y}+\frac{\partial(\rho {v_z}^2)}{\partial z}=-\frac{\partial p}{\partial x}+\frac{\partial}{\partial x}\left[\mu\left(\frac{\partial v_x}{\partial z}+\frac{\partial v_z}{\partial x}\right)\right]+\frac{\partial}{\partial y}\left[\mu\left(\frac{\partial v_z}{\partial y}+\frac{\partial v_y}{\partial z}\right)\right]+\frac{\partial}{\partial z}\left(\lambda\,\nabla\cdot\boldsymbol{v}+2\mu\frac{\partial v_z}{\partial z}\right)+\rho f_z \tag{4.6.16c}$$

4.7 黏性流动能量方程的推导

在本节，应用到了第三个物理学原理：能量守恒。为了与4.6节纳维-托克斯方程（动量方程）的推导保持一致，采用随流体运动的无穷小微团的流动模型。上述物理学原理其实就是热力学第一定律。对于和流体一起运动流体微团模型而言，这个定律表述如下：

$$\underbrace{\text{流体微团内能量的变化率}}_{A}=\underbrace{\text{流入微团内的净热流量}}_{B}+\underbrace{\text{体积力和表面力对微团做功的功率}}_{C} \tag{4.7.1}$$

下文用 A、B、C 代表与文字相对应的各项。

1. 力所做功分析

首先来计算等号右边第二项 C，即得到体积力和表面力对运动着的流体微团做功的功率表达式。可以证明，作用在一个运动物体上的力对物体做功的功率等于这个力的大小乘以速度在此力作用方向上的分量。因此，作用于速度为 $\boldsymbol{v}$ 的流体微团上的体积力，做功的功率为

$$\rho \boldsymbol{f} \cdot \boldsymbol{v}(\mathrm{d}x\mathrm{d}y\mathrm{d}z)$$

关于表面力（压力加上切应力和正应力），只考虑作用 x 方向上的力，如图 4-6 所示。在图 4-6 中，x 方向上压力和切应力对流体微团做功的功率，就等于速度的分量 v_x 乘以力（例如，在面 $abcd$ 上为 $\tau_{xy}\mathrm{d}x\mathrm{d}y$），即 $v_x\tau_{xy}\mathrm{d}x\mathrm{d}y$。在其他面上也有类似的表达式。

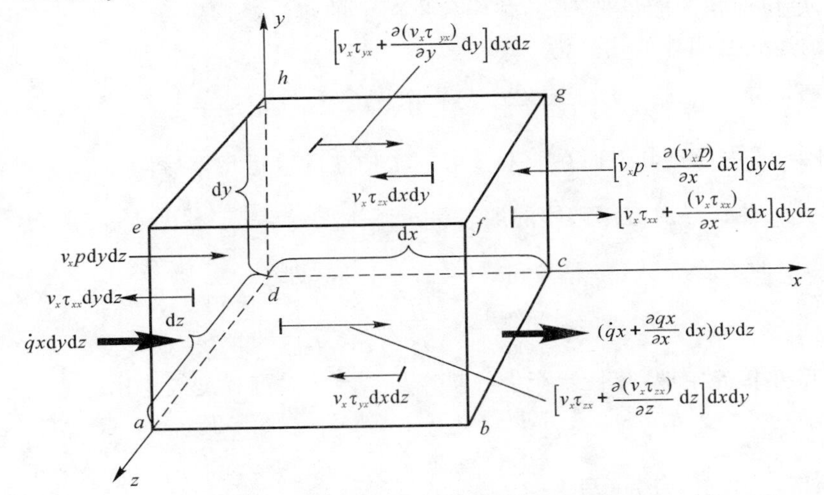

图 4-6　运动无穷小流体微团的能量通量

（用于推导能量方程。为简单起见，图中只画出了 x 方向的通量）

对比图 4-6 中作用在面 $adhe$ 和面 $bcgf$ 上的压力，则压力在 x 方向上做功的功率为

$$\left\{v_xp-\left[v_xp+\frac{\partial(v_xp)}{\partial x}\mathrm{d}x\right]\right\}\mathrm{d}y\mathrm{d}z=-\frac{\partial(v_xp)}{\partial x}\mathrm{d}x\mathrm{d}y\mathrm{d}z$$

类似地，在面 $abcd$ 和面 $efgh$ 上，切应力在 x 方向上做功的功率为

$$\left[v_x\tau_{yx}+\frac{\partial(v_x\tau_{yx})}{\partial y}\mathrm{d}y\right]\mathrm{d}x\mathrm{d}z=-\frac{\partial(v_x\tau_{yx})}{\partial y}\mathrm{d}x\mathrm{d}y\mathrm{d}z$$

图 4-6 中所有表面力对运动流体微团做功的功率为

$$\left[-\frac{\partial(v_xp)}{\partial x}+\frac{\partial(v_x\tau_{xx})}{\partial x}+\frac{\partial(v_x\tau_{yx})}{\partial y}+\frac{\partial(v_x\tau_{zx})}{\partial z}\right]\mathrm{d}x\mathrm{d}y\mathrm{d}z$$

上式仅考虑了 x 方向上的表面力。再考虑 y 和 z 方向上的表面力，也能得到类似的表达式。加在一起，对运动流体微团做功的功率是 x、y 和 z 方向上表面力贡献的总和，在式(4.7.1)中记作 C，即

$$C=-\left\{\left[\frac{\partial(v_xp)}{\partial x}+\frac{\partial(v_xp)}{\partial y}+\frac{\partial(v_xp)}{\partial z}\right]+\left[\frac{\partial(v_x\tau_{xx})}{\partial x}+\frac{\partial(v_x\tau_{yx})}{\partial y}+\frac{\partial(v_x\tau_{zx})}{\partial z}\right]+\left[\frac{\partial(v_y\tau_{xy})}{\partial x}+\frac{\partial(v_y\tau_{yy})}{\partial y}+\frac{\partial(v_y\tau_{zy})}{\partial z}\right]+\left[\frac{\partial(v_z\tau_{xz})}{\partial x}+\frac{\partial(v_z\tau_{yz})}{\partial y}+\frac{\partial(v_z\tau_{zz})}{\partial z}\right]\right\}\mathrm{d}x\mathrm{d}y\mathrm{d}z+\rho\boldsymbol{f}\cdot\boldsymbol{v}\mathrm{d}x\mathrm{d}y\mathrm{d}z \tag{4.7.2}$$

注意，式(4.7.2)右边大括号里面的前三项就是$\nabla \cdot (p\boldsymbol{v})$。

2.运动无穷小流体微团的能量通量

再考虑式(4.7.1)中的B项，即进入微团内的总热流量。这一热流来自于体积加热，如吸收或释放的辐射热；由温度梯度导致的跨过表面的热输运，即热传导。定义$\dot{q}$为单位质量的体积加热率。在图4-6中，运动流体微团的质量为$\rho\mathrm{d}x\mathrm{d}y\mathrm{d}z$，由此可得

$$\text{微团的体积加热}=\rho\dot{q}\,\mathrm{d}x\mathrm{d}y\mathrm{d}z \tag{4.7.3}$$

在图4-6中，热传导从面$adhe$输运给微团内的热量是$\dot{q}_x\mathrm{d}y\mathrm{d}z$，其中$\dot{q}_x$是热传导在单位时间内通过单位面积在$x$方向上输运的热量。给定方向上的热传导，若以单位时间内通过垂直于该方向的单位面积的能量来表述，称作该方向上的热流。这里$\dot{q}_x$就是x方向上的热流。经过面$bcgf$输运到微团外的热量为

$$\left[\dot{q}_x-\left(\dot{q}_x+\frac{\partial\dot{q}_x}{\partial x}\mathrm{d}x\right)\right]\mathrm{d}y\mathrm{d}z=-\frac{\partial\dot{q}_x}{\partial x}\mathrm{d}x\mathrm{d}y\mathrm{d}z$$

再加上图4-6中通过其他面在y和z方向上的热的输运量，可得

$$\text{热传导对流体微团的加热}=-\left(\frac{\partial\dot{q}_x}{\partial x}+\frac{\partial\dot{q}_y}{\partial y}+\frac{\partial\dot{q}_z}{\partial z}\right)\mathrm{d}x\mathrm{d}y\mathrm{d}z \tag{4.7.4}$$

式(4.7.1)中的B项是式(4.7.3)和式(4.7.4)之和，即

$$B=\left[\rho\dot{q}-\left(\frac{\partial\dot{q}_x}{\partial x}+\frac{\partial\dot{q}_y}{\partial y}+\frac{\partial\dot{q}_z}{\partial z}\right)\right]\mathrm{d}x\mathrm{d}y\mathrm{d}z \tag{4.7.5}$$

根据傅里叶热传导定律，热传导产生的热流与当地的温度梯度成正比：

$$\dot{q}_x=-k\frac{\partial T}{\partial x},\dot{q}_y=-k\frac{\partial T}{\partial y},\dot{q}_z=-k\frac{\partial T}{\partial z}$$

其中：k为热导率。式(4.7.5)可写为

$$B=\left[\rho\dot{q}+\frac{\partial}{\partial x}\left(k\frac{\partial T}{\partial x}\right)+\frac{\partial}{\partial y}\left(k\frac{\partial T}{\partial y}\right)+\frac{\partial}{\partial z}\left(k\frac{\partial T}{\partial z}\right)\right]\mathrm{d}x\mathrm{d}y\mathrm{d}z \tag{4.7.6}$$

对于式(4.7.1)中的A项，即运动流体微团的能量，有两个来源：

(1)由于分子随机运动而产生的(单位质量)内能e。

(2)流体微团平动时具有的动能，单位质量的动能为$v^2/2$。

因此，运动着的流体微团既有动能又有内能，两者之和就是总能量。在式(4.7.1)中，A项表示的能量是总能量，即内能与动能之和。这一总能量为$e+v^2/2$。由于跟随着一个运动的流体微团，单位质量的总能量变化的时间变化率由物质导数给出。流体微团的质量为$\rho\mathrm{d}x\mathrm{d}y\mathrm{d}z$，则有

$$A=\rho\frac{\mathrm{D}}{\mathrm{D}t}(e+v^2/2)\mathrm{d}x\mathrm{d}y\mathrm{d}z \tag{4.7.7}$$

3.能量方程

将式(4.7.2)、式(4.7.6)和式(4.7.7)代入式(4.7.1)，得到能量方程的最终形式为

$$\begin{aligned}\rho\frac{\mathrm{D}}{\mathrm{D}t}\left(e+\frac{v^2}{2}\right)=&\rho\dot{q}+\frac{\partial}{\partial x}\left(k\frac{\partial T}{\partial x}\right)+\frac{\partial}{\partial y}\left(k\frac{\partial T}{\partial y}\right)+\frac{\partial}{\partial z}\left(k\frac{\partial T}{\partial z}\right)-\\&\frac{\partial(v_xp)}{\partial x}-\frac{\partial(v_xp)}{\partial y}-\frac{\partial(v_xp)}{\partial z}+\frac{\partial(v_x\tau_{xx})}{\partial x}+\frac{\partial(v_x\tau_{yx})}{\partial y}+\frac{\partial(v_x\tau_{zx})}{\partial z}+\\&\frac{\partial(v_y\tau_{xy})}{\partial x}+\frac{\partial(v_y\tau_{yy})}{\partial y}+\frac{\partial(v_y\tau_{zy})}{\partial z}+\frac{\partial(v_z\tau_{xz})}{\partial x}+\frac{\partial(v_z\tau_{yz})}{\partial y}+\frac{\partial(v_z\tau_{zz})}{\partial z}+\rho fv\end{aligned} \tag{4.7.8}$$

这是非守恒形式的能量方程，并且是用总能量 $e+v^2/2$ 表示的。再次强调，对一个运动的流体微团运用基本的物理学原理，得到的方程是非守恒形式。

方程(4.7.8)左侧包含了总能量的物质导数 $\mathrm{D}(e+v^2/2)/\mathrm{D}t$，这只是能量方程许多不同形式中的一种，它是对运动流体微团直接运用能量守恒原理所得到的形式。这个方程很容易从以下两个方面进行改动。

(1)方程左边可以只用内能 e、焓 h 或者总焓 $h_0=h+v^2/2$ 来表示，方程的右边也随之变动。例如，在下一段会将方程(4.7.8)转化为关于 $\mathrm{D}e/\mathrm{D}t$ 的方程，并给出所需的演算。

(2)能量方程，对上述每一种不同形式，都有守恒形式和非守恒形式。这两种形式之间转换的演算也将在下面讨论。

从方程(4.7.8)出发，先将它改写成只用 e 的形式，将式(4.6.7a)～式(4.6.7c)分别乘以 v_x、v_y、v_z，得

$$\rho\frac{\mathrm{D}}{\mathrm{D}t}\left(\frac{v_x{}^2}{2}\right)=-v_x\frac{\partial p}{\partial x}+v_x\frac{\partial\tau_{xx}}{\partial x}+v_x\frac{\partial\tau_{yx}}{\partial y}+v_x\frac{\partial\tau_{zx}}{\partial z}+\rho v_x f_x \tag{4.7.9}$$

$$\rho\frac{\mathrm{D}}{\mathrm{D}t}\left(\frac{v_y{}^2}{2}\right)=-v_y\frac{\partial p}{\partial x}+v_y\frac{\partial\tau_{xx}}{\partial x}+v_y\frac{\partial\tau_{yx}}{\partial y}+v_y\frac{\partial\tau_{zx}}{\partial z}+\rho v_y f_y \tag{4.7.10}$$

$$\rho\frac{\mathrm{D}}{\mathrm{D}t}\left(\frac{v_z{}^2}{2}\right)=-v_z\frac{\partial p}{\partial x}+v_z\frac{\partial\tau_{xx}}{\partial x}+v_z\frac{\partial\tau_{yx}}{\partial y}+v_z\frac{\partial\tau_{zx}}{\partial z}+\rho v_z f_z \tag{4.7.11}$$

将式(4.7.9)～式(4.7.11)各式加在一起，并注意 $v_x{}^2+v_y{}^2+v_z{}^2=v^2$，可得

$$\begin{aligned}\rho\frac{\mathrm{D}}{\mathrm{D}t}\left(\frac{v^2}{2}\right)=&-v_x\frac{\partial p}{\partial x}-v_y\frac{\partial p}{\partial y}-v_z\frac{\partial p}{\partial z}+v_x\left(\frac{\partial\tau_{xx}}{\partial x}+\frac{\partial\tau_{yx}}{\partial y}+\frac{\partial\tau_{zx}}{\partial z}\right)+\\&v_y\left(\frac{\partial\tau_{xy}}{\partial x}+\frac{\partial\tau_{yy}}{\partial y}+\frac{\partial\tau_{zy}}{\partial z}\right)+v_z\left(\frac{\partial\tau_{xz}}{\partial x}+\frac{\partial\tau_{yz}}{\partial y}+\frac{\partial\tau_{zz}}{\partial z}\right)+\rho(v_xf_x+v_xf_y+v_xf_z)\end{aligned} \tag{4.7.12}$$

从式(4.7.8)中减去式(4.7.12)，注意 $\rho\boldsymbol{f}\cdot\boldsymbol{v}=\rho(v_xf_x+v_xf_y+v_xf_z)$，有

$$\begin{aligned}\rho\frac{\mathrm{D}e}{\mathrm{D}t}=&\rho\dot{q}+\frac{\partial}{\partial x}\left(k\frac{\partial T}{\partial x}\right)+\frac{\partial}{\partial y}\left(k\frac{\partial T}{\partial y}\right)+\frac{\partial}{\partial z}\left(k\frac{\partial T}{\partial z}\right)-p\left(\frac{\partial v_x}{\partial x}+\frac{\partial v_y}{\partial y}+\frac{\partial v_z}{\partial z}\right)+\\&\tau_{xx}\frac{\partial v_x}{\partial x}+\tau_{yx}\frac{\partial v_y}{\partial y}+\tau_{zx}\frac{\partial v_z}{\partial z}+\tau_{xy}\frac{\partial v_y}{\partial x}+\tau_{yy}\frac{\partial v_y}{\partial y}+\tau_{zy}\frac{\partial v_y}{\partial z}+\tau_{xz}\frac{\partial v_z}{\partial x}+\tau_{yz}\frac{\partial v_z}{\partial y}+\tau_{zz}\frac{\partial v_z}{\partial z}\end{aligned} \tag{4.7.13}$$

式(4.7.13)这种形式的能量方程，其左边只包含了内能的物质导数，动能的物质导数和右边的体积力已经去掉。要注意到式(4.7.8)中正应力和切应力是与速度相乘，一起出现在 x、y、z 的导数内。与之相比，式(4.7.13)中黏性应力单独出现，直接与速度梯度相乘。

在式(4.6.14d)～式(4.6.14f)中有 $\tau_{xy}=\tau_{yx}$，$\tau_{xz}=\tau_{zx}$，$\tau_{yz}=\tau_{zy}$（当流体微团的体积缩成一点的时候，切应力的这种对称性可以避免流体微团的角速度，它与作用在流体微团上的力矩有关，趋于无穷大），因此可以合并式(4.7.13)中的一些项，得到

$$\begin{aligned}\rho\frac{\mathrm{D}e}{\mathrm{D}t}=&\rho\dot{q}+\frac{\partial}{\partial x}\left(k\frac{\partial T}{\partial x}\right)+\frac{\partial}{\partial y}\left(k\frac{\partial T}{\partial y}\right)+\frac{\partial}{\partial z}\left(k\frac{\partial T}{\partial z}\right)-p\left(\frac{\partial v_x}{\partial x}+\frac{\partial v_y}{\partial y}+\frac{\partial v_z}{\partial z}\right)+\\&\tau_{xx}\frac{\partial v_x}{\partial x}+\tau_{yy}\frac{\partial v_y}{\partial y}+\tau_{zz}\frac{\partial v_z}{\partial z}+\tau_{yx}\left(\frac{\partial v_x}{\partial y}+\frac{\partial v_y}{\partial x}\right)+\tau_{zy}\left(\frac{\partial v_y}{\partial z}+\frac{\partial v_z}{\partial y}\right)+\tau_{zx}\left(\frac{\partial v_x}{\partial z}+\frac{\partial v_z}{\partial x}\right)\end{aligned} \tag{4.7.14}$$

为了用速度梯度表示黏性应力，再次利用式(4.6.14a)～式(4.6.14f)各式，式(4.7.14)又

可以写为

$$\rho\frac{\mathrm{D}e}{\mathrm{D}t}=\rho\dot{q}+\frac{\partial}{\partial x}\left(k\frac{\partial T}{\partial x}\right)+\frac{\partial}{\partial y}\left(k\frac{\partial T}{\partial y}\right)+\frac{\partial}{\partial z}\left(k\frac{\partial T}{\partial z}\right)-$$
$$p\left(\frac{\partial v_x}{\partial x}+\frac{\partial v_y}{\partial y}+\frac{\partial v_z}{\partial z}\right)+\lambda\left(\frac{\partial v_x}{\partial x}+\frac{\partial v_y}{\partial y}+\tau\frac{\partial v_z}{\partial z}\right)^2+$$
$$\mu\left[2\left(\frac{\partial v_x}{\partial x}\right)^2+2\left(\frac{\partial v_y}{\partial y}\right)^2+2\left(\frac{\partial v_z}{\partial z}\right)^2+\left(\frac{\partial v_x}{\partial y}+\frac{\partial v_y}{\partial x}\right)^2+\left(\frac{\partial v_y}{\partial z}+\frac{\partial v_z}{\partial y}\right)^2+\left(\frac{\partial v_x}{\partial z}+\frac{\partial v_z}{\partial x}\right)^2\right]\tag{4.7.15}$$

式(4.7.15)是完全用流场变量表示的能量方程。利用式(4.6.14a)～式(4.6.14f),对式(4.7.8)也可以进行类似的变换,得到关于流场变量的能量方程。

再次强调在式(4.7.15)左边只出现了内能。能量方程的左边可以用不同的能量形式表示。例如,式(4.7.8)用总能量,式(4.7.15)用内能。之前曾经讲过,用焓 h 和总焓 $h+V^2/2$ 表示的形式也可以通过类似的变换得到。

能量方程的左边可以用能量的不同形式表示,而能量方程的右边也有相应的不同形式,这只是能量方程的一个方面。现在描述能量方程的另一方面,也就是与连续性方程和动量方程相同的方面:能量方程也可以表达为守恒形式。式(4.7.8)、式(4.7.13)、式(4.7.15)所给出的能量方程,左边都出现物质导数,因而都是非守恒形式。它们直接由运动流体微团模型得出。考虑式(4.7.15)的左边,由物质导数的定义:

$$\rho\frac{\mathrm{D}e}{\mathrm{D}t}=\rho\frac{\partial e}{\partial t}+\rho\boldsymbol{v}\cdot\nabla e\tag{4.7.16}$$

得

$$\frac{\partial(\rho e)}{\partial t}=\rho\frac{\partial e}{\partial t}+e\frac{\partial\rho}{\partial t}$$

或

$$\rho\frac{\partial e}{\partial t}=\frac{\partial(\rho e)}{\partial t}-e\frac{\partial\rho}{\partial t}\tag{4.7.17}$$

另一方面,对于标量与向量乘积的散度,有向量恒等式

$$\nabla\cdot(\rho e\boldsymbol{v})=e\nabla\cdot(\rho\boldsymbol{v})+\rho\boldsymbol{v}\cdot\nabla e$$

或写成

$$\rho\boldsymbol{v}\cdot\nabla e=\nabla\cdot(\rho e\boldsymbol{v})-e\nabla\cdot(\rho\boldsymbol{v})\tag{4.7.18}$$

将式(4.7.17)和式(4.7.18)代入式(4.7.16),得

$$\rho\frac{\mathrm{D}e}{\mathrm{D}t}=\frac{\partial(\rho e)}{\partial t}-e\left[\frac{\partial\rho}{\partial t}+\nabla\cdot(\rho\boldsymbol{v})\right]+\nabla\cdot(\rho e\boldsymbol{v})\tag{4.7.19}$$

由连续性方程式(4.7.15)可知,式(4.7.19)右边方括号内的式子等于零,于是式(4.7.19)就变成

$$\rho\frac{\mathrm{D}e}{\mathrm{D}t}=\frac{\partial(\rho e)}{\partial t}+\nabla\cdot(\rho e\boldsymbol{v})\tag{4.7.20}$$

将式(4.7.20)代入式(4.7.15),有

$$\frac{\partial(\rho e)}{\partial t}+\nabla\cdot(\rho e\boldsymbol{v})=\rho\dot{q}+\frac{\partial}{\partial x}\left(k\frac{\partial T}{\partial x}\right)+\frac{\partial}{\partial y}\left(k\frac{\partial T}{\partial y}\right)+\frac{\partial}{\partial z}\left(k\frac{\partial T}{\partial z}\right)-$$
$$p\left(\frac{\partial v_x}{\partial x}+\frac{\partial v_y}{\partial y}+\frac{\partial v_z}{\partial z}\right)+\lambda\left(\frac{\partial v_x}{\partial x}+\frac{\partial v_y}{\partial y}+\frac{\partial v_z}{\partial z}\right)^2+\mu\left[2\left(\frac{\partial v_x}{\partial x}\right)^2+\right.$$

$$2\left(\frac{\partial v_y}{\partial y}\right)^2+2\left(\frac{\partial v_z}{\partial z}\right)^2+\left(\frac{\partial v_x}{\partial y}+\frac{\partial v_y}{\partial x}\right)^2+\left(\frac{\partial v_y}{\partial z}+\frac{\partial v_z}{\partial y}\right)^2+\left(\frac{\partial v_x}{\partial z}+\frac{\partial v_z}{\partial x}\right)^2\Bigg] \tag{4.7.21}$$

这是用内能表示的守恒形式的能量方程。

将内能 e 改为总能量 $e+v^2/2$，重复由式(4.7.16)～式(4.7.20)的推导过程，可以得到

$$\rho\frac{\mathrm{D}}{\mathrm{D}t}\left(e+\frac{v^2}{2}\right)=\frac{\partial}{\partial t}\left[\rho\left(e+\frac{v^2}{2}\right)\right]+\nabla\cdot\left[\rho\left(e+\frac{v^2}{2}\right)\boldsymbol{v}\right] \tag{4.7.22}$$

将式(4.7.22)代入式(4.7.8)的左边，得到

$$\begin{aligned}\frac{\partial}{\partial t}\left[\rho\left(e+\frac{v^2}{2}\right)\right]+\nabla\cdot\left[\rho\left(e+\frac{v^2}{2}\right)\boldsymbol{v}\right]=&\rho\dot{q}+\frac{\partial}{\partial x}\left(k\frac{\partial T}{\partial x}\right)+\frac{\partial}{\partial y}\left(k\frac{\partial T}{\partial y}\right)+\\&\frac{\partial}{\partial z}\left(k\frac{\partial T}{\partial z}\right)-\frac{\partial(v_xp)}{\partial x}-\frac{\partial(v_yp)}{\partial y}-\frac{\partial(v_zp)}{\partial z}+\\&\frac{\partial(v_x\tau_{xx})}{\partial x}+\frac{\partial(v_x\tau_{yx})}{\partial y}+\frac{\partial(v_x\tau_{zx})}{\partial z}+\frac{\partial(v_y\tau_{xy})}{\partial x}+\\&\frac{\partial(v_y\tau_{yy})}{\partial y}+\frac{\partial(v_y\tau_{yz})}{\partial z}+\frac{\partial(v_z\tau_{xz})}{\partial x}+\frac{\partial(v_z\tau_{yz})}{\partial y}+\frac{\partial(v_z\tau_{zz})}{\partial z}+\\&\rho\boldsymbol{f}\cdot\boldsymbol{v}\end{aligned} \tag{4.7.23}$$

式(4.7.23)是用总能量 $e+v^2/2$ 表示的守恒形式的能量方程。

要将方程的非守恒形式转化为守恒形式，只需要改变方程的左边就可以了，方程的右边保持不变。例如，对比式(4.7.15)与式(4.7.20)，两者都是用内能表示的，式(4.7.15)是非守恒形式的，而式(4.7.21)是守恒形式的。它们只是左边不同，右边则是相同的。比较一下式(4.7.8)和式(4.7.23)，也是一样。

4.8 小　　结

在这一章中，通过建立流体本构方程，根据动量守恒定律和能量守恒定律推导了黏性流动的动量方程和能量方程。为参考方便，这些方程分别总结在表 4-1 中。

表 4-1　黏性流动动量方程和能量方程

方程类型	方程表达式
动量方程	$\frac{\partial(\rho v_x)}{\partial t}+\frac{\partial(\rho v_x^2)}{\partial x}+\frac{\partial(\rho v_xv_y)}{\partial y}+\frac{\partial(\rho v_xv_z)}{\partial z}=-\frac{\partial p}{\partial x}+\frac{\partial}{\partial x}\left(\lambda\nabla\cdot\boldsymbol{v}+2\mu\frac{\partial v_x}{\partial x}\right)+\frac{\partial}{\partial y}\left[\mu\left(\frac{\partial v_y}{\partial x}+\frac{\partial v_x}{\partial y}\right)\right]+\frac{\partial}{\partial z}\left[\mu\left(\frac{\partial v_x}{\partial z}+\frac{\partial v_z}{\partial x}\right)\right]+\rho f_x$ $\frac{\partial(\rho v_y)}{\partial t}+\frac{\partial(\rho v_xv_y)}{\partial x}+\frac{\partial(\rho v_y^2)}{\partial y}+\frac{\partial(\rho v_yv_z)}{\partial z}=-\frac{\partial p}{\partial y}+\frac{\partial}{\partial x}\left[\mu\left(\frac{\partial v_y}{\partial x}+\frac{\partial v_x}{\partial y}\right)\right]+\frac{\partial}{\partial y}\left(\lambda\nabla\cdot\boldsymbol{v}+2\mu\frac{\partial v_y}{\partial y}\right)+\frac{\partial}{\partial z}\left[\mu\left(\frac{\partial v_z}{\partial y}+\frac{\partial v_y}{\partial z}\right)\right]+\rho f_y$ $\frac{\partial(\rho v_z)}{\partial t}+\frac{\partial(\rho v_xv_z)}{\partial x}+\frac{\partial(\rho v_yv_z)}{\partial y}+\frac{\partial(\rho v_z^2)}{\partial z}=-\frac{\partial p}{\partial x}+\frac{\partial}{\partial x}\left[\mu\left(\frac{\partial v_x}{\partial z}+\frac{\partial v_z}{\partial x}\right)\right]+\frac{\partial}{\partial y}\left[\mu\left(\frac{\partial v_z}{\partial y}+\frac{\partial v_y}{\partial z}\right)\right]+\frac{\partial}{\partial z}\left(\lambda\nabla\cdot\boldsymbol{v}+2\mu\frac{\partial v_z}{\partial z}\right)+\rho f_z$

续表

方程类型	方程表达式
能量方程	$\frac{\partial}{\partial t}\left[\rho\left(e+\frac{v^2}{2}\right)\right]+\nabla\cdot\left[\rho\left(e+\frac{v^2}{2}\right)\boldsymbol{v}\right]=\rho\dot{q}+\frac{\partial}{\partial x}\left(k\frac{\partial T}{\partial x}\right)+\frac{\partial}{\partial y}\left(k\frac{\partial T}{\partial y}\right)+\frac{\partial}{\partial z}\left(k\frac{\partial T}{\partial z}\right)-\frac{\partial(v_x p)}{\partial x}-\frac{\partial(v_y p)}{\partial y}-\frac{\partial(v_z p)}{\partial z}+\frac{\partial(v_x\tau_{xx})}{\partial x}+\frac{\partial(v_x\tau_{yx})}{\partial y}+\frac{\partial(v_x\tau_{zx})}{\partial z}+\frac{\partial(v_y\tau_{xy})}{\partial x}+\frac{\partial(v_y\tau_{yy})}{\partial y}+\frac{\partial(v_y\tau_{yz})}{\partial z}+\frac{\partial(v_z\tau_{xz})}{\partial x}+\frac{\partial(v_z\tau_{yz})}{\partial y}+\frac{\partial(v_z\tau_{zz})}{\partial z}+\rho\boldsymbol{f}\cdot\boldsymbol{v}$

习　　题

1.试画出下述条件下流体微元的变形图：

(1)$\partial v_x/\partial y\gg\partial v_y/\partial x$；

(2)$\partial v_y/\partial x\gg\partial v_x/\partial y$。

2.考虑两个平行板之间的黏性不可压缩流体的运动。设两板为无限平面，间距为 h，上板不动，下板以常速 U 沿板向运动。设板向压力梯度为常数，运动定常，流体所受外力不计。

(1)研究流体的运动规律，即求速度分布、流量、平均速度、最大速度、内摩擦力分布及作用在运动板上的摩擦力。

(2)若沿板向没有压力梯度，流体的速度分布如何？

(3)若沿板向的压力梯度为常数，但两板均不动，流体的速度分布又怎样？

3.已知单位体积的剪切功率为 τv，试求一个圆管内抛物线的速度分布，并求出距管壁多远处剪切功最大。

4.对于一个速度 $v_x=v_x(y)$ 的二维、不可压缩流动，试画出一个三维流体微元，并标明每个应力分量的大小、方向及作用面。

5.已知在一个 $v_x=v_x(x)$ 的一维流动中，轴的应变率为 $\partial v_x/\partial x$。其体积变化率是多少？若推广到三维微元体，其体积变化率又是多少？

6.应用圆柱微元体证明，斯托克斯的黏度关系可以导出下述的剪应力分量：

$$\tau_{r\theta}=\tau_{\theta r}=\mu\left[r\frac{\partial}{\partial r}\left(\frac{v_\theta}{r}\right)+\frac{1}{r}\frac{\partial v_r}{\partial\theta}\right]$$

$$\tau_{\theta z}=\tau_{z\theta}=\mu\left[\frac{\partial v_\theta}{\partial z}+\frac{1}{r}\frac{\partial v_z}{\partial\theta}\right]$$

$$\tau_{zr}=\tau_{rz}=\mu\left[\frac{\partial v_z}{\partial r}+\frac{\partial v_r}{\partial z}\right]$$

7.直径为 36.02 cm 的柱塞在直径为 36.04 cm 的圆筒中滑动，构成了汽车的行程，中间的环状区域充满了油，油的运动黏性系数为 0.000 37 m^2/s，相对密度为 0.85。如果柱塞运行的速度是 0.15 m/s，试估算 3.14 m 的柱塞在圆筒中运动所形成的摩擦阻力。

8.第 7 题中如果柱塞和汽车滑轨的总质量为 680 kg，当仅有重力和黏性摩擦作用时，试估算柱塞和滑轨下沉速度的最大值。假设柱塞作用的长度为 2.44 m。

第5章 固体火箭发动机的流动方程

5.1 引 言

固体火箭发动机的主要部件是燃烧室、主装药、点火器和喷管。相对于喷管，发动机燃烧室中燃气流动有两方面明显特征：其一，由于固体推进剂的燃烧，燃烧室中的燃气流动是加质流动，而喷管燃气流动一般很少考虑加质，某些喷管的热防护壁面会产生少量挥发气体，但它们对主流的影响是微不足道的；其二，燃烧室内由于装药燃面的退移，燃气通道的形状和截面面积是不断变化的，而喷管中由于烧蚀导致的热防护壁面退移量相对整个喷管截面来说很小，一般可忽略其对流动的影响，除了喷管喉径变化较大时要适当考虑外，一般流动计算不予考虑。因此，对喷管可以采用相对于惯性坐标系的刚性控制体；对燃烧室必须采用边界可变的控制体，而且在控制面上有质量向控制体内渗透。根据这两个不同的特点，喷管和燃烧室中的流动必须用有区别的方程来描述。

固体火箭发动机中的燃气成分与推进剂的种类密切相关。目前，固体火箭发动机广泛采用含铝复合推进剂，含铝推进剂燃烧产物中含有相当数量的 Al_2O_3 粒子，使燃气成为气固两相的流动。两相流计算一般还需要用纯气相流动或“两相平衡流动”的计算结果作为其迭代计算的初场。所谓“两相平衡流动”，就是把两相燃气看作为一种拟单相的完全气体，它的比热比和气体常数按气相和粒子相的含量折算。因此必须考虑纯气相流动和两相流动两种控制方程。

本章首先讨论喷管中的纯气相流动方程，然后讨论燃烧室中的纯气相流动方程，在此基础上，再简单讨论两相流动方程。事实上，由于结构和所考虑的因素的不同，不可能将控制方程写得包罗万象或千篇一律，只能针对最常用和较简单的状态来建立方程，为研究发动机内多维流动问题奠定一定的基础。

5.2 喷管纯气相流动方程

在气体动力学一维流动理论中，曾经讨论过喷管的一维等熵流动。采用一维假设来研究喷管中的流动，计算简单，物理概念清晰，这对初学者掌握概念和在工程问题中开展定性分析十分有用。然而，当喷管截面变化比较急剧时，流场中的参数就明显偏离一维分布，按一维流动确定的流量、声速面、出口速度、推力等就会出现较大偏差，难以满足现代火箭发动机的研制需求。因此，对于计算精度要求较高，特别是要求有各点分布参数的喷管流场，需采用多维流动理论来描述求解。对大多数火箭发动机喷管来说，其流场接近二维轴对称条件。

喷管多维流动的控制方程，可以采用固定形状惯性控制体的控制方程来描述。在符合绝热、无黏、无外功和不考虑体积力的情况下，它们为连续、动量、能量或声速方程、熵方程，并以状态方程作为补充。在均熵流条件下，熵方程恒满足，有时能量方程用声速方程来代替。因此，喷管纯气相流动控制方程的矢量形式如下：

连续方程为

$$\frac{\partial \rho}{\partial t}+\nabla \cdot (\rho \boldsymbol{v})=0 \tag{5.2.1}$$

动量方程为

$$\rho \frac{\mathrm{D}\boldsymbol{v}}{\mathrm{D}t}+\nabla p=0 \tag{5.2.2}$$

能量方程为

$$\rho \frac{\mathrm{D}}{\mathrm{D}t}\left(h+\frac{v^2}{2}\right)-\frac{\partial p}{\partial t}=0 \tag{5.2.3}$$

声速方程为

$$\frac{\mathrm{D}p}{\mathrm{D}t}-a^2 \frac{\mathrm{D}\rho}{\mathrm{D}t}=0 \tag{5.2.4}$$

状态方程为

$$p=\rho RT, h=C_p T \tag{5.2.5}$$

上述方程组适用于一般多维情况的非定常流动。而对多维定常流动，$\frac{\partial(\ )}{\partial t}$项为0，定常流动方程在笛卡儿坐标系和圆柱坐标系中的表达式，以及在二维轴对称流下的表达形式，都包括在表3-2中。而将喷管常用的非定常轴对称流动方程列出如下，其余不再赘述。

连续方程为

$$\frac{\partial \rho}{\partial t}+\frac{\partial}{\partial x}(\rho v_x)+\frac{\partial}{\partial y}(\rho v_y)+\delta \frac{\rho v_y}{y}=0 \tag{5.2.6}$$

对平面流动，$\delta=0$；对轴对称流动，$\delta=1$。

动量方程为

$$\frac{\partial v_x}{\partial t}+v_x \frac{\partial v_x}{\partial x}+v_y \frac{\partial v_x}{\partial y}+\frac{1}{\rho}\frac{\partial p}{\partial x}=0 \tag{5.2.7}$$

$$\frac{\partial v_y}{\partial t}+v_x \frac{\partial v_y}{\partial x}+v_y \frac{\partial v_y}{\partial y}+\frac{1}{\rho}\frac{\partial p}{\partial y}=0 \tag{5.2.8}$$

能量方程为

$$\frac{\partial}{\partial t}\left(h+\frac{v^2}{2}\right)+v_x \frac{\partial}{\partial x}\left(h+\frac{v^2}{2}\right)+v_y \frac{\partial}{\partial y}\left(h+\frac{v^2}{2}\right)-\frac{1}{\rho}\frac{\partial p}{\partial t}=0 \tag{5.2.9}$$

声速方程为

$$\frac{\partial p}{\partial t}+v_x \frac{\partial p}{\partial x}+v_y \frac{\partial p}{\partial y}-a^2\left(\frac{\partial \rho}{\partial t}+v_x \frac{\partial \rho}{\partial x}+v_y \frac{\partial \rho}{\partial y}\right)=0 \tag{5.2.10}$$

状态方程为

$$p=\rho RT, h=C_p T \tag{5.2.11}$$

以上方程组适用于非定常流动，对于定常流动，方程组中所有$\frac{\partial()}{\partial t}$项等于零。

从数学上看，描述轴对称喷管流动的控制方程组属于一阶拟线性偏微分方程组。所谓“一阶”，是指方程中只含有未知函数的一阶偏导数；所谓“拟线性”，是指方程对未知函数来说是非线性的，而未知函数的偏导数来说是线性的。由于方程本身的性质和复杂的边界条件，求解喷管流场控制方程的解析解十分困难，一般采用数值方法获得数值解。

在定常流情况下，式(5.2.6)～式(5.2.10)对应于亚声速流动区、跨声速流动区、超声速流动区分别是椭圆型、抛物型、双曲线型。对不同类型的方程组，数值求解方法也不同。跨声速流动区的偏微分方程组是混合型的，它在一个狭小的流动区域内，顺着流动由亚声速到声速到超声速，方程由椭圆型转变为抛物型，再转变为双曲型，因此增加了求解难度。

对于双曲线型方程，存在两条实特征线，且下游的流动参数不能逆流上传，它的求解方法可以用相对简便和精确的向前步进方法——特征线法求解。对于定常跨声速流的数值计算，目前常采用时间相关法来进行，即取对应非定常流动方程经过足够长时间后的渐近解作为定常跨声速流场的解。而对于非定常跨声速流动，其控制方程是双曲型的，求解时避免了像混合型那样类型的变化。

轴对称定常流控制方程在亚声速流动区是椭圆型的，也可以用非定常流方程（双曲型）来求解。鉴于此，将式(5.2.6)～式(5.2.10)写成非定常的形式。

式(5.2.6)～式(5.2.10)使用的范围是绝热、无黏、无外功和不计体积力的情况，对流动是否有旋无限制。在无旋流动情况下，可以采用更简化的气动方程和无旋流条件，它们的矢量形式为

$$(\boldsymbol{v}\cdot\boldsymbol{\nabla})\left(\frac{v^2}{2}\right)-a^2(\boldsymbol{\nabla}\cdot\boldsymbol{v})=0 \tag{5.2.12}$$

$$\boldsymbol{\nabla}\times\boldsymbol{v}=\boldsymbol{0} \tag{5.2.13}$$

气动方程是在无旋条件下由连续、动量和声速方程合并简化而得，其中只有速度一个变量，声速 a 在无旋条件下也是速度的单一函数，因此这一组方程就简单得多。

在二维流动情况下，式(5.2.12)、式(5.2.13)为

$$(v_x{}^2-a^2)\frac{\partial v_x}{\partial x}+(v_y{}^2-a^2)\frac{\partial v_y}{\partial y}+2v_xv_y\frac{\partial v_x}{\partial y}-\delta\frac{a^2v_y}{y}=0 \tag{5.2.14}$$

$$\frac{\partial v_x}{\partial y}-\frac{\partial v_y}{\partial x}=0 \tag{5.2.15}$$

式中，对于轴对称流，$\delta=1$；对于平面流，$\delta=0$。声速 a 对完全气体，有

$$(a^*)^2=a^2+\frac{\gamma-1}{2}v^2=\text{const} \tag{5.2.16}$$

对于采用端面燃烧装药的固体火箭发动机，喷管中的流动可以看成是无旋流。液体火箭发动机在燃烧室头部喷嘴排列均匀的情况下，比较接近均匀的无旋流场。但靠近壁面处，由于保护室壁的需要，常常偏于富燃料，因此近壁处与中心处的燃烧条件有差别，流线之间存在焓梯度，是有旋流动。

为了说明轴对称流动计算与一维流动计算结果的差别，图 5-1 给出了部分计算结果的对比。

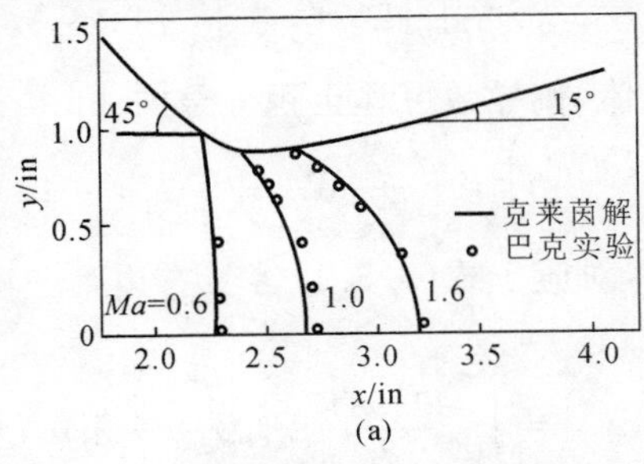

图 5-1　轴对称喷管的部分计算结果

(a)锥形喷管中克莱茵解的等马赫线分布

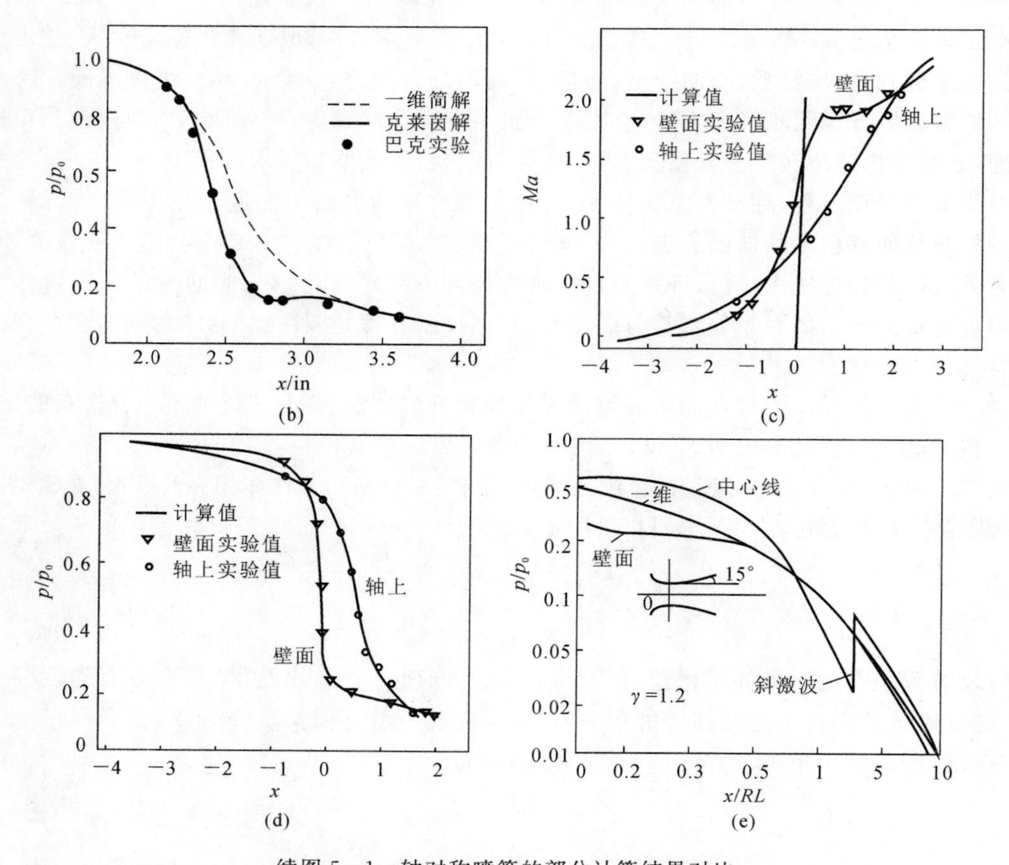

续图 5-1　轴对称喷管的部分计算结果对比

(b)壁面压力比分布与一维解的比较;(c)壁面和轴上气流马赫数的分布;

(d)壁面和轴上压力比的分布;(e)锥形喷管中一维和二维计算的压力分布

5.3　燃烧室纯气相流动方程

在固体发动机燃烧室中,由于装药燃面的退移,燃气流通通道的形状是变化的。如果取燃气通道的周界为控制面,由它围成的空间为控制体,则控制面和控制体的形状是变化的。

在第 2 章中推导了任意外延参数 N 的瞬时时间变化率,方程为

$$\frac{\mathrm{D}N}{\mathrm{D}t}=\frac{\partial}{\partial t}\int_{V_{\mathrm{c}}}n\rho\mathrm{d}V_{\mathrm{c}}+\int_{A}n\rho\boldsymbol{v}\cdot\mathrm{d}\boldsymbol{A}\tag{5.3.1}$$

对于形状固定的惯性控制体,偏导数可移至积分号内,即

$$\frac{\mathrm{D}N}{\mathrm{D}t}=\int_{V_{\mathrm{c}}}\frac{\partial(n\rho)}{\partial t}\mathrm{d}V_{\mathrm{c}}+\int_{A}n\rho\boldsymbol{v}\cdot\mathrm{d}\boldsymbol{A}\tag{5.3.2}$$

而对于形状可变的控制体,对应于式(5.3.1)等号右边第一项,在 Δt 时间内,容积 V_{c} 中参数的变化量为

$$\Delta\int_{V_{\mathrm{c}}}n\rho\mathrm{d}V_{\mathrm{c}}=\int_{V_{\mathrm{c}}}\frac{\partial(n\rho)}{\partial t}\mathrm{d}V_{\mathrm{c}}\Delta t+\int_{A}n\rho\boldsymbol{u}\cdot\mathrm{d}\boldsymbol{A}\Delta t$$

式中:$\boldsymbol{u}$ 为某一瞬时控制面上任一点的运动速度矢量。上式除以 Δt 并取极限,可得

$$\frac{\partial}{\partial t}\int_{V_c} n\rho \mathrm{d}V_c = \int_{V_c} \frac{\partial(n\rho)}{\partial t}\mathrm{d}V_c + \int_A n\rho \boldsymbol{u} \cdot \mathrm{d}\boldsymbol{A} \tag{5.3.3}$$

对应于式(5.3.1)等号右边的第二项，考虑到控制面运动速度 $\boldsymbol{u}$ 总是使气流速度 $\boldsymbol{v}$ 产生相反的效应，这时应为

$$\int_A n\rho(\boldsymbol{v}-\boldsymbol{u}) \cdot \mathrm{d}\boldsymbol{A} \tag{5.3.4}$$

因此，在控制体形状变化时，结合式(5.3.3)和式(5.3.4)，任意外延参数 N 的时间变化率为

$$\frac{\mathrm{D}N}{\mathrm{D}t} = \int_{V_c} \frac{\partial(n\rho)}{\partial t}\mathrm{d}V_c + \int_A n\,\rho\boldsymbol{u} \cdot \mathrm{d}\boldsymbol{A} + \int_A n\rho(\boldsymbol{v}-\boldsymbol{u}) \cdot \mathrm{d}\boldsymbol{A}$$

进一步得到控制体形状变化时，任意外延参数 N 的时间变化率为

$$\frac{\mathrm{D}N}{\mathrm{D}t} = \int_{V_c} \frac{\partial(n\rho)}{\partial t}\mathrm{d}V_c + \int_A n\rho\boldsymbol{v} \cdot \mathrm{d}\boldsymbol{A} \tag{5.3.5}$$

对比式(5.3.5)和式(5.3.2)可见，对于可变控制体，任意外延参数 N 的时间变化率与其在刚性控制体时具有相同的表达形式。

式(5.3.5)中的 A 是全部控制面，在燃烧室中即为通气截面 A_p 和装药燃烧侧面积 A_b。设 ρ_{mp} 为推进剂密度，r 为燃速，ρ 为燃气密度，则垂直于装药燃烧侧面的燃气的注入速度为

$$v_B = \frac{\rho_{mp} r}{\rho} \tag{5.3.6}$$

将式(5.3.5)应用于发动机燃烧室，为

$$\frac{\mathrm{D}N}{\mathrm{D}t} = \int_{V_c} \frac{\partial(n\rho)}{\partial t}\mathrm{d}V_c + \int_{A_p} n\rho\boldsymbol{v} \cdot \mathrm{d}\boldsymbol{A} - \int_{A_b} n\rho v_B \mathrm{d}A \tag{5.3.7}$$

利用式(5.3.7)便可推导燃烧室中纯气相流动的连续、动量和能量方程。

在质量守恒关系中，内涵参数 $n=1$，因此连续方程为

$$\int_{V_c} \frac{\partial \rho}{\partial t}\mathrm{d}V_c + \int_{A_p} \rho\boldsymbol{v} \cdot \mathrm{d}\boldsymbol{A} = \int_{A_b} \rho v_B \mathrm{d}A \tag{5.3.8}$$

在动量守恒关系中，$n=\boldsymbol{v}$，因此动量方程为

$$\int_{V_c} \boldsymbol{B}\rho \mathrm{d}V_c - \int_{A_p} p\mathrm{d}\boldsymbol{A} - \int_{A_b} p\mathrm{d}\boldsymbol{A} = \int_{V_c} \frac{\partial(\rho\boldsymbol{v})}{\partial t}\mathrm{d}v_c + \int_{A_p} \boldsymbol{v}(\rho\boldsymbol{v} \cdot \mathrm{d}\boldsymbol{A}) \tag{5.3.9}$$

式中：$\boldsymbol{B}$ 为单位质量气体所受的体积力。需要注意的是，在推导动量方程中，由质量 $\int_{A_b} n\rho v_B \mathrm{d}A$ 项产生的动量被忽略了，理由如下：

在燃面上由于质量渗透而产生的动量为

$$-\int_{A_b} n\rho v_B \mathrm{d}A = -\int_{A_b} \rho(v_B - r)v_B \mathrm{d}A = -\int_{A_b} \rho v_B^2 \left(1-\frac{\rho}{\rho_{mp}}\right)\mathrm{d}A$$

式中：ρ/ρ_{mp} 约为 1%，因此，$1-\dfrac{\rho}{\rho_{mp}}\approx 1$；同时，在装药通道中，$\rho v_B{}^2 \ll p$，因此这一项产生的动量可以忽略。

在能量守恒关系中，$n=e+\dfrac{v^2}{2}+gz$，式中内能原用符号为 u，考虑到流动控制方程中使用符号的习惯，改用 e。对燃气，略去 gz，因此能量方程为

$$\int_{V_c} \frac{\partial}{\partial t}\left[\rho\left(e+\frac{v^2}{2}\right)\right]\mathrm{d}V_c + \int_{A_p} \left(e+\frac{v^2}{2}\right)(\rho\boldsymbol{v} \cdot \mathrm{d}\boldsymbol{A}) = \int_{A_b} \rho v_B \left(e+\frac{v^2}{2}\right)\mathrm{d}A \tag{5.3.10}$$

因为$e=h-\frac{p}{\rho}$，$\rho v_B=\rho_{mp}r$，所以式(5.3.10)还可写为

$$\int_{V_c}\frac{\partial}{\partial t}\left[\rho\left(h+\frac{v^2}{2}\right)\right]dV_c+\int_{A_p}\left(h+\frac{v^2}{2}\right)(\rho\boldsymbol{v}\cdot d\boldsymbol{A})=\int_{A_b}\rho_{mp}r\left(h+\frac{v^2}{2}\right)dA \quad (5.3.11)$$

下面再来推导燃烧室中连续、动量和能量方程的微分方程形式。为了方便起见，仅推导一维非定常形式。

将连续方程式(5.3.8)除以Δx并取极限，可得

$$\lim_{\Delta x\to 0}\frac{1}{\Delta x}\int_{V_c}\frac{\partial\rho}{\partial t}dV_c+\lim_{\Delta x\to 0}\frac{1}{\Delta x}\int_{A_p}\rho\boldsymbol{v}\cdot d\boldsymbol{A}=\lim_{\Delta x\to 0}\frac{1}{\Delta x}\int_{A_b}\rho v_B dA_b=\int_s\rho v_B ds\left(s\text{为燃面周长},s=\frac{dA_b}{dx}\right)$$

或

$$\int_{A_p}\frac{\partial\rho}{\partial t}dA+\frac{\partial}{\partial x}\int_{A_p}\rho v dA=\int_s\rho_{mp}r ds \quad (5.3.12)$$

对一维流动，设在x截面上v均匀，ρ_{mp}为均质，燃速r处处相等，则式(5.3.12)写成微分形式为

$$\frac{\partial}{\partial t}(\rho A_p)+\frac{\partial}{\partial x}(\rho vA_p)=\rho_{mp}r\frac{\partial A_b}{\partial x} \quad (5.3.13)$$

同理，不计体积力，一维动量方程的微分形由式(5.3.9)为

$$\frac{\partial}{\partial t}(\rho vA_p)+\frac{\partial}{\partial x}(\rho v^2A_p)=-A_p\frac{\partial p}{\partial x} \quad (5.3.14)$$

式中：$-A_p\frac{\partial p}{\partial x}$是将式(5.3.9)中左边的两个压力项除以$\Delta x$并求极限得到的，第一个压力项为

$$-\lim_{\Delta x\to 0}\frac{1}{\Delta x}\int_{A_p}p d\boldsymbol{A}=-\frac{\partial}{\partial x}(pA_p)$$

第二个压力项为

$$-\lim_{\Delta x\to 0}\frac{1}{\Delta x}\int_{A_b}p d\boldsymbol{A}=-\lim_{\Delta x\to 0}\frac{1}{\Delta x}\int_{A_b}p\boldsymbol{n}dA=-\int_s p\boldsymbol{n}ds$$

如图5-2所示，取x方向的动量，有

$$-\int_s p\cos(\boldsymbol{n},\boldsymbol{i})ds=\int_s p\sin(\boldsymbol{l},\boldsymbol{i})ds$$

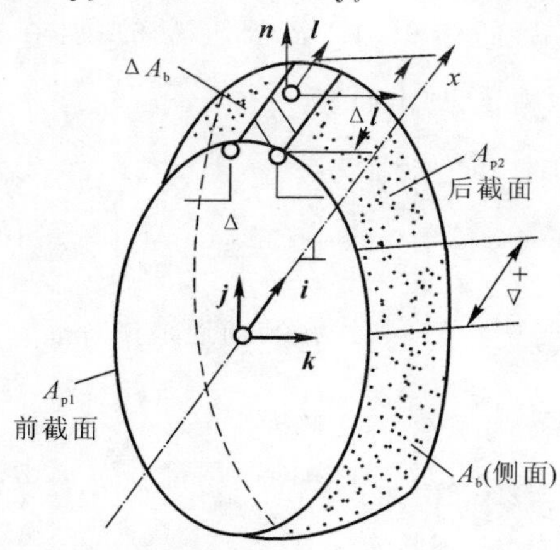

图5-2 控制体

设p沿s分布均匀，则为

$$p\int_{s}\sin(\boldsymbol{l},\boldsymbol{i})\mathrm{d}s = p\lim_{\Delta x\to 0}\frac{A_{\mathrm{p2}}-A_{\mathrm{p1}}}{\Delta x} = p\frac{\partial A_{\mathrm{p}}}{\partial x}$$

这样，式(5.3.9)中的两个压力项：

$$-\int_{A_{\mathrm{p}}}p\mathrm{d}\boldsymbol{A}-\int_{A_{\mathrm{b}}}p\mathrm{d}\boldsymbol{A} = -\frac{\partial}{\partial x}(pA_{\mathrm{p}})+p\frac{\partial A_{p}}{\partial x} = -A_{\mathrm{p}}\frac{\partial p}{\partial x}$$

同理，一维能量方程的微分形式为

$$\frac{\partial}{\partial t}\left[\rho A_{\mathrm{p}}\left(e+\frac{v^{2}}{2}\right)\right]+\frac{\partial}{\partial x}\left[\rho v A_{\mathrm{p}}\left(h+\frac{v^{2}}{2}\right)\right] = \rho_{\mathrm{mp}}rH_{\mathrm{f}}\frac{\partial A_{\mathrm{b}}}{\partial x} \tag{5.3.15}$$

式中：H_{f} 是单位质量推进剂的焓，它等于推进剂燃烧时加入通道的单位质量燃烧产物的总焓，即

$$H_{\mathrm{f}} = h^{*} = h+\frac{v^{2}}{2}+\frac{p}{\rho}$$

图 5-3 给出了燃烧室中典型的一维非定常流动的计算结果。

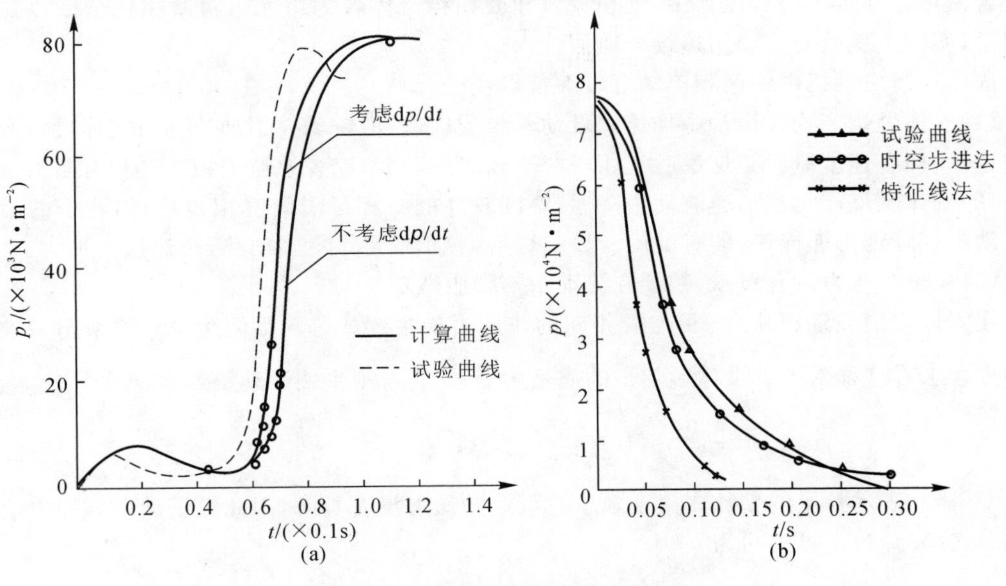

图 5-3 燃烧室中的非定常流动

(a)启动过程；(b)排气过程

5.4 燃烧室和喷管中的两相流动方程

5.4.1 两相流的概念

两相流动在流体力学中具有广泛的概念。例如，弹头再入大气层时气体中夹杂雨雪冰，石油管道中有气团、杂质的石油黏流，锅炉中伴有汽团的水流，具有粉尘的煤燃烧气流等。这里所说的两相流动，是指固体火箭推进剂中添加铝粉之后，在燃气中含有 Al_2O_3 凝相（液相或固相）粒子这种特定的流动。

当前，固体火箭发动机广泛采用添加铝粉的复合推进剂，添加铝粉会提高推进剂的能量并能抑制高、中频振荡燃烧，但另一方面会造成两相流损失。在许多高能推进剂中常加入 10%～20%

的铝粉。对于加17%铝粉的复合推进剂，燃烧产物中按质量计约含有30%的Al_2O_3粒子。据统计，在喷管流动中，两相流损失常占总损失的1/3～1/2，含Al_2O_3粒子的燃气流动，是气-固两相流动。两相流动的规律和参数与纯气相流动相比有明显的区别，因此受到设计者很大的关注。

人们对含铝推进剂的燃烧产物中的粒子做了细致的收集和分析工作，结果表明，98%以上是Al_2O_3，形状大体上是球形的。在喷管喉部附近上游，粒子处于高温，呈液相，凝聚力使之呈球形；下游，则随着加速降温而凝固为固相圆球。也就是说，Al_2O_3粒子在流动中存在相变。

由于推进剂中铝粉的粒度和发动机工作条件不同，粒子的直径分布差异较大。在较简单的计算中，可将粒子看作是均一直径，对于较详细的计算，可将粒子按不同的尺寸分组进行。在喷管流动中，不同直径的粒子，其运动速度是不同的。

前面已经建立了清晰的概念，纯燃气流是连续介质。对火箭发动机中的两相流动来说，一般把其中的凝相粒子群看作一种“拟流体”，把两相燃气看作气相流体和凝相粒子拟流体的一种混合液体。在这个混合流体中，气相流体和凝相拟流体各为组元。对凝相粒子赋以拟流体的概念，实际上就是对它施用连续介质假设。

固体火箭发动机中的两相流动有以下特点：

(1)气体燃烧产物在流动中加速时带动着粒子加速，但粒子并不加速到与气体燃烧产物相同的速度，即有速度滞后。这说明气相对粒子相有推动力，或者说粒子相对气相有阻力。

(2)气体燃烧产物在加速流动中降温，温度较高的凝相粒子向气相传热，但粒子的温度没有流动燃气降低得那样快，即有温度滞后。这样，粒子带走了更多的热，使热损失加大。

(3)粒子对压力没有贡献，粒子在流动中不膨胀做功。

在固体火箭发动机中，气相与凝相间的作用力最主要的是黏性阻力δF_D。采用一维定常动量方程来看这种阻力。设球形粒子的质量为$\frac{4}{3}\pi r_p^3\rho_{mp}$，则牛顿运动第二定律为

$$\frac{4}{3}\pi r_p^3\rho_{mp}\frac{dv_p}{dt}=\delta F_D \tag{5.4.1}$$

式中：下标p表示粒子的参数。由于粒子对气流的压力没有贡献，因此粒子动量方程中没有压力项。式(5.4.1)也可以写为

$$\frac{4}{3}\pi r_p^3\rho_{mp}v_p\frac{dv_p}{dx}=\delta F_D \tag{5.4.2}$$

粒子在气流中运动的黏性阻力δF_D常表示为阻力系C_D、迎风面积和相对运动动压头之乘积，即

$$\delta F_D=C_D\pi r_p^2\frac{1}{2}\rho(v-v_p)|v-v_p| \tag{5.4.3}$$

斯托克斯流动区($R_e<1$)的阻力系数$C_{D,S}$为

$$C_{D,S}=\frac{24}{R_e}=\frac{24\mu}{2r_p\rho|v-v_p|} \tag{5.4.4}$$

式中：μ为动力黏性系数。将式(5.4.4)代入式(5.4.3)，再代入式(5.4.2)可得

$$v_p\frac{dv_p}{dx}=\frac{9}{2}\frac{\mu C_D}{\rho_{mp}r_p^2C_{D,S}}(v-v_p)$$

令

$$A_D=\frac{9}{2}\frac{\mu C_D}{\rho_{mp}r_p^2C_{D,S}} \tag{5.4.5}$$

则单一颗粒的动量方程为

$$v_p \frac{dv_p}{dx} = A_D(v - v_p) \tag{5.4.6}$$

式中：$A_D(v-v_p)$为气相与凝相间单位质量的阻力。

下面再通过一维能量方程来看粒子与气体间的热交换。假设每一个粒子都是不可压缩的，则粒子与气体间的热交换仅改变粒子的焓。因此单个粒子的能量方程为

$$\frac{4}{3}\pi r_p^3 \rho_{mp} \frac{dh_p}{dt} = \delta \dot{Q}_p$$

或

$$\frac{4}{3}\pi r_p^3 \rho_{mp} v_p \frac{dh_p}{dx} = \delta \dot{Q}_p \tag{5.4.7}$$

设粒子与气流间的热交换为对流传热，对流传热系数为h_c，则

$$\delta \dot{Q}_p = h_c(4\pi r_p^2)(T - T_p) \tag{5.4.8}$$

对流传热系数可以通过努赛尔数 Nu 来确定，有

$$h_c = \frac{Nu\lambda}{2r_p} \tag{5.4.9}$$

式中：λ 是气体的导热系数，由普朗特数 Pr 确定，有

$$\lambda = \frac{C_p \mu}{Pr} \tag{5.4.10}$$

将式(5.4.9)代入式(5.4.8)，再代入式(5.4.7)，再代入式(5.4.6)，可得

$$v_p \frac{dh_p}{dx} = \frac{3}{2} \frac{\mu C_p Nu}{\rho_{mp} r_p^2 Pr}(T - T_p)$$

令

$$B_D = \frac{3}{2} \frac{\mu C_p Nu}{\rho_{mp} r_p^2 Pr} \tag{5.4.11}$$

则单一粒子尺寸的能量方程为

$$v_p \frac{dh_p}{dx} = B_D(T - T_p) \tag{5.4.12}$$

式中：$B_D(T-T_p)$为气相与凝相间单位质量的传热。

早期计算阻力和传热时，认为喷管中的两相流动是斯托克斯流动，且不考虑气流的可压缩性和稀薄效应等因素的影响，因此，可采用斯托克斯流动圆球的阻力系数和努赛尔数，它们分别为

$$C_{D,S} = \frac{24}{R_e}, Nu = 2$$

实际上，喷管中的流动并不是斯托克斯流动，且影响 C_D 和 Nu 的因素也很多，需对它们进行修正，经修正的系数为式(5.4.5)和式(5.4.11)中的 C_D 和 Nu。

5.4.2　燃烧室和喷管中的两相流动方程

对于固体发动机燃烧室和喷管中的两相流动，作以下假设：

(1)流动绝能、无黏、不计重力作用，气相是完全气体；

(2)粒子为只存均一的球体，内部温度均匀，忽略粒子所占的容积，认为粒子是离散的，即粒子间互相没有作用；

(3)仅考虑粒子与气体间的阻力和传热作用,粒子对气流压力没有贡献,在流动中不膨胀做功,粒子不起化学反应。

根据两相流的概念,两相流方程与纯气相流方程的主要差别在于:前者除一组气相方程外,还有一组关于粒子的方程。在这两组方程中,都有粒子与气体间的阻力和热交换项。正是这两项,反映出凝相与气相间的相互作用;也正是这两项,将气相与凝相的两组方程联成了相互制约的整体。由于粒子对气流压力没有贡献,因此在粒子动量方程中没有压力项。

1.燃烧室中的一维非定常两相流动方程

对于燃烧室,仅列出一维非定常两相流动方程。

定义燃烧室中凝相质量比 ε 为凝相质量与混合气体质量之比,即

$$\varepsilon=\frac{m_p}{m_m} \tag{5.4.13}$$

一维气相方程为

$$\frac{\partial}{\partial t}(\rho A_p)+\frac{\partial}{\partial x}(\rho v A_p)=(1-\varepsilon)\rho_{mp} r\frac{\partial A_b}{\partial x} \tag{5.4.14}$$

$$\frac{\partial}{\partial t}(\rho v A_p)+\frac{\partial}{\partial x}(\rho v^2 A_p)=-A_p\frac{\partial p}{\partial x}-\rho_p A_p A_D(v-v_p) \tag{5.4.15}$$

$$\frac{\partial}{\partial t}\left[\rho A_p\left(e+\frac{v^2}{2}\right)\right]+\frac{\partial}{\partial x}\left[\rho v A_p\left(h+\frac{v^2}{2}\right)\right]=$$

$$(1-\varepsilon)\rho_{mp} r H_f\frac{\partial A_b}{\partial x}-\rho_p v_p A_p A_D(v-v_p)+\rho_p A_p B_D(T_p-T) \tag{5.4.16}$$

在气相方程中,应计入的是气相质量,因此出现$(1-\varepsilon)$。另外,在动量方程中出现粒子阻力项,能量方程中出现由阻力产生的能量项和粒子的传热项。

一维凝相方程为

$$\frac{\partial}{\partial t}(\rho_p A_p)+\frac{\partial}{\partial x}(\rho_p v_p A_p)=\varepsilon\rho_{mp} r\frac{\partial A_b}{\partial x} \tag{5.4.17}$$

$$\frac{\partial}{\partial t}(\rho_p v_p A_p)+\frac{\partial}{\partial x}(\rho_p v_p^2 A_p)=\rho_p A_p A_D(v-v_p) \tag{5.4.18}$$

$$\frac{\partial}{\partial t}\left[\rho_p A_p\left(e_p+\frac{v_p^2}{2}\right)\right]+\frac{\partial}{\partial x}\left[\rho_p v_p A_p\left(h_p+\frac{v_p^2}{2}\right)\right]=$$

$$\varepsilon\rho_{mp} r H_f\frac{\partial A_b}{\partial x}+\rho_p v_p A_p A_D(v-v_p)-\rho_p v_p B_D(T_p-T) \tag{5.4.19}$$

气相状态方程仍为

$$p=\rho RT \tag{5.4.20}$$

而凝相状态方程,当凝相温度 T_p 高于 Al_2O_3 熔点 T_{mp}时,为

$$h_p=h_{p,l}+C_{p,l}(T_p-T_{mp}) \tag{5.4.21}$$

式中:$C_{p,l}$是液态粒子的比热。当 $T_p<T_{mp}$(即凝相微粒为固态)时,为

$$h_p=h_{p,s}+C_{p,s}(T_{mp}-T) \tag{5.4.22}$$

式中:$C_{p,s}$是固态粒子的比热。

燃烧室中一维两相流动计算的结果见图 5-4,其中速度滞后数 K 和温度滞后数 L 定义为

$$K=\frac{v_p}{v},L=\frac{T^*-T_p}{T^*-T} \tag{5.4.23}$$

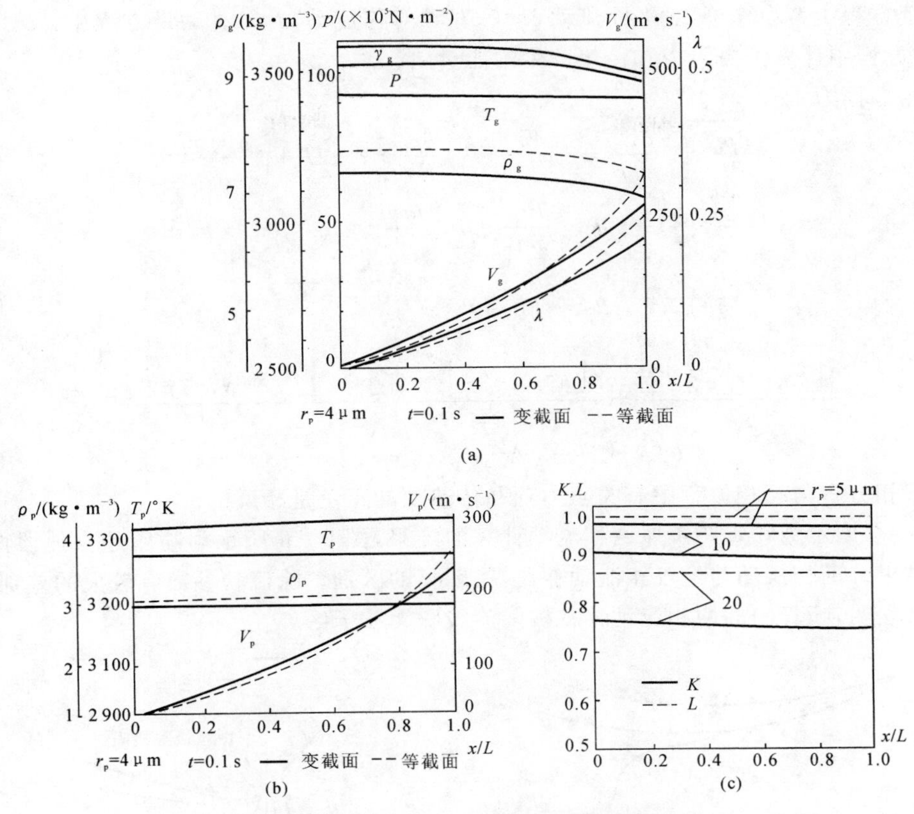

图 5－4　燃烧室中一维二维两相流动的计算结果

(a)气相参数分布;(b)粒子相参数分布;(c)粒子的速度和温度滞后数分布

2. 喷管中轴对称两相流动方程

这里以较常用的轴对称两相流动方程为例。与燃烧室中的方程相比,喷管中无加质,通道形状不变化,此外,对气相方程来讲,在亚声速区是椭圆型的,在声速区是抛物型的,在超声速区是双曲型的,在跨声速区是混合型的。许多研究者用时间相关法求解跨声速方程,因此这里把气相方程仍写成非定常的。而凝相方程是双曲型的,因此有时也可以写成定常的形式。

气相方程为

$$\frac{\partial \rho}{\partial t}+\rho\frac{\partial v_x}{\partial x}+\rho\frac{\partial v_y}{\partial y}+v_x\frac{\partial \rho}{\partial x}+v_y\frac{\partial \rho}{\partial y}+\delta\frac{\rho v_y}{y}=0 \tag{5.4.24}$$

$$\frac{\partial(\rho v_x)}{\partial t}+\rho v_x\frac{\partial v_x}{\partial x}+\rho v_y\frac{\partial v_x}{\partial y}+\frac{\partial p}{\partial x}=-\rho_p A_D(v_x-v_{xp}) \tag{5.4.25}$$

$$\frac{\partial(\rho v_y)}{\partial t}+\rho v_x\frac{\partial v_y}{\partial x}+\rho v_y\frac{\partial v_y}{\partial y}+\frac{\partial p}{\partial y}=-\rho_p A_D(v_y-v_{yp}) \tag{5.4.26}$$

$$\frac{\partial\left[\rho\left(h+\frac{v^2}{2}\right)\right]}{\partial t}+\frac{\partial\left[\rho v_x\left(h+\frac{v^2}{2}\right)\right]}{\partial x}+\frac{\partial\left[\rho v_y\left(h+\frac{v^2}{2}\right)\right]}{\partial y}=$$

$$\frac{\partial p}{\partial t}+\rho_p B_p(T_p-T)-\rho_p A_p[v_{xp}(v_x-v_{xp})+v_{yp}(v_y-v_{yp})] \tag{5.4.27}$$

连续方程中 δ 为算符，对平面流动 $\delta=0$；对轴对称流动，$\delta=1$。动量方程中计入了粒子阻力，能量方程中计入了由阻力和传热产生的能量项。

凝相方程为

$$\frac{\partial \rho_{\mathrm{p}}}{\partial t}+\rho_{\mathrm{p}}\ \frac{\partial v_{x\mathrm{p}}}{\partial x}+\rho_{\mathrm{p}}\ \frac{\partial v_{y\mathrm{p}}}{\partial y}+v_{x\mathrm{p}}\frac{\partial \rho_{\mathrm{p}}}{\partial x}+v_{y\mathrm{p}}\frac{\partial \rho_{\mathrm{p}}}{\partial y}+\delta\frac{\rho_{\mathrm{p}}v_{y\mathrm{p}}}{y}=0 \tag{5.4.28}$$

$$\frac{\partial(\rho_{\mathrm{p}}v_{x\mathrm{p}})}{\partial t}+\rho_{\mathrm{p}}v_{x\mathrm{p}}\frac{\partial v_{x\mathrm{p}}}{\partial x}+\rho_{\mathrm{p}}v_{y\mathrm{p}}\frac{\partial v_{x\mathrm{p}}}{\partial y}=\rho_{\mathrm{p}}A_{\mathrm{D}}(v_x-v_{x\mathrm{p}}) \tag{5.4.29}$$

$$\frac{\partial(\rho_{\mathrm{p}}v_{y\mathrm{p}})}{\partial t}+\rho_{\mathrm{p}}v_{x\mathrm{p}}\frac{\partial v_{y\mathrm{p}}}{\partial x}+\rho_{\mathrm{p}}v_{y\mathrm{p}}\frac{\partial v_{y\mathrm{p}}}{\partial y}=\rho_{\mathrm{p}}A_{\mathrm{D}}(v_y-v_{y\mathrm{p}}) \tag{5.4.30}$$

$$\frac{\partial\left[\rho_{\mathrm{p}}\left(h_{\mathrm{p}}+\frac{v_{\mathrm{p}}^2}{2}\right)\right]}{\partial t}+\frac{\partial\left[\rho_{\mathrm{p}}v_{x\mathrm{p}}\left(h_{\mathrm{p}}+\frac{v_{\mathrm{p}}^2}{2}\right)\right]}{\partial x}+\frac{\partial\left[\rho_{\mathrm{p}}v_{y\mathrm{p}}\left(h_{\mathrm{p}}+\frac{v_{\mathrm{p}}^2}{2}\right)\right]}{\partial y}=$$
$$-\rho_{\mathrm{p}}B_{\mathrm{p}}(T_{\mathrm{p}}-T)+\rho_{\mathrm{p}}A_{\mathrm{p}}[v_{x\mathrm{p}}(v_x-v_{x\mathrm{p}})+v_{y\mathrm{p}}(v_y-v_{y\mathrm{p}})] \tag{5.4.31}$$

粒子相方程与凝相方程中有关阻力项和传热项的正负是相反的。

图 5-5 所示为喷管跨声速两相流动计算的结果，图 5-6 所示为喷管超声速段两相流动计算的结果。两相流动与纯气相流动相比，有明显的区别。除流动参数有较大的差别外，理论计算结果表明，喷管中的两相流动存在极限流线和无粒子区。

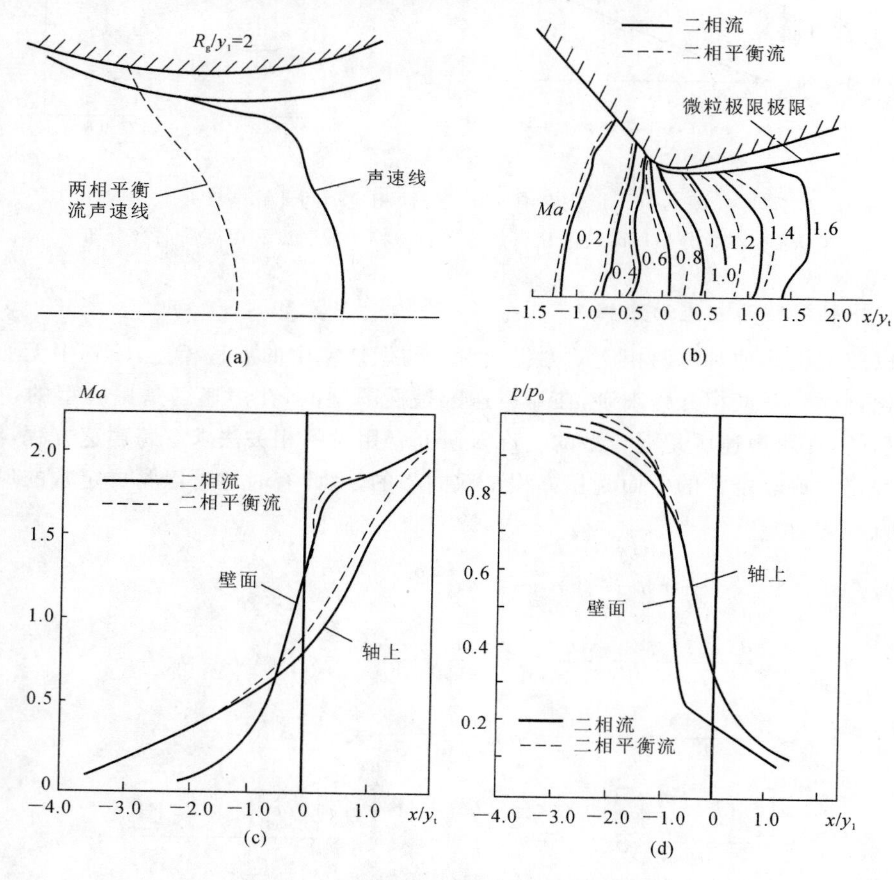

图 5-5　喷管跨声速两相流动计算结果

(a)声速线的位置；(b)等马赫数线；(c)轴上和壁面上马赫数的比较；(d)轴上和壁面上无因次压力的比较

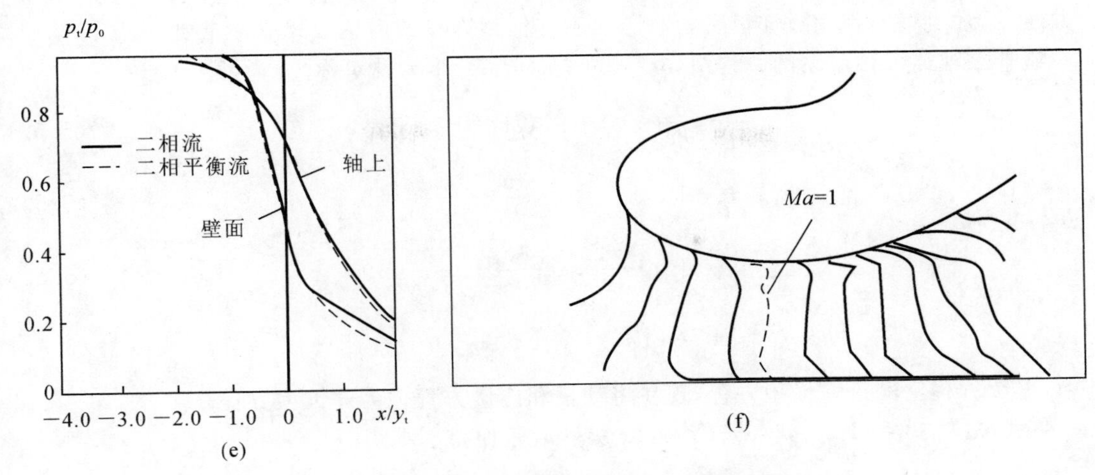

续图 5-5　喷管跨声速两相流动计算结果

(e)轴上和壁面上无因次密度的比较；(f)潜入喷管的等马赫数线的分布

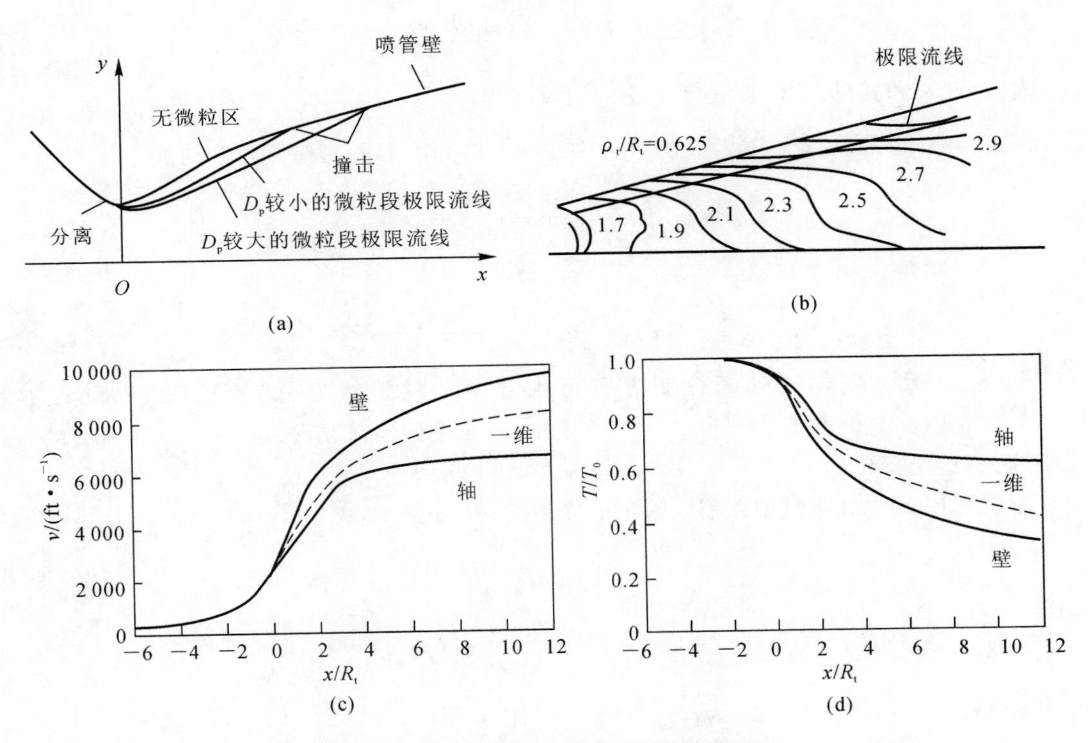

图 5-6　喷管超声速段两相流动的计算结果

(a)粒子极限流线和无粒子区；(b)等马赫数线分布；(c)气流速度分布；(d)气流温度分布

5.5　守恒型方程

一般来说，把微分运算以外存在未知量的方程称为原始型方程，把未知量都放在微分运算符以内的方程称为守恒型方程，相应地，在微分运算以内的变量称为守恒变量。为了数值计算的方便,通常要将方程化成守恒型,因此,熟悉守恒型方程的表达形式非常重要。

喷管二维纯气相流动的方程组($\delta=0$ 为平面流,$\delta=1$ 为轴对称流)为

$$\frac{\partial\rho}{\partial t}+\frac{\partial}{\partial x}(\rho v_x)+\frac{\partial}{\partial y}(\rho v_y)+\delta\frac{\rho v_y}{y}=0 \tag{5.5.1}$$

$$\frac{\partial v_x}{\partial t}+v_x\frac{\partial v_x}{\partial x}+v_y\frac{\partial v_x}{\partial y}+\frac{1}{\rho}\frac{\partial p}{\partial x}=0 \tag{5.5.2}$$

$$\frac{\partial v_y}{\partial t}+v_x\frac{\partial v_y}{\partial x}+v_y\frac{\partial v_y}{\partial y}+\frac{1}{\rho}\frac{\partial p}{\partial y}=0 \tag{5.5.3}$$

$$\frac{\partial}{\partial t}\left(h+\frac{v^2}{2}\right)+v_x\frac{\partial}{\partial x}\left(h+\frac{v^2}{2}\right)+v_y\frac{\partial}{\partial y}\left(h+\frac{v^2}{2}\right)-\frac{1}{\rho}\frac{\partial p}{\partial t}=0 \tag{5.5.4}$$

其中,连续方程已经是守恒型方程,现在将动量和能量方程化为守恒型方程。

将式(5.5.1)乘以 v_x,式(5.5.2)乘以 ρ,然后相加得

$$\frac{\partial(\rho v_x)}{\partial t}+\frac{\partial}{\partial x}(\rho v_x{}^2+p)+\frac{\partial}{\partial y}(\rho v_x v_y)+\delta\frac{\rho v_x v_y}{y}=0 \tag{5.5.5}$$

将式(5.5.1)乘以 v_y,式(5.5.3)乘以 ρ,然后相加得

$$\frac{\partial(\rho v_y)}{\partial t}+\frac{\partial(\rho v_x v_y)}{\partial x}+\frac{\partial(\rho v_y{}^2+p)}{\partial y}+\delta\frac{\rho v_y{}^2}{y}=0 \tag{5.5.6}$$

式(5.5.5)和式(5.5.6)就是守恒型的动量方程。

将式(5.5.1)乘以$\left(h+\frac{v^2}{2}\right)$,式(5.5.4)乘以 ρ,然后相加,并考虑到滞止内能

$$E=\rho\left(e+\frac{v^2}{2}\right),e=C_vT=h-\frac{p}{\rho} \tag{5.5.7}$$

有

$$\frac{\partial E}{\partial t}+\frac{\partial}{\partial x}[(E+p)v_x]+\frac{\partial}{\partial y}[(E+p)v_y]+\frac{\delta(E+p)v_y}{y}=0 \tag{5.5.8}$$

描述二维无黏气体流动的控制方程可由守恒型的连续方程式(5.5.1),动量方程式(5.5.5)、式(5.5.6)和能量方程式(5.5.8)等 4 个方程和状态方程组成。4 个守恒型的方程与原始方程组是等价的。

在数值计算中,对守恒型方程组常采取以下缩写形式:

$$\frac{\partial U}{\partial t}+\frac{\partial F}{\partial x}+\frac{\partial G}{\partial y}+H=0 \tag{5.5.9}$$

其中

$$U=\begin{Bmatrix}\rho\\ \rho v_x\\ \rho v_y\\ E\end{Bmatrix},F=\begin{Bmatrix}\rho v_x\\ \rho v_x{}^2+p\\ \rho v_x v_y\\ (E+p)v_x\end{Bmatrix} \tag{5.5.10}$$

$$G=\begin{Bmatrix}\rho v_y\\ \rho v_x v_y\\ \rho v_y{}^2+p\\ (E+p)v_y\end{Bmatrix},H=\begin{Bmatrix}\delta\rho v_y/y\\ \delta\rho v_x v_y/y\\ \delta\rho v_y{}^2/y\\ \delta(E+p)v_y/y\end{Bmatrix} \tag{5.5.11}$$

显然,守恒型缩写形式的方程式(5.5.9)实际上包含了连续方程、两个方向的动量方程和

能量方程共 4 个方程。

同理,喷管中二维两相流动方程式(5.4.24)～式(5.4.31)也能表达为守恒型缩写形式。将纯气相和两相的二维流动守恒型方程缩写形式书写成统一的格式:

$$\frac{\partial U}{\partial t}+\frac{\partial F}{\partial x}+\frac{\partial G}{\partial y}+H=0 \tag{5.5.12}$$

其中

$$U=\begin{Bmatrix}\rho \\ \rho v_x \\ \rho v_y \\ E \\ \rho_p(N-1) \\ \rho_p v_{xp}(N-1) \\ \rho_p v_{yp}(N-1) \\ E_p(N-1)\end{Bmatrix},F=\begin{Bmatrix}\rho v_x \\ \rho v_x^2+p \\ \rho v_x v_y \\ (E+p)v_x \\ \rho_p v_{xp}(N-1) \\ \rho_p v_{xp}{}^2(N-1) \\ \rho_p v_{xp} v_{yp}(N-1) \\ E_p v_{xp}(N-1)\end{Bmatrix},G=\begin{Bmatrix}\rho v_y \\ \rho v_x v_y \\ \rho v_y{}^2+p \\ (E+p)v_y \\ \rho_p v_{yp}(N-1) \\ \rho_p v_{xp} v_{yp}(N-1) \\ \rho_p v_{yp}^2(N-1) \\ E_p v_{yp}(N-1)\end{Bmatrix} \tag{5.5.13}$$

$$H=\frac{\delta}{y^{\delta}}\begin{Bmatrix}\rho v_y \\ \rho v_x v_y \\ \rho v_y{}^2 \\ (E+p)v_y \\ \rho_p v_{yp} \\ \rho_p v_{xp} v_{yp} \\ \rho_p v_{yp}^2 \\ E_p v_{yp}\end{Bmatrix}+(N-1)\rho_p A_D\begin{Bmatrix}0 \\ (v_x-v_{xp}) \\ (v_y-v_{yp}) \\ C \\ 0 \\ -(v_x-v_{xp}) \\ -(v_y-v_{yp}) \\ -C\end{Bmatrix} \tag{5.5.14}$$

其中:算符 δ 对平面流动为 0,对轴对称流动为 1,两相流指示系数 N,对纯气相流动为 1,对两相流动为 2,而

$$C=[v_{xp}(v_x-v_{xp})+v_{yp}(v_y-v_{yp})]-\frac{B_D}{A_D}(T_p-T) \tag{5.5.15}$$

通常采用以上方程的守恒形式作为数值模拟的控制方程,对这些方程进行求解,从而获得固体火箭发动机中的流动规律。

参考文献

[1] ZUCROW M J, HOFFMAN J D. Gas dynamics: Volume 1[M]. New York: John Wiley & Sons, 1976.

[2] 吴望一. 流体力学:上册[M]. 北京:北京大学出版社,2004.

[3] 吴望一. 流体力学:下册[M]. 北京:北京大学出版社,2004.

[4] ANDERSON J D. Fundamentals of Aerodynamics [M]. 5th ed. New York: McGraw - Hill, 2011.

[5] 吴子牛. 计算流体力学基本原理[M]. 北京:科学出版社,2001.

[6] 霍尔曼. 传热学:英文版[M]. 9 版. 北京:机械工业出版社,2005.

[7] 威尔特. 动量热量和质量传递原理[M]. 北京:化学工业出版社,2005.

[8] 埃克特,德雷克. 传热和传质分析[M]. 北京:科学出版社,1983.

[9] 邢宗文. 流体力学基础[M]. 西安:西北工业大学出版社,1990.

[10] 王新月. 气体动力学基础[M]. 西安:西北工业大学出版社,2014.

[11] 景思睿,张鸣远. 流体力学基础[M]. 西安:西安交通大学出版社,2004.

[12] 方丁酉. 两相流动力学[M]. 长沙:国防科技大学出版社,1988.

[13] 同济大学数学教研室. 高等数学[M]. 4 版. 北京:高等教育出版社,1996.

[14] 孔珑. 流体力学:Ⅱ[M]. 北京:高等教育出版社,2003.

[15] 王保国,刘淑艳,黄伟光. 气体动力学[M]. 北京:北京理工大学出版社,2006.

[16] JOHN D, ANDERSON Jr. 计算流体力学入门[M]. 姚朝晖,周强,译. 北京:清华大学出版社,2002.

[17] 单鹏. 多维气体动力学基础[M]. 北京:北京航空航天大学出版社,2008.

[18] 西北工业大学,南京航空学院,北京航空学院. 气体动力学基础[M]. 北京:国防工业出版社,1980.

[19] 潘锦珊,单鹏. 气体动力学基础[M]. 修订版. 北京:国防工业出版社,1989.

[20] 王献孚,熊鳌魁. 高等流体力学[M]. 武汉:华中科技大学出版社,2003.